给忙人读的菜根谭

咬得菜根，百事可做
简单的道理中蕴含最丰富的智慧。

孙颢/编著

企业管理出版社
ENTERPRISE MANAGEMENT PUBLISHING HOUSE

图书在版编目（CIP）数据

给大忙人读的《菜根谭》/孙颢编著．—北京：
企业管理出版社，2010.5
ISBN 978－7－80255－520－4

Ⅰ.①给… Ⅱ.①孙… Ⅲ.①个人—修养—中国—明代—通俗读物 Ⅳ.①B825－49

中国版本图书馆 CIP 数据核字（2010）第 072528 号

书　　名：	给大忙人读的《菜根谭》
作　　者：	孙　颢
责任编辑：	灵　均
书　　号：	ISBN 978－7－80255－520－4
出版发行：	企业管理出版社
地　　址：	北京市海淀区紫竹院南路 17 号　邮编：100048
网　　址：	http://www.emph.cn
电　　话：	出版部 68414643　发行部 68467871　编辑部 68428387
电子信箱：	80147@sina.com　zbs@emph.cn
印　　刷：	北京东海印刷有限公司
经　　销：	新华书店
规　　格：	170×240 毫米　16 开本　18 印张　260 千字
版　　次：	2010 年 6 月第 1 版　2010 年 6 月第 1 次印刷
定　　价：	32.00 元

版权所有　翻印必究·印装有误　负责调换

前言 Preface

常言道："咬得菜根，百事可做。"明代奇人洪应明将谭以菜根名，化大俗为大雅，变腐朽为神奇，清雅超逸，特标一格，在洞察世情之余，点化人间万事。

《菜根谭》将儒、释、道三家之精髓熔冶于一炉，总结处世为人之策略，概括功业成败之智慧，指示修身养性之要义，界分求学问道之真假，指点生死名利之玄妙；既主张积极入世、经营天下、为民谋福、恩泽后世的进取精神，又宣扬亲近自然、悠游山水、独善其身、清静无为的隐逸趣旨，同时也倡导悲天悯人、普渡众生、透彻禅机、空灵无际的超脱境界。初读《菜根谭》，似杂乱无章、自相矛盾；若深悟其意，方知狡兔三窟、智藏其里；若详悟再三，则如醍醐灌顶，倍觉终身受用无穷。

是故，《菜根谭》在读，读其语淡味长、长空朗月之逸韵，《菜根谭》更在悟，悟其深远意旨、玄机妙合之智慧。

因此，本书将《菜根谭》的各种珍本搜集整合，拾遗补阙，并请著名的语言专家执笔亲译，以使读者亲睹原著之真味；同时精选中国古今之经典事例，并加之对《菜根谭》深意与智慧的感悟，字不求工整却显其深刻，句不求华丽而显其实用，力求能掘其精华、发其玄机，并让读者受用一二。

所谓仁者见仁，智者见智，若有偏颇错漏之处，敬请读者朋友批评指正。

目录 Contents

第一章　功业成败的心得：
进退之间彰显智慧

功业之成败，在于进，也在于退。能直能屈，能上能下，能进能退者方可成大事。达则兼济天下，穷则独善其身。进居庙堂之高，退处江湖之远，都能挥洒自如，得其所哉。在此，《菜根谭》告诉我们，如何直，怎样屈；何时当一往无前，义无反顾，何时应挂冠归去，高蹈入林；更告诉我们那些取得功业成就的基本要素、方法技巧和正确心态。

与其曲谨　不若疏狂 …………………………………… (2)
良药苦口　忠言逆耳 …………………………………… (3)
得意回首　拂心莫停 …………………………………… (5)
矜则无功　悔能减过 …………………………………… (8)
天道忌盈　业不求满 …………………………………… (10)
洁自污出　明从晦生 …………………………………… (13)
忧勤勿过　澹泊勿枯 …………………………………… (17)
苦中得悦　失意存悲 …………………………………… (19)
居安思危　天也无法 …………………………………… (20)

秽者多物　水清无鱼 ……………………………………	(25)
坚守操履　不露锋芒 ……………………………………	(27)
持盈履满　君子兢兢 ……………………………………	(29)
功过不混　恩仇勿明 ……………………………………	(30)
以德御才　德才兼备 ……………………………………	(32)
修身种德　事业之基 ……………………………………	(34)
信人尽诚　疑人己诈 ……………………………………	(35)
闹中取静　临危不乱 ……………………………………	(38)
茹纳容人　气量宽厚 ……………………………………	(40)
执拗偾事　归于失败 ……………………………………	(42)
藏才隐智　任重致远 ……………………………………	(44)
防谗防奸　确保平安 ……………………………………	(49)
用人不刻　刻则人离 ……………………………………	(52)
居官有节　居乡有情 ……………………………………	(54)
穷寇勿追　为鼠留路 ……………………………………	(55)
杯弓蛇影　猜疑不和 ……………………………………	(57)
花居盆内　终乏生机 ……………………………………	(58)
伏久飞高　守正待时 ……………………………………	(60)
零落露萌　凝寒回阳 ……………………………………	(64)
身处局中　心在事外 ……………………………………	(66)

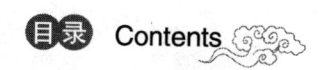

第二章　修身养性的心得：
在一动一静当中体悟人生的真义

　　静，是修身养性的重要原则，静如止水才能排除私心杂念，无欲无求，心平气和。水中月，梦中花不足为依，虚幻的东西不应以为动。情欲物欲到头来同样是一场空，故心境宜静，意念宜修，心地常空，不为欲动，宁静以致远，淡泊以明志。这时的心便是一尘不染的明镜，无邪念袭来，映人之本性。

栖守道德　不阿权贵	（70）
真味是淡　至人如常	（71）
闲时吃紧　忙里悠闲	（73）
身处林泉　心怀廊庙	（74）
君子无祸　勿罪冥冥	（76）
忘怨忘过　念功念恩	（78）
富奢不足　贫俭有余	（80）
天理路宽　欲路甚窄	（81）
一念贪私　万劫不复	（82）
欲路理路　全凭一念	（86）
舍己毋疑　施人不报	（90）
人生态度　晚节更重	（94）
美味快意　享用五分	（100）
千里之行　始于足下	（102）
怒火沸处　转念则息	（103）

毋形人短　不持己长 ·· (105)

不昧己心　为民立命 ·· (108)

居官公廉　治家恕俭 ·· (110)

量宽福厚　器小禄薄 ·· (111)

责人宜宽　律己应严 ·· (114)

退后一步　清淡一分 ·· (116)

贪得不富　知足不贫 ·· (118)

喜寂厌喧　求静避世 ·· (120)

顺逆一视　欣戚两忘 ·· (122)

心境如月　空而不著 ·· (123)

根蒂在手　不受提掇 ·· (126)

茫茫世间　矛盾之密 ·· (131)

色欲名利　修身所忌 ·· (133)

第三章　为人处世的心得：
以方圆之道求生存

处世为人要讲究一个"度"，恰如其分是处世为人的最高境界。过刚易折，过柔则卑。要做到外圆内方，刚柔相济，进退自如，在纷繁复杂的人际关系中才能周旋有术，游刃有余。《菜根谭》为我们提供了安身立命的忠告，如行舟之桨、解牛之刀，指导我们早日走向成功与和谐，也提醒我们避祸消灾。

对待小人　难于不恶 ·· (138)

心事宜明　才华须韫 ·· (141)

污泥不染　知巧不用 ·· (144)

目录 Contents

和气致祥　喜气多瑞 ································· (145)

心地放宽　恩泽流长 ································· (147)

侠心交友　素心做人 ································· (149)

让步为高　宽人是福 ································· (150)

责毋太严　教毋过高 ································· (152)

知退一步　须让三分 ································· (153)

高步立身　退而处世 ································· (155)

宽严互用　恩威并施 ································· (156)

施之不求　求之无功 ································· (158)

福不强求　去怨避祸 ································· (159)

不怕小人　怕伪君子 ································· (162)

春风解冻　和气消冰 ································· (164)

忠恕待人　养德远害 ································· (167)

藏巧于拙　以屈为伸 ································· (169)

奇者乏识　独者非恒 ································· (172)

己所不欲　勿施于人 ································· (173)

阴者勿交　悻者防口 ································· (175)

趋炎附势　人情通患 ································· (176)

操履严明　不犯蜂虿 ································· (178)

毋媚小人　宁责君子 ································· (180)

同流合污　英名尽毁 ································· (181)

守口应密　防意当严 ································· (184)

一念一言　切勿犯忌 ································· (187)

文以拙进　道以拙成 ································· (189)

冷眼观物　热诚有度 ································· (190)

热心助人　其福必厚 ································· (192)

无害人意　存防人心 ································· (197)

Gei Da Mang Ren Du De Cai Gen Tan ｜ 5

第四章 求学问道的心得：
辨真识假才能步入学与用的境界

劝学的人常以名誉利禄诱惑人，劝善的人常以幸福吉祥来诱惑人，这种学是假学，是假善假道；学习是为了增长知识，提高道德，修德是为了提高自己的素质，此为真学，为真道，并不是为了装点门面，附庸风雅。心平气和去读书，书中自有人生道理，为虚名去读书，到头来一场空，求名不成反误其身。

修德忘名　读书深心	（200）
心地干净　方可读学	（202）
学以致用　注重实际	（204）
花铺好色　人为好事	（206）
磨练福久　疑参知真	（208）
身居逆境　砥节砺行	（211）
勿夸所有　可为学问	（213）
以苦为乐　苦尽甘来	（214）
闲中学习　忙时受用	（216）
道要常悟　学贵有恒	（218）
金须百炼　轻发无功	（220）
心领神会　融于事物	（223）
幼不定基　难成大器	（224）
浓夭淡久　大器晚成	（226）
出世涉世　了心尽心	（227）
绳锯木断　水滴石穿	（229）

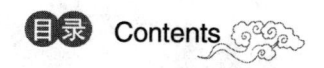

第五章　生死名利的心得：
把大处看小方能进得去出得来

生死与名利互为联系，紧密相关。人生于天地之间，当从大处着眼，小处着手，对于名利与显达，当出则出，当入方入，不为权势利禄所羁，不为功名毁誉所累，明察世情，了然生死，胸怀坦荡。得福而不忘形，持性而不惧法。不费尽心机，不为无所谓的名利所诱惑，泰然自若，怡然自得，这就可以主宰生死与名利，无往而不乐了。

脱俗成名	减欲入圣	(234)
德在人先	利居人后	(235)
名不独享	过不推脱	(237)
放得功名	便可脱凡	(238)
超越天地	不入名利	(241)
木石之心	远离欲境	(243)
风雅不失	穷不潦倒	(244)
富多炎凉	亲多妒忌	(245)
可共患难	勿共安乐	(248)
激流勇退	功德圆满	(250)
非上上智	无了了心	(251)
人生苦短	何争名利	(253)
知足则仙	善用则生	(254)
守逸安分	平淡远祸	(255)
处进思退	得手图放	(257)
逃避名声	自身平安	(258)

浓味常短　淡中趣长 …………………………………………（261）

不忧利禄　不畏仕危 …………………………………………（263）

自老视少　瘁时视荣 …………………………………………（265）

欲有尊卑　贪无二致 …………………………………………（266）

悬崖撒手　适可而止 …………………………………………（270）

月盈则亏　履满宜慎 …………………………………………（272）

不食钓饵　不落圈套 …………………………………………（274）

第一章
功业成败的心得:进退之间彰显智慧

功业之成败,在于进,也在于退。能直能屈,能上能下,能进能退者方可成大事。达则兼济天下,穷则独善其身。进居庙堂之高,退处江湖之远,都能挥洒自如,得其所哉。在此,《菜根谭》告诉我们,如何直,怎样屈;何时当一往无前,义无反顾,何时应挂冠归去,高蹈入林;更告诉我们那些取得功业成就的基本要素、方法技巧和正确心态。

与其曲谨　不若疏狂

涉世浅，点染亦浅；历事深，机械亦深。故君子与其练达，不若朴鲁；与其曲谨，不若疏狂。

一个刚踏入社会的人阅历很浅，所以沾染各种社会不良习气的机会也较少；一个饱经世事的人，经历的事情多了，城府也随着加深。所以君子与其处事圆滑，不如保持朴实的个性；与其事事小心谨慎委曲求全，倒不如豁达一些才不会丧失纯真的本性。

郦食其是秦末陈留高阳人。他从小喜欢读书，但是家贫无业，乡里称他是"狂生"。沛公刘邦率领起义军经过陈留，郦食其闻讯赶来，送上自己的名帖说"高阳小民郦食其，听说沛公率兵讨秦，想和您谈一谈天下事。"侍者通报。刘邦正在洗脚，便问来人的长相。侍者回答："长得像是一个很有学问的人，穿戴也确实是儒生打扮。"刘邦说："我不想见这样的人。说我没空接待儒生。"侍者如实转告。郦食其瞪着大眼，按着剑喝叱："去！再转告沛公，我乃高阳酒徒，绝不是儒者！"侍者听到这句话，吓得名帖落地，慌忙捡起，连忙跑回禀报："来客真算得上是天下壮士！自己说自己是高阳酒徒，拿着剑威胁我，臣恐惧得竟至名帖失落！"刘邦顿时脸色大变，连忙擦足，扶杖起身，叫道："快请快请！"

"高阳酒徒"最后被重用，其成功之处就是他尽情而为，率性而作。与其曲谨，反而被人认为气量局促，成不了大事；与其苦心孤诣设计机巧，反而被人视为居心叵测，招人疑忌，倒不如率性而为。无论拙鲁，无论狂放，只要能使人家了解你是性情中人，是真实自然就行。

第一章 功业成败的心得：
进退之间彰显智慧

一点心得

当今社会，追求成功的人们在千方百计地"修炼"技巧，许多人以为用尽机巧，左右逢源，就可以取得成功。其实不然，诚如《菜根谭》所说的那样，是"涉世浅，点染亦浅"而已。所以，无论是练达还是拘谨，如果你内心牵挂过多，瞻前顾后，亦步亦趋，倒不如率性而为纵情狂放。这样反而可以让别人放心用你。

良药苦口　忠言逆耳

耳中常闻逆耳之言，心中常有拂心之事，才是进德修行的砥石。若言言悦耳，事事快心，便把此生埋在鸩毒中矣。

耳中能够经常听到一些不顺耳的话，心里常常遇到一些不顺心的事，这才是修身养性、提高道行的磨砺方法；如果听到的句句话都顺耳，遇到的件件事都顺心，那么这一生就如同浸在毒药中一样。

公元前207年10月，刘邦率军逼近秦都咸阳。秦王子婴驾素车，乘白马，系颈套，捧着传国玉玺跪在车道旁，俯首请降。秦朝正式灭亡。

刘邦来到秦朝宫殿里，只见雕梁画栋，曲榭回廊，构筑精致，规模宏大。后宫一班美人怯生生地前来迎接，个个有姿有色，看得刘邦眼都直了。刘邦在家乡就是个酒色之徒，见到此情此景，不由春意回荡，禁不住飘飘然起来。

正在他出神的时候，一个声音传入他的耳中："沛公是安天下呢？还是图个富贵就行了？"刘邦一看，原来是樊哙。屠夫出身的樊哙跟随刘邦转战多年，在这关键时刻，给了刘邦一个有益的提醒。刘邦也知樊哙说得

对，不过这送上门来的享受，他还是不甘心放弃。于是，他说了一句："就在这儿住一晚。"

张良不知什么时候也进来了。他对刘邦说："秦政无道，所以您才有可能到达这儿。现在刚入咸阳，就想在此享乐，恐怕今日秦亡，明天就是您的末日了。古人说得好：良药苦口利于病，忠言逆耳利于行。请公听樊哙一句话，免得祸从天降。"

刘邦有个突出的优点，就是善于听取各种不同的意见，他连忙离开秦宫，回到驻军的灞上，并召集关中豪杰父老，订立了著名的"约法三章"："杀人者死，伤人及盗抵罪。"既废除了秦朝暴政苛法，又保护了私有财产，对不论有无财产的人来说，都起了稳定人心的作用。关中一带，秦民莫不为此而欢欣鼓舞。

项羽在巨鹿击败章邯后，得知刘邦已进入关中，便预感到刘邦要与他争夺天下，于是马不停蹄地指挥自己的队伍奔关中而来。那时，项羽有40万人，刘邦部下仅有10万人，从实力上说相差一大截，无论如何刘邦也不是项羽的对手。

好在刘邦听了樊哙、张良的话，及时还军灞上，摆出一副不与项羽争天下的姿态，这才避开了项羽的锋芒，极大地赢得了政治上的主动。

一点心得

善于听取不同意见，是刘邦夺取天下的重要保证。人无论在哪一方面，实际上都会存在一些问题和缺点的，就看当领导的如何去对待它。遮遮掩掩，有时也能过去；将错就错，有时也不一定会出什么大问题。然而这一习惯养成了，就会给事业带来巨大的损失。如果敢于正视问题，敢于接受不同意见，不仅不会损失什么，相反，一旦形成一种良好的风尚，自己在人们心目中的形象反而会好得多。

第一章 功业成败的心得：进退之间彰显智慧

得意回首　拂心莫停

恩里由来生害，故快意时，须早回首；败后或反成功，故拂心处，莫便放手。

在得到恩惠时往往会招来祸害，所以在得心快意的时候要想到早点回头；在遇到失败挫折时或许反而有助于成功，所以在不如意的时候不要轻易放弃追求。

我国春秋时期著名的军事家孙武因看不惯齐国内部的尔虞我诈，争名逐利的争斗，遂毅然离开了父母之邦齐国。孙武到达吴国之时，吴国正值多事之秋。吴王阖闾是位胸有大志，意欲有所作为的君主。他想使吴国崛起，首要的打击目标就是近邻也是强邻楚国。只有击败楚国，吴国才有出头之日。就这样，阖闾的意图与受到楚平王迫害全家被杀的伍子胥不谋而合，遂决意对楚一战。面对强大的楚国，伍子胥也没有把握必胜，于是他找到了隐居于吴的孙武，认为有了他的帮助，灭楚报仇不成问题。

就这样，伍子胥先后七次向吴王阖闾推荐孙武，盛赞孙武之文韬武略，认为若不攻楚便罢；若要兴师灭楚，孙武首当其选。

就这样，吴王决定召见孙武。晤谈之下，孙武将他的兵法十三篇娓娓道来。吴王阖闾一听之下连声道好。两人越谈越投机，不知不觉十三篇兵法都讲完了。

公元前506年，楚国派兵包围了蔡国都城上蔡。蔡人一面拼命抵抗，一面联合唐国，向吴国求救。

于是，这年冬天，吴王以孙武、伍子胥为将，其弟夫概为先锋，亲率大军进攻楚国。按照孙武事先的布置，大军6万乘船从水路直抵蔡都，楚

将囊瓦见吴军势大，不敢迎敌，慌忙退守汉水之南岸，蔡围遂解。蔡、唐遂与吴军合兵一处，向楚国进发。

吴军迅速地通过大隧、直辕、冥阸这三个险要的关隘，如神兵自天而降，突然出现在汉水北岸。楚军统帅囊瓦乱成一团，攻守不定。先听人献计分兵去烧吴师舟楫，主力坚守不出，尔后又下令渡江决战。于是率三军渡过汉水，于大别山列阵以待吴军。孙武令先锋队勇士300余人，一概用坚木做成的大棒装备起来，一声令下，先锋队杀入楚阵挥棒乱打，这种非常规的战法一下子打得楚军措手不迭，阵式全乱，吴军大队掩杀过来，楚军大败。

初战得胜，众将皆来相贺。孙武却说："囊瓦乃斗屑小人，一向贪功侥幸，今日受小挫，可能会来劫营。"乃令吴军一部埋伏于大别山楚军进军必经之路，又令伍子胥引兵5千，反劫囊瓦营寨，并令蔡、唐军队分两路接应。

再说囊瓦那边，果然派出精兵万人，人衔枚、马去铃，从间道杀出大别山，来劫吴军大营。不用说，楚军此番劫营反遭了孙武的埋伏，被杀得丢盔弃甲，三停人马去了两停。好容易脱难逃回，营寨又让吴军劫了，只好引着败兵，一路狂奔到柏举，方才松了一口气。这时楚王又派来援兵，可援兵将领与囊瓦不和，两人各怀贰心，结果被吴军先锋夫概一阵冲杀，囊瓦军四散逃命，囊瓦本人也逃到郑国去了。

这时吴军已进逼楚都郢城。楚昭王倾都城之兵出战。两军最后决战，又被孙武设计用奇兵大败。吴军直捣郢都。郢都为楚国多年营建，城高沟深，易守难攻，又有纪南城和麦城为犄角之势，要想占领楚都，夺取最后胜利，并不是一件容易的事。孙武也深知攻城之难，在他的兵法里将之归为下之下策，搞得不好，旷日持久曝兵于坚城之下，纵使有天大的本领也难逃覆灭的下场。但是孙武艺高人胆大，居然把全军一分为三，一部引兵攻麦城，一部攻郢都，自领一军攻纪南。伍子胥不负众望，率先使计让吴军混在楚败军之中，混入麦城，赚开城门，破了麦城。而孙武在攻城之前

第一章 功业成败的心得：进退之间彰显智慧

先看了看地形，见漳江水势颇大，而纪南城地势较低，于是令军士开掘漳水，引漳水入赤湖，却又筑起长堤围住江水，使江水从赤湖直灌纪南城。水势浩大，直冲郢都，纪南不攻自破，孙武率军乘筏直攻郢下，楚昭王领着妹妹连夜登舟弃城逃命去了。文武百官一霎时如鸟兽散，连家眷都顾不得了。孙武伐楚至此大获全胜。

此次伐楚，虽然没能最终灭掉楚国，但强大的、一直令中原诸国寝食不安的楚国，这次居然让向来被人看不起的蛮夷之邦吴国攻破国都，这件事本身就够震惊天下的了。从此楚国长时间一蹶不振，难有作为，吴国则开始了它的霸主生涯。

破楚凯旋，论功当然孙武第一，但是孙武非但不愿受赏，而且执意不肯再在吴国掌兵为将，下决心归隐山林。吴王心有不甘，再三挽留，孙武仍然执意要走。吴王派伍子胥去劝说，孙武见伍子胥来了，遂屏退左右，推心置腹地告诉伍子胥。说："你知道自然规律吗？夏天去了则冬天要来的，吴王从此会仗着吴国之强盛，四处攻伐，当然会战无不胜，不过恐怕骄奢淫欲之心也会不断高涨。要知道功成身不退，将有后患无穷。我不但要自己隐退，还要劝你也一道归隐。"

可惜伍子胥并不以孙武之言为然。孙武见话不投机，遂告退，从此，飘然隐去，不知所终。

后来。果如孙武所料，吴王阖闾与夫差两代，穷兵黩武，不恤国力，最后养虎贻患，败在越王勾践手下，身死国灭。而那个不听孙武劝告的伍子胥却早在吴国灭亡之前就被吴王夫差摘下头颅，挂在了城门上。

一点心得

得意时早回头，失败时别灰心，这是人们根据长期生活积累而总结出的经验之谈。尤其是第一句话，其政治含义很深。在封建社会，有"功成身退"的说法，因为"功高震主者身危，名满天下者不赏"，"弓满则折，

月满则缺","凡名利之地退一步便安稳,只管向前便危险"都说明了"知足常乐,终生不辱,知止常止,终身不耻"权力最能腐化人心,而人们由于贪恋名利,往往会招致身败名裂的悲剧下场。而从做人角度看,得意时更要谨慎,不骄不躁。至于后一句话其生活意义更明显,所谓失败乃成功之母,一个人不受挫折是不可能的,关键是受了挫折不要气馁。

矜则无功　悔能减过

盖世功劳,当不得一个矜字;弥天罪过,当不得一个悔字。

一个人即使立下了举世无双的汗马功劳,如果他恃功自傲、自以为是,他的功劳很快就会消失殆尽;一个人即使犯下了滔天大罪,却能够浪子回头改邪归正,那么他的罪过也会被他的悔悟所洗净。

康熙登基时,才8岁,不能料理国事,国家一切大事都由四位辅政大臣代理。这四个人是鳌拜、索尼、苏克萨哈和遏必隆。其中拿大主意的是鳌拜。然而鳌拜是一个专横跋扈、野心勃勃的人。他利用其他三位辅政大臣的软弱退让,极力扩大自己的权势。凡是向他巴结献媚的,都受到提拔重用;凡是不肯顺从他的,不是被排斥罢黜,便是遭到不意陷害。辅政大臣苏克萨哈及大臣苏纳海、朱昌祚等人就因为与鳌拜持有不同的意见,而遭杀身之祸。他甚至经常在康熙皇帝面前耀武扬威,呵斥他人,而且多次擅自以皇帝的名义假传圣旨,滥用权力。朝廷内外的大小官员,凡是稍有一些正义感的,无不对鳌拜一伙的为非作歹恨之入骨,可是鳌拜的心腹党羽遍布从中央到地方的许多重要机构,掌握着生杀予夺的大权,谁也奈何他不得。康熙立志要做一个像汉武帝、唐太宗那样有作为的皇帝,因此对鳌拜擅权十分不满,决心改变大权旁落的状况。于是在亲政不久他便下令

第一章 功业成败的心得：进退之间彰显智慧

取消了辅政大臣的辅政权，使鳌拜的权力受到限制。可是，这样一来，君臣之间矛盾便日益激化起来。鳌拜虽然意识到康熙要夺回自己的权力，但误认为"主幼好欺"，对于自己的所做所为非但不加收敛，反而更加肆无忌惮。在群臣向康熙朝贺新年时，鳌拜竟然身穿黄袍，俨如皇帝。在他托病不朝、康熙亲往探视时，他把刀置于床下，直接威胁皇帝的安全。对于鳌拜的这些欺君罔上的行为，康熙已经忍无可忍，决心采取果断的措施，把他除掉。

康熙是一个很有谋略的人。他知道鳌拜的势力大、党羽多，除掉他不是很容易的，必须要计划周密，谨慎从事。他一方面把近身侍卫索额图、明珠提拔为朝廷大臣，作为自己的左膀右臂，通过他们联络朝廷内外反鳌拜的势力；另一方面又给鳌拜封官加爵，麻痹他对自己的警觉。与此同时，一个擒拿鳌拜的计划也酝酿出来了。

不久，康熙从各王公显贵府中挑选了100余名身强力壮的贵族子弟，以陪伴皇帝习武消遣为名入宫，鳌拜没有发觉其中有什么异常。一来是满族有让自己的子弟从小习武的习惯，二来是把康熙看成一个年幼无知，只图玩乐的纨绔之辈，乐得他少过问政事，所以没有把这件事放在心上。不到一年，这班少年侍卫一个个学得拳术精通，武艺高强，连康熙本人也学到不少本领。康熙看在眼里，喜在心头，认为擒拿鳌拜的时机成熟了。于是便以下棋为名，召索额图入宫，商量除掉鳌拜等人计划。

一天，正值鳌拜入朝之日，康熙事先把少年侍卫召来，对他们说："你们常在我的身边，好像我的手足一样，你们是听从我的命令，还是听鳌拜的命令？"这些人对鳌拜的专横跋扈愤愤不满，又朝夕与皇帝相处，早已成为效忠于康熙的心腹，因此齐声高呼："听从皇帝的命令！"接着康熙历数鳌拜的罪状，布置擒捉之法，只等这个权奸来投罗网。

不多时，鳌拜入朝，康熙传令要单独召见他。鳌拜不疑，欣然前往。到了内廷，只见康熙端坐在宝座上，两旁站立的全是一班少年侍卫。鳌拜一向把这

些人看成是一群孩子，成不了什么气候，心里毫无戒备，仍旧摆出一副傲慢的架势，来到康熙面前，康熙一见时机已到，便果断地作出擒拿的手势。少年侍卫们一拥而上，把鳌拜团团围住。看到此情，鳌拜大吃一惊，起先还以为是皇帝教一群孩子来与他戏耍，后来感觉不对劲，便全力进行挣扎，与这班少年打成一团。鳌拜也不是等闲之辈。他不仅生得熊腰虎背，有一股蛮力，而且精通武艺，曾经驰骋疆场几十年，立过不少大功，是清朝的一代骁将。讲近身交手，他并不外行。他仗着自己体大力强，拳脚并用，竟一连打倒好几个人，差一点脱身。可是，这些少年侍卫毕竟训练了一年，不仅气血方刚，武艺超群，而且都有除奸报君的决心，岂容奸雄逃脱！他们你一拳，我一脚，轮番向他攻击，直打得鳌拜气喘吁吁，汗流浃背，只有招架之功，没有还手之力，最后不得不束手就擒。

一点心得

　　一个人应该有自知之明，任何时候任何情况下都应摆正自己的位置，保持自谦上进的品质。即使是为国家建设有大功，成为天下崇拜的英雄，假如自己产生自夸功勋的念头，把自己沉浸在一个荣誉的花环中，那他的大功不但会在自傲中丧失，说不定为此还会招来意外的祸患。

天道忌盈　业不求满

　　事事留个有余不尽的意思，便造物不能忌我，鬼神不能损我。若业必求满，功必求盈者，不生内变，必招外忧。

　　做任何事都要留余地，不要把事情做得太绝，这样即使是造物主也不会嫉妒我，神鬼也不会伤害我。假如一切事物都要求尽善尽美，一切功劳

第一章 功业成败的心得：进退之间彰显智慧

都希望登峰造极，即使不为此而发生内乱，也必然为此而招致外患。

商鞅是战国时期的卫国人，姓公孙，所以也叫卫鞅或公孙鞅。他原本在魏国宰相公叔座手下任中庶子，帮助公叔座掌管公族事务。

公叔座很欣赏商鞅的才华，曾建议魏惠王用商鞅为相，但魏惠王瞧不起商鞅，便没有答应；公叔座死前又向魏王建议，魏王仍没有起用商鞅。

公叔座死后，失去了靠山的商鞅便投奔到了秦国。通过宠臣景监的荐举，秦孝公多次同商鞅长谈，发现商鞅是个难得的治国奇才，便"以卫鞅为左庶长，卒定变法之令"。

秦孝公之所以看重商鞅，是因为当时新兴地主阶级认为封建生产关系已经登上政治舞台，社会正处于新兴的封建制取代奴隶制的大变革时期，商鞅变法正好适应了社会变革的需要。同时秦孝公也是一位奋发有为的君主，商鞅提出的一整套富国强兵的办法，也正好符合他的愿望。

商鞅变法的主要内容是：废除井田制，从法律上确认封建土地所有制，"为田开阡陌封疆，而赋税平"。商鞅特别重视农业生产，鼓励垦荒以扩大耕地面积；建立按农、按战功授予官爵的新体制，以确立封建等级制度；废除奴隶制的分封制，普遍实行法治，主张刑无等级。

商鞅变法的基本内容都是促使社会发展的进步措施，当然会受到许多守旧"巨室"的反对。变法之初，专程赶到国都来"言初令之不便者以千数"。甚至太子还带头犯法。为了使变法顺利实施，商鞅毫不留情，"刑其傅公子虔，黥其师公孙贾"，真正做到了"王子犯法与庶民同罪"。结果，新法实行十年，秦国便国富兵强，乡邑大治。最后，秦孝公成为战国霸主。

然而，正当商鞅在秦国功勋卓著的时候，他的心情却反而感到孤寂和迷惘，为什么会这样呢？他自己也弄不懂。于是，商鞅便去请教一个名叫赵良的隐士。他对赵良说，秦国原本和戎狄相似，我通过移风易俗加以改除，让人们父子有序，男女有别。这咸阳都城，也由我一手建造，如今冀阙高耸，宫室成区。我的功劳能不能赶上从前的百里奚呢？百里奚是秦穆

公时的名臣，现在商鞅和百里奚比，当然颇有一点委屈的情绪。谁知赵良却直率地说："百里奚一得到信任，就劝秦穆公请蹇叔出来做国相，自己甘当副手；你却大权独揽，从来没有推荐过贤人。百里奚在位六七年，三次平定了晋国的内乱，又帮他们立了新君，天下人无不折服，老百姓安居乐业；而你呢，国人犯了轻罪，反而要用重罚，简直把人民当成了奴隶。百里奚出门从不乘车，热天连个伞盖也不打，很随便地和大家交谈，根本不要大队警卫保护；而你每次出外都是车马几十辆，卫兵一大群，前呼后拥，老百姓吓得惟恐躲闪不及。你的身边还得跟着无数的贴身保镖，没有这些，你敢挪动半步吗？百里奚死后，全国百姓无不落泪，就好像死了亲生父亲一样，小孩子不再歌唱，舂米的也不再喊着号子干活，这是人们自觉自愿地敬重他；你却一味杀罚，就连太子的老师都被你割了鼻子。一旦主公去世，我担心有不少人要起来收拾你，你还指望做秦国的第二个百里奚，岂非可笑？为你着想，不如及早交出商、於之地，退隐山野，说不定还能终老林泉。不然的话，你的败亡将指日可待。"

后来的事实不幸被赵良所言中，商鞅变法之所以能够成功，主要是他能够抑制上层保守派的反抗，例如刑及太子的老师。试想，太子犯法尚且不容宽恕，老百姓当然只有遵照执行了。但这同时，也就给商鞅埋下了致命的败因。"商君相秦十年，宗室贵戚多怨恨者。公子虔杜门不出已八年矣"。一旦有机可乘，上层保守派肯定会合而攻之。

秦孝公死后，太子继位，是为秦惠王，公子虔等人立即诬告"商君欲反"，并派人去逮捕商鞅。商鞅走投无路，最后只好回到自己的封地商邑，秦发兵攻打，商鞅被杀于渑池。秦惠王连死后的商鞅也不放过，除了把商鞅五马分尸外，还诛灭其整个家族。

一点心得

事事留有余地，从多方面考虑事物发展的大势，无论为文还是从政经商都有大益。俗话说,做日短,看日长。要考虑到将来的前程,设身处地地想,人生的福分就像银行里的存款,不能一下子就透支,应当好好珍惜,精打细算,方能细水长流。不因一时贪心毁坏将来的名声,抱着平常心,乃是得乐的大法。

洁自污出　明从晦生

粪虫至秽,变为蝉而饮露于秋风;腐草无光,化为萤而耀采于夏月。因知洁常自污出,明每从晦生也。

在粪土中生活的幼虫是最为肮脏的东西,可是它一旦蜕变成蝉后,却在秋风中汲饮洁净的露水;腐败的草堆本身不会发出光彩,可是它孕育出的萤火虫却在夏夜里闪耀出点点萤光。从这些自然现象中可以悟出一个道理,那就是洁净的东西最初是从污秽之中诞生,而光明的东西也常常从晦暗中孕育。

1921年11月11日,在香港麦当奴大道的一座豪华花园洋楼,何世光夫人生下一男婴。

何上舟出身于豪门世家,他的童年无疑具有常人所无法想象的幸福。在他出生之时,父亲何世光的事业正处鼎盛:地位显赫,财运亨通,豪华的洋房里时常高朋满座。而何上舟则聪明可爱,举止与别的孩童迥异,家人们都喜不自禁,认为他的前途远大。

但是,商场险恶,好景不长。在何上舟13岁那年,躺在金银窝里的他一觉醒来,家中财尽钱空——父亲何世光刹那间破产了。幼小的他永远也不明白究竟是怎么一回事,前几天,庆贺大典才刚刚过去,但是曾经所拥有的一切全像肥皂泡沫一样幻灭了。一朝暴富、一夜破产,这在何上舟

幼小的心灵中留下了不可磨灭的痛苦记忆！

如果不是家道中落，何上舟肯定会被送到英国留学，然后继续父业，做洋行买办；也可能被港督赏识，委任为议员。如果这样，何上舟也就不会闯荡澳门，写下他富有传奇色彩的一生。

夜晚，当何上舟躺在硬板床上，看着母亲忧郁的神色、简陋的家庭用具，脑海里就会浮现出富丽堂皇的洋房、宽大餐桌上的美味佳肴。最不堪忍受的是原来那些亲戚见何家财大势大，见了何家人总是恭恭敬敬，颔首低眉。现在对何上舟却避而远之，甚至冷嘲热讽。家道中落，世态炎凉，13岁的何上舟不得不面对这冷酷的现实。

家穷促使他早熟，他明白穷人只有靠读书方可出头。他发愤苦读，到学期末，成绩居全班第一，这样的成绩即使在A班也能居中上。何上舟获得奖学金，开创了皇仁书院差班生获奖学金的纪录。以后，他年年获奖学金。

在苦难当中，何上舟终于迎来了他18岁的生日。虽然现在的他再也不可能像他小时候那样开一个像样的生日Party了！但是他已经长大成人——这是比其他任何事情都更加重要的。1939年，何上舟以优异的成绩考取香港名校香港大学，专修理科。

1941年太平洋战争爆发，新港督规定香港大学生都有义务参军。1941年12月8日，日军进攻香港。何上舟被分配到防空警报室做电话接线生。警报室设在他叔公何甘棠花园洋房的地下室里。

自从战争爆发，物价飞涨，母亲做工的积蓄应付不了昂贵的米价。母亲唉声叹气，不知日子怎么过，更为他的安全担忧。与母亲商量后，怀揣10元港币的何上舟正式踏上了他的澳门创业之旅！一天晚上，他搭一艘小船逃往澳门，加入联昌公司——澳门最大的公司之一，由葡、日、中三方合办。齐藤是日方主管。联昌主要是借战争之机利用机船运送粮食货物供应市民而获取利润。

第一章　功业成败的心得：
进退之间彰显智慧

来澳没几天的何上舟，遇到来澳避难、声名显赫的何东爵士。他虽是何东的侄孙，在香港却很少有见他的机会，而在何上舟的心里，何东一直是高高在上的大人物。现在都是避难，爷孙俩见面格外亲切。何东经常勉励何上舟："年轻人出来干活，要想成功，就记住两条：一是要勤力、肯干；二是钱到手里要抓紧，不要乱花。"

此后，何上舟牢牢地记住何东的鼓励，他发誓要在澳门干出一番事业！他在联昌公司任秘书期间，还负责粮油棉纱生意。原有的中、英两种语言不够用，他就拼命学习日、葡萄牙两种语言。凭着语言天赋，没多久他就会使用简单的日常用语。

虽然何上舟在联昌公司只做了一年职员，但是他的成绩斐然，才干出众，最后被公司吸收为合伙人。此后，他主要职责是押船，即把货物运到海上，与贸易伙伴在海上交易。

他凭借着自己良好的作风与机敏的反应力，受到老板赏识。有一次押船，不是以货易货，而是现金交易。老板需要他身揣 30 万港元现金——相当于今日的几千万。

这是一次不容闪失的重要押运。当天午夜他的船开到交易海面，不见对方船只。天上没有月亮，海面一片漆黑。到凌晨 4 点，才听到马达声由远而近。为慎重起见，他叫胖水手过去验船。胖水手说："对方吃水这么深，不会有诈。"话音刚落，机关枪就横扫过来，胖水手当场身亡。就在这时，从乌黑的海面上跳过来数个海盗，把船上的枪缴去。有几个凶神恶煞的家伙用枪顶着船员，叫道："统统把衣服脱光！"

当何上舟把他的衣服脱光时，30 万巨款暴露出来。海盗们从未见过这么多钱，个个眼珠发绿。一个海盗忍不住扑到钱堆上，被海盗老大喝住。老大命令一个海盗把钱抱回海盗船，另一个盗贼抬起一脚，把何上舟踢到船舱底下去了！而船上的水手一丝不挂，被海风吹得瑟瑟发抖。

海盗数完钱，马上分赃，又吵又闹，拳脚相见。看守何上舟的海盗熬

不住了，也跳上海盗船去抢钱。此时，海浪已把两艘船分开。何上舟下令水手开船逃跑。海盗船上的机枪猛扫过来，因联昌船是空载，速度很快，没多久就逃脱了。

经过昨夜的死里逃生，大家暗自庆幸得以活命。与往常不同，这次出海花了将近一个多星期。联昌公司的老板，见船未准时回港，知道事情不妙，在码头从早晨一直等到了中午。

正当众人无奈要离开的时候，船终于回港了，只有何上舟与舵手穿着雨衣，其他水手皆赤身躲在舱里不敢出现。齐藤等抱着何上舟及其水手潸然泪下。

何上舟的出生入死，成为联昌公司赚钱的头号功臣。这一年，联昌公司给他分红，金额高达100万港元。这时，何上舟才22岁。一是为了考虑到家里人，二也是因为有了一定积蓄，何上舟意欲改换一种工作。而这时，梁基浩邀请他去做澳府贸易局供应部主管，何上舟欣然同意了。

此时，何上舟充分利用战时千载难逢的机会。他看清了长期战乱，农田荒芜，粮食匮乏，澳门经常闹米荒，就召集一批人前往广州购米。广州的黑市米也非常昂贵，但是他凭着出色的外交才能，购到市政府囤积的官粮。数天之后，何上舟已经率领4艘满载大米的船队回澳，船抵码头，上千澳民站在岸边拍手欢呼。这时何上舟激动的不是那一打又一打白花花的钞票，而是他已经成为了澳门人民的英雄！

战后，时局平稳，不少香港人乘船来澳门赌钱。何上舟不失时机创办了一间船务公司，购置了一艘载客3 000人的客轮，为当时港澳航线上最大最先进的客轮。此后他不断将经营范围扩大至当时的各行各业。

何上舟应叶汉的邀请，决定到澳门独霸赌业。次年3月30日，他正式与澳门政府签订承办博彩业的新合约。

签约后的2个月，四人合组的澳门旅游娱乐有限公司正式成立。当时霍英东任董事长，叶汉、叶德利任常务董事，何上舟则作为股东代表人和持牌人出任总经理，主管公司事务，因此实际上何上舟才是澳门赌业的真正掌门人。

自此以后，澳门的赌场生意蒸蒸日上，连东南亚的赌客都赶来澳门豪赌。1970年，娱乐公司扩大赌场，斥资6 000万澳元建起葡京酒店。至此，白手起家的何上舟终于成为澳门响当当的人物。

一点心得

对一个想要有所作为的人来讲，应具备这样一种认识：环境不是有作为的决定条件，不能因此自艾自怨而自卑，而要想方设法去改变命运的安排。生活在恶劣的环境里，如果是自然环境，需要自己勇于克服困难，战胜环境的艰险；如果是社会环境，不能因此同流合污而堕落。一个人不必为了环境不好而苦恼，关键是要自强、自尊、自爱、自律才有可能实现自我。不但如此，有时往往物极必反，生活环境越好越容易使人腐化堕落。人性也跟物性相同，越是温暖或暑热的地方，东西越容易腐臭，寒冷的地方却能使东西保持常久新鲜。人在清苦的环境中，最容易激发斗志，古今中外很多伟人，都是从他们青少年时代的艰苦环境中奋斗成功的。由此观之，环境的清洁与污秽是相对的，清洁中未必没有腐物，污秽中未必不出有益的东西。所处环境对人的成长的制约也是相对的。

忧勤勿过　澹泊勿枯

忧勤是美德，太苦则无以适性怡情；澹泊是高风，太枯则无以济人利物。

尽心尽力去做事本来是一种很好的美德，但是过于认真心力交瘁，使

精神得不到调剂就会丧失生活乐趣；把功名利禄都看得淡本是一种高尚的情操，但是过分清心寡欲而冷漠，对社会大众也就不会有什么贡献了。

陶渊明不为五斗米折腰，采菊东篱，种豆南山，精神上是够幸福的。但他作为理智的性情中人，也应考虑基本的物质需求。

陶渊明几次出仕，当的都是小官吏。以他的个性来说，绝不可能巧取豪夺。既然打算要隐退，总得要为日后的衣食作打算，做些物质的准备才行。因此，陶渊明费尽周折谋取到了离家不远的彭泽令的职务。这次做官的目的就是"聊欲弦歌以为三径之资"。他还打算将公田全部种上粳米，用来酿酒备饮。但是，他的妻子反对全部田地种上粳米，劝他也要种些粮食，陶渊明才决定五十亩种秫、五十亩种粳米，以实现他"吾尝醉于酒足矣"的美好打算。这次赴任正好赶上岁末，有位督邮前来视察，旁人提醒他应该穿戴好官服毕恭毕敬，陶渊明一听就心里不满，督邮算什么东西？我怎么能为五斗米折腰呢？恰在这时，他妹妹病故了，借此机会，他就奔丧去了，彭泽县便成了他仕途中的最后一站。他从29岁起出仕，到41岁归隐田间，前后共13年。在这13年中，仕与隐的矛盾始终交织并贯穿始终，而且越往后斗争越激烈，东篱采菊，种豆南山，一个"猛志逸四海"的有理想、有抱负、慷慨激昂的青年，最后还是痛苦地"觉今是而昨非"。

陶渊明虽然向往林泉之趣的淡泊生活，但他要考虑到生计温饱问题，"吾尝醉于酒足矣"，艺术同生活的矛盾确实需要调和。

一点心得

什么事情都讲究适度的原则。"富贵于我如浮云"，心境也就自然平静清凉，如此无忧无虑该是何等飘逸潇洒。不过什么事都不要走极端，假如以淡泊为名而忘记对社会的责任，忘记人间冷暖以至自我封闭就不对了，甚至演变为不管他人瓦上霜而自私自利，就会被人视为没有公德没有责任感甚至有害于社会，这样就会被社会大众所唾弃。勤于事业，忙于职业是

第一章 功业成败的心得：进退之间彰显智慧

美德，是一种敬业精神，但如果陷于事务圈而不能自拔，如果因无谓的忙碌而心力交瘁失去自我是不足取的。

苦中得悦　失意存悲

苦心中，常得悦心之趣；得意时，便生失意之悲。

人们在苦心追求时，因为感受到追求成功的喜悦而觉得乐趣无穷，人们在得意时，因为面临着顶峰过后的低谷，往往潜藏着失意的悲哀。

某山城的一家纺织厂经济效益不好，工厂决定让一批人下岗。在这一批下岗人员里有两位女性，她们都40岁左右，一位是大学毕业生，工厂的工程师，另一位则是普通女工。就智商而论，这位工程师的智商无疑超过了那位普通工人，然而，她们下岗后的态度却大不一样。

女工程师下岗了！这成了全厂的一个热门话题，人们纷纷议论着、嘀咕着。女工程师对人生的这一变化深怀怨恨。她愤怒过，她骂过，她也吵过，但都无济于事。因为下岗人员的数目还在不断增加，别的工程师也开始下岗了。然而，尽管如此，她的心里却仍不平衡，她始终觉得下岗是一件丢人的事。她整天都闷闷不乐地呆在家里，不愿出门见人，更没想到要努力奋斗做点事情重新开始自己的人生，孤独而忧郁的心态控制了她的一切，包括她的智商。她本来就血压高，身体弱，没过多久，她就带着忧郁和孤寂离开了人世。

另一位普通女工的心态却大不一样，她很快就从下岗的阴影里解脱了出来。她想既然别人能生活下去，自己就也能生活下去。从此以后，她的内心没有了抱怨和焦虑，她平心静气地接受了现实。在亲戚朋友的支持下，她开起了一个小小的火锅店。由于她全力以赴地投入到这项工作中，火锅店生意十分红火，仅一年多，她就还清了借款。现在她的火锅店的规

模已扩大了几倍，成了山城里小有名气的餐馆，她自己也过上了比在工厂时更好的生活。

一个是智商高的工程师，一个是智商一般的普通女工，她们都曾面临着同样一个困境——下岗，但为什么下岗之后她们的命运却迥然不同呢？原因就在于她们各自的态度不同。

一点心得

任何事情都是在发展变化着的，苦乐可以转化，得失不是永恒。在这样的情况下，要看主观上用什么态度对待人生。人间悲苦是无情的，用这种心境来看待人生，那耳目所触尽是悲苦，结果就使人容易产生悲观思想，甚至造成悲剧。人生本来是多灾多难的，但是我们必须征服这种苦难，绝对不可以抱着失败主义思想。人不能因为一时的得失决定自己的一生，不能因一时的苦乐而放弃人生的奋斗。

居安思危　天也无法

天之机缄不测，抑而伸，伸而抑，皆是播弄英雄，颠倒豪杰处。君子只是逆来顺受，居安思危，天亦无所用其伎俩矣。

上天的变化不可把握，有时先让人陷入困境，然后再进入顺境，有时又让人先得意而后失意。不论是处于何种境地，都是上天有意在捉弄那些自命不凡的所谓英雄豪杰。因此，一个真正的君子，如果能够坚忍地度过外来的困厄和挫折，平安之时不忘危难，那么就连上天对他也没有办法了。

张先生40来岁，身材矮壮敦实，前额宽阔，鬓角微秃，比实际年龄

第一章 功业成败的心得：进退之间彰显智慧

显得苍老了些。张先生现在的身份是一家广告公司的法人代表。这家公司是他这样一个没有上过大学的农民，经过十几年的努力一手创办的。

虽然，他的成功与网络精英的成功无法相提并论，但他坚韧的性格却让人感到了火一样的热忱，他就是凭着这种热忱一直坚持到今天。

张先生是一个地地道道的农家子弟，小时候从上学的那一天开始，爹娘就盼望着他能考上大学，从这个穷乡僻壤的山沟里挣脱出去。

从小学到中学，每天读书要走十几里山路，有时赶上下雪天气，一不小心跌倒在雪坑里，要费好大的劲才能爬出来。走到学校时，融化的雪水已经把棉衣棉裤冻在了身上，就像一层坚硬的铠甲。

晚上放学归来，同样要走十几里山路，冬天北方的日照时间短，回来时，天已经黑透了。山村里没有电灯，油气灯又很贵，家里点不起。他就找来松树皮点火照明，松树油吱吱啦啦地燃烧着，微弱的光亮把黑暗撕开一条裂痕。他就在那一丝微弱的光亮中，忍着呛人的浓烟，艰难地看书，写完作业。第二天早晨起床时，发现全家人的鼻孔都是黑的，一家人都被松木烟熏得头脑发胀。后来他偷偷地拿了父亲看青用的手电筒，躲在被窝里看书，把电池里的电消耗精光，害得父亲走夜路深一脚浅一脚，不知走了多久才回到家里，张先生当然少不得父亲的一顿好揍。

终于到了中考的那一年，母亲为了供他上高中，含泪卖掉了不到一百斤的猪。可是他在初中读书的那个学校，从来没有开过外语课，面对外语课本，如同面对天书一般无法解读。他拼命地用功，日以继夜地苦读，可是这一切努力都无法使他在最短的时间里学会外语。

中考的结果是可以想象的，他也像路遥笔下的高加林那样，重又回到了养育他的那个偏僻的小村庄。

辛辛苦苦地读了十几年书，重又回到了父辈的行列，人总是在离开了泥土之后重又归于泥土，这也许就是命运不变的轮回。

他在乡办中学代课的时候认识了现在的妻子，他的妻子是师范学校的

毕业生；在乡下人的眼里，是有大学问的人。她的父母虽然不指望女儿嫁给多大的干部，但也希望门当户对的人做他们的女婿。

当她的父母得知女儿要嫁给一个农民的时候，都坚决反对，他们不愿看到女儿受苦。也许爱情更像岩石里的花，越是苦难越是萌发。他们结婚的时候，女方的父母都没有露面。但这一切都不能阻挡他们，一间茅草房成了他们构筑爱情的天堂。

他们就像檐燕衔泥一样，苦心经营着他们的日子，他们没有想到，生活的海洋也会出现暗礁。

就在这一年，乡政府动员村民种植甜叶菊，甜叶菊的叶子可以加工成糖甙，供应国际市场。

第一年，乡里的领导组成小组，挨家挨户地动员，却收效甚微。可是那一年秋收的时候，三亩甜叶菊卖了1.2万元。于是他下决心大干一场。

好不容易盼到了秋天，甜叶菊丰收了。可是甜叶菊的收购价格从去年的5元掉到5角，村民找干部，干部找乡长，一直找到县里，一级一级地找上去，得到的答复是：东南亚金融危机，国际市场疲软，供大于求，我国几个生产厂家，产品质量与国际质量标准还有一定差距，所以货卖不出去，没钱收原料。

雇工的工资要付，银行的农业贷款要还，算来算去的结果是，他欠下了一屁股债。为了还本付息，他还得去苦苦奋斗，所有的路只剩下了一条：进城去打工。

吃过了"初一的饺子，初二的面"，张先生带着不多的行李，辞别了家人，迎着早春凛冽的风，加入到进城打工的行列，他的妻子和儿子站在村头远远地向他挥着手。

城市，对于一个向往挣钱的农民工来说，也许是梦中的天堂。可是一旦真实的城市裸露在他们的面前时，城市确实有她独特的魅力，却也有她藏不住的丑陋。

第一章　功业成败的心得：
进退之间彰显智慧

张先生来到省城，先是找到了一位同乡，求他帮助介绍一份工作，这位同乡也很同情他的处境，无奈眼下城市工人也都纷纷下岗，想找一份稳定的工作真是比登天还难。这位同乡很早就进了城，经过了十几年的奋斗，现在已经买了一辆农用汽车。每天站在路边等待雇用拉脚的活儿，经他介绍，张先生开始了他站在路边等人雇佣的农民工生涯。

马路边是一个特殊的"单位"，在这里人分三六九等，像张先生这样初来乍到的，自然只有受气的份儿了。每当有雇主光临惠顾，他总是抢不到前边，等到有了又脏又累，别人不想去的活儿时，才能轮到他的头上。就这样，他在生活的缝隙里艰难地活着，每天他吃的都是最低水平的饭菜，只要能填饱肚子就行，他把用血汗换来的每一分钱都攒起来，用来偿还沉重的债务。

没事的时候，他总是坐在马路牙子上看书，凡是能找到的有字的纸，都成了他的宝贝，出去干活时怀里还揣着一本揉搓得破烂不堪的《小说月报》。

张先生最愿意干的是给读书人搬家，搬家的时候他很注意收集别人丢弃的废纸，有些稿纸已经发黄变脆，有的还沾过油渍，他把这些大小不一的纸钉在一起，每天趴在床上一直写到深夜。

有一次，张先生遇到了一位老人晕倒在马路旁，围观的人很多，可是没有一个人伸手将老人扶起，张先生将老人背起来送到医院，然后又在病床边一直守着，直到老人醒来。

老人原来是一所大学的教授，他是因为心脏病猝发而晕倒的。老人醒来后，当他得知是一位农民工救了他的命，十分感激，老人的子女坚持要付给张先生一笔钱，作为酬谢，却被张先生婉拒了。后来，张先生与老人成了忘年之交，一次，张先生拿出自己在马路边写成的"作品"请老人批评指正。老人看了以后，对他说，你写的东西离发表还有一定差距，但是从你的文字里，看到了一种新鲜的东西，那些俚语、俗语都非常鲜活而生

动，不是躲在书房里的作家们能写出来的。

当老人得知张先生的理想是当一名作家，而眼下的处境又十分艰难的时候，平生不求人的老人给他的学生打了电话。他的学生毕业后开了一家广告公司，老人介绍张先生去搞文案和策划。张先生对于广告行业是个门外汉，但他有决心将这份工作干好，他比任何人都清楚，得到一份工作不容易。广告公司的工作必须从基层做起，张先生没有固定的客户，没有过硬的社会关系，想要在广告界立足谈何容易！

但是，张先生生来有一种不服输的劲头，他没有社会关系，只能拼耐力、体力。为了拜访客户，他一个冬天走坏了三双鞋，有一次，为了争一家客户，还被另外一家广告公司的业务员打得鼻青脸肿。好在广告公司的工资上不封顶，张先生平生第一次领到了1 500元的工资。

他的岳父仍旧怪他不务正业，怪他扔下家里的地不种，老婆孩子不管，偏偏要进城拉什么"广告"。但妻子却理解他，妻子对他说："你看我们这个村里的人，几千口人都不离开家门，也活得挺好的，只有你一个人想闯，几千口人里才出了你这么一个，我不拦你。"他知道自己这一生欠妻子的情债是还不清的了，情到深处便没有了语言。

张先生经过了几年的不断追求，成为一个小有名气的广告策划人，后来他的老板准备出国，他就盘下了公司，自己做了老板。

在他的生活里，生存的话题显得过于沉重，但他并不气馁，他相信，不凡源于不断的追求，努力拼搏才能与命运抗争。"如果不当总统，就当广告人！"张先生每一次招聘员工的时候，他都这么说。

一点心得

世事变化难以预料，天机奥妙不可思议，不要说未来的事难以推测，目前的事也很难判断，就连古圣先贤也无可奈何。所以孔子对于处事有"尽人事以听天命"之叹，即对天命而言只好逆来顺受了。因为人的所知

第一章 功业成败的心得：进退之间彰显智慧

是有限的，对智力所不及的事情，很难违背自然法则。但这不意味着听天由命，个人的一生完全以天命来决定。一个人不应忽视自己的主观能动性，要遵循自然法则不断追求，努力奋斗天命其奈我何？

秽者多物　水清无鱼

地至秽者多生物，水至清者常无鱼。故君子当存含垢纳污之量，不可持好洁独行之操。

那些堆满污物的地方，往往滋生许多生物，而极为清澈的水中反而没有鱼儿生长。所以真正有德行的君子应该有容纳他人缺点和宽恕他人过失的气度，绝对不能自命清高，独来独往。

曹操用人的一大特点是大度用人、容人之错。他冲破了固有的迂腐标准的禁锢，具有创新的见地，他认为"人无完人，慎无苛求，才重一技，用其所长"。

东汉建安四年，曹操与实力最为强大的北方军阀袁绍相持于官渡，袁绍拥兵十万，兵精粮足，而曹操兵力只及袁绍的十分之一，又缺粮，明显处于劣势，当时很多人都认为曹操这一次是必败无疑了。曹操的部将以及留守在后方根据地许都的好多大臣，都纷纷暗中给袁绍写信，准备一旦曹操失败以后便归顺袁绍。

官渡之战曹操采用了荀攸的计策，袭击袁绍的粮仓，一举扭转了战局，打败了袁绍。曹操打扫战场时，从袁绍的文书案卷中拣出一束书信，都是曹营里的人暗中写给袁绍的投降书信。当时有人向曹操建议，要严肃追查这件事，对凡是写了投降信的人，统统抓起来治罪。然而曹操的看法与众不同，他说："当时袁绍强盛，我都担心能不能自保，何况别人呢？"

于是，他连看也不看，下令把这些密信全都付之一炬，一概不予追查。这么一来，那些曾怀有二心的人便全都放心了，并对曹操心存感激，军心、臣心稳定，处于弱势的曹操集团迅速巩固了胜利的战局。

古今中外，大凡善用人者必有宽容之心，容人之度，容人之错，可以宽其心，去其疑；进而尽心竭力。

现代社会科技飞速发展，社会情况变化日新月异，人的思维能力、判断能力是有限度的，容人之错对今天的领导者来说是必备的素质。大连有一个女企业家，专门聘用刑满释放人员，她的40多名员工，无一例外都有过前科。她是怎样对待这些特殊员工的呢？她自有准则："忘其前愆，取其后效。""即其新，不究其旧。"她用信任帮助这些人找回失去的尊严，还这些人以自尊，她甚至将保管仓库的重任交给曾经偷摸盗窃的人。面对如此信任，稍有良心的人都会感动，都会尽心尽力回报，十几年来，这个仓库连一个螺丝钉也没丢过。来到这里的浪子们找到了心灵的回头之岸，开始了新的人生。

在用人的问题上，除了要有气量，还应用人之所长，不求全责备。只要有一方面专长的人才，哪怕有一点特长，都要用其所长。因势而用人，为制势而择人，这是统御者御将用人的基本出发点。不从个人印象的好恶出发，能御用自己不得意的人，用其所长，避其所短，不讲资历，不论出身，只要有功绩、有本事就会给予提拔。

一点心得

古语云："水至清则无鱼，人至察则无徒。"成就一番大的功业，必须要有这样的用人意识。天下奇才，偏于一面者，十有八九。金无足赤，人无完人。用人不必求全责备，也不必均是贤才。很多人只看到别人的缺点而无法赏识别人的长处，如果这样的话，就很难成就什么大事业了。

第一章 功业成败的心得：进退之间彰显智慧

坚守操履　不露锋芒

澹泊之士，必为浓艳者所疑；检饰之人，多为放肆者所忌。君子处此，固不可少变其操履，亦不可太露其锋芒。

志向淡泊的人，必定会受到那些热衷于名利的人的怀疑；生活俭朴谨慎的人，大多会被行为放荡的人所妒忌。一个坚守正道的君子，固然不应该因此而稍稍改变自己的节操，但是也不能够过于锋芒毕露。

荀攸是曹操的一个谋士，他自谦避祸，很注意掩蔽锋芒。

荀攸自从受命担任军师之职以来，跟随曹操征战疆场，筹划军机，克敌制胜，立下了汗马功劳。平定河北后，曹操即进表汉献帝，对他的贡献给予很高的评价。公元207年，曹操发布《封功臣令》，对于有贡献之臣论功行赏，其中说道："忠止密谋，抚宁内外，文若是也，公达其次也。"可见在曹营众多的谋臣之中，荀攸的地位仅次于荀彧，足见曹操对他的器重了。后来，荀攸转任中军师。曹操做魏公后，任命他为尚书令。

荀攸有着超人的智慧和谋略，不仅表现在政治斗争和军事斗争中，也表现在安身立业、处理人际关系等方面。他在朝二十余年，能够从容自如地处理政治漩涡中上下左右的复杂关系，在极其残酷的人事倾轧中，始终地位稳定，立于不破之地。三国时代，群雄并起，军阀割据，以臣谋主，盗用旗号的事情时有发生。更有一些奸佞小人，专靠搬弄是非而取宠于人。在这样风云变幻的政治舞台上，曹操固然以爱才著称，但作为封建统治阶级的铁腕人物，铲除功高盖主和略有离心倾向的人，却从不犹豫和手软。荀彧身为第一号谋臣，因为死保汉室而不支持曹操做魏公，一样被逼迫自杀，别人又当如何呢？荀攸则很注意将超人的智谋应用到防身固宠、

确保个人安危的方面,正如史书所载"他深密有智防"。

那么,荀攸是如何处世安身的呢?曹操有一段话很形象也很精辟地反映了荀攸的这一特别的谋略:"公达外愚内智,外怯内勇,外弱内强,不伐善,无施劳,智可及,愚不可及,虽颜子、宁武不能过也。"可见荀攸平时十分注意周围的环境,对内对外,对敌对己,迥然不同,判若两人。参与谋划军机,他智慧过人,迭出妙策,迎战敌军,他奋勇当先,不屈不挠。但他对曹操、对同僚,却注意不露锋芒、不争高下,把才能、智慧、功劳尽量掩藏起来,表现得总是很谦卑、文弱、愚钝、怯懦。作为曹操的重要谋士,为曹操"前后凡画奇策十二",史家称赞他是"张良、陈平第二"。但他本人对自己的卓著功勋却是守口如瓶、讳莫如深,从不对他人说起。

荀攸大智若愚、随机应变的处世方略,虽有故意装"愚"卖"傻"之嫌,但效果却极佳。他与曹操相处二十年,关系融洽,深受宠信。从来不见有人到曹操处进谗言加害于他,也没有一处得罪过曹操,或使曹操不悦。建安十九年(公元214年),荀攸在从征孙权的途中善终而死。曹操知道后痛哭流涕,对他的品行,推崇备至,被曹操赞誉为谦虚的君子和完美的贤人,这都是荀攸以智谋而明哲保身的结果。

一点心得

嫉贤妒才,几乎是人的本性。愿意别人比自己强的人并不多。所以有才能的人会遭受更多的不幸和磨难。很多位居高官的人或者尸位素餐,或者"告老还乡",主要就是收敛锋芒,以免成为众矢之的。

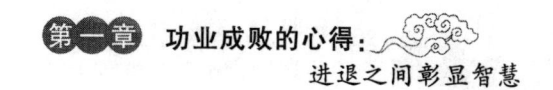

第一章 功业成败的心得：
进退之间彰显智慧

持盈履满　君子兢兢

老来疾病，都是壮时招的；衰后罪孽，都是盛时造的。故持盈履满，君子尤兢兢焉。

人在年老时患的疾病，都是在年轻时候不注意所招致的，人在失意以后还要遭受罪责，都是在得意时埋下的祸根。所以在拥有成功和圆满的生活时，一个正人君子不能不时时小心谨慎。

唐朝末年，沙陀族首领李克用因帮助朝廷镇压黄巢起义，被封为陇西郡王，后来又封为晋王。在临终的时候，他交给儿子李存勖三支箭，说："梁王，是我的仇人；燕王，是我拥立的；契丹王耶律阿保机，与我曾相约为兄弟，但他们却都背叛了我去投靠梁王。我生前没能亲手杀了这三个人，是我最大的遗憾。现在交给你三支箭，你不要忘了我的大仇。"

李克用死后，李存勖继任为晋王。他把这三支箭供奉在家庙中，发誓要报仇。

李克用病死前一年，梁王朱温已经篡唐称帝。在当时的割据势力中，梁地广兵多，据有今河南、山东两省和陕西、山西、河北、宁夏、湖北、安徽、江苏等省各一部分。

燕王指刘仁恭和他的儿子刘守光。刘仁恭任卢龙军节度使，是经李克用推荐而被唐王朝任命的。但刘仁恭后来却恩将仇报，袭败李克用军向梁讨好。李克用病死这一年（公元907年），刘守光囚禁了父亲，自称卢龙军节度使，四年后又自称大燕皇帝。

李存勖继任后，一心念着父亲的遗嘱，觉得自己的实力还弱，于是养精蓄锐。一方面，他下令所属各州县推举贤才，一方面黜退贪残，宽免租

税，抚恤孤寡，昭雪冤案，查禁奸盗。过了不久，境内大治，不几年的功夫，民富国强，上下一心。

公元913年11月，李存勖出兵攻燕，擒获了刘仁恭父子。10年之后，即公元923年，李存勖登基为皇帝，建国号为唐。同年出兵进攻梁。这时朱温已死，梁国皇帝是他的儿子朱友贞。朱友贞抵挡不住唐军的攻势而自杀。李存勖把朱友贞君臣的头用漆涂了收藏在太庙。三个仇家刚收拾了两个，他却不可一世起来，开始花天酒地，打猎游玩，不然就与戏子们混在一起，亲自粉墨登场，国事家仇都抛到了脑后。戏子郭门高任亲军指挥使，部下有人作乱，事发被诛。李存勖说这是受了郭门高的指使，这使郭极为害怕，便趁李存勖的养子李嗣源造反的机会，率领部下攻入宫中，把李存勖射死了。欧阳修在《伶官传》中写道："故方其盛也，举天下豪杰，莫能与之争；及其衰也，数十伶人困之而身死国灭，为天下笑。"

一点心得

因为壮大，往往滋生自负、自满的情绪。危险往往潜藏在人们的自满中，在人们懈怠的那一刻突然出现。无论现状有多好，我们时时都要具有忧患意识。只有居安思危，做好迎战噩运到来的思想准备，才能使"盈满"的状态保持长久，一旦危机来临，也不会措手不及。

功过不混　恩仇勿明

功过不容少混，混则人怀惰隳之心；恩仇不可太明，明则人起携贰之志。

功绩和过失一点都不容混淆，混淆了，人们就会变得懒怠而没有上进之心；恩惠和仇恨却不能表现得太明显，太明显了，人们就容易产生怀疑

第一章 功业成败的心得：进退之间彰显智慧

背叛之心。

皇太极是后金大汗努尔哈赤的第八个儿子。他从小就嗜好读书，尤其是熟读历代典籍，并善于借鉴，运用于领兵治军。他身材高大，体魄健壮，武功很好，尤擅步射、骑射；对勇士也特别喜欢；继承父位之后，也就十分重视擢拔勇士。

公元1628年，皇太极率十万大军包围了明朝的遵化城。天刚放亮，皇太极下令攻城。这是一场异常惨烈的攻坚战。明军壁垒森严，箭矢、滚石如雨，八旗兵士冒着炮火，迎着箭矢、滚石，奋勇攻城。很多战士抬着云梯冲到城下，攀梯而上。其中有个士兵，名叫萨木哈图，他不顾乱石飞矢，第一个奋勇登上城头，挥舞着大刀，一连砍倒许多守城的明军，使后援的清军乘机一涌而上，攻破了明军的防御，并迅速地扩大战果，占领了全城。

萨木哈图勇猛奋战、第一个登城而入的事很快就被皇太极知道了，皇太极十分高兴，立即召见了萨木哈图，并与之畅谈了许久。

过了几天，皇太极在遵化城举行庆功大会。会上，凡立功的都被叫到他面前，由他亲自授奖。当萨木哈图走到皇太极跟前时，皇太极端着最名贵的金卮，亲手斟满美酒，赐予萨木哈图，并看着他把酒喝下去，然后当众宣布封他为"备御"，授予"巴图鲁"的荣誉称号。顿时，整个会场欢声雷动，全都沸腾起来了，因为萨木哈图原来只是一个普通士兵、无名小卒。

接着，皇太极又赐给萨木哈图一批贵重物品予以嘉奖：一峰骆驼、一匹蟒缎、二百匹布、十匹马、十头牛，还规定萨木哈图的子孙世代承袭备御爵位，他本人今后如有过失可以一律赦免。

在以后的战斗中，皇太极对萨木哈图一直予以爱护，不再让他冒险冲杀。

自萨木哈图一战获殊荣后，立功授奖，量功拔将就成为一种定制。由

此，每逢攻坚，将士们都冲锋陷阵，争当勇士，清军的战斗力也就大大提高了。

一点心得

一个人，尤其是领导别人的人，在方法上有一条重要的原则，即对人要功过清楚，赏罚分明。赏罚是使人努力的诱因，一个丧失工作诱因的人，他的工作情绪必然不会高昂。假如是一两个人这样还不要紧，万一群体也如此，这个集体乃至社会必然要陷于不进步的停顿状态，所以赏罚又是促进整个社会进步的一大动力。历朝皇帝打天下，哪一个不是以论功行赏作为调动文臣武将积极性的手段呢？就现实生活中的人来讲，不论是高官还是一般的领导，都需要讲究方式方法，以便使大家能为一种共同的事业团结一致。

以德御才　德才兼备

德者，才之主，才者，德之奴。有才无德，如家无主而奴用事矣，几何不魍魉猖狂。

品德是才学的主人，而才学不过是品德的奴隶。一个人假如只有才干学识却没有品德修养，就等于一个家庭没有主人而奴隶当家了，这又怎能不使家中遭受鬼怪肆意侵害呢？

元世祖忽必烈与赵孟頫谈话，问叶李、留梦炎两人优劣，孟頫答道："梦炎，臣之父执，其人忠厚，笃于自信，好谋而能断，有大臣器；叶李所读之书，臣皆读之，其所知所能，臣皆知之能之。"忽必烈说："汝以梦炎贤于叶李耶？梦炎在宋为状元，位至丞相，贾似道误国罔上，梦炎依阿

第一章 功业成败的心得：进退之间彰显智慧

取容；叶李布衣，乃伏阙上书，是贤于梦炎也。汝以梦炎父友，不敢斥言其非，可赋诗讥之。"赵孟頫所赋诗，有"往事已非那可说，且将忠直报皇元"之语，忽必烈颇赞赏。

忽必烈是元朝的创建者，是个有作为的皇帝。他任总领漠南汉地军国庶事，开府于金莲川（在今河南结源）时，已任用汉儒为其谋士。及灭宋后，广泛搜求宋朝名士任官，为之理政治民。宋魏国公赵孟頫是宋太祖子秦王德芳之后，宋亡，家居，后被召入朝任官。

忽必烈对叶李、留梦炎的评价与赵孟頫不同：赵孟頫赞许留梦炎有大臣之器，对叶李则认为其才能与己相当；忽必烈却认为叶李贤于留梦炎。这是以两人对贾似道误国罔民的不同态度而定优劣。公元1258年，忽必烈奉蒙哥大汗命进军围攻鄂州，宋派贾似道率军前往救援，而忽必烈因其兄蒙哥死急于回去争帝位，适贾似道派使来求和，忽必烈便顺势答应并率大军北返。贾似道却谎报"鄂州大捷"，说蒙古兵已肃清，这事虽说欺骗宋理宗，贾似道得以为相，但朝野上下是清楚的，留梦炎却依附之以取悦于贾似道。当时叶李只不过是个太学生，愤贾似道害国害民，便带头与同学83人，伏阙上书揭露贾似道的罪恶，责其"变乱纪纲，毒害生灵，神人共怒，以干天谴。"贾似道大怒，知书是叶李所写，使其党人逮捕叶李，叶李便逃匿。适宋亡，叶李归隐富春山。忽必烈多次派人征召不出，后不得已才入见。忽必烈劳问："卿远来良苦！"又说："卿往时讼似道，朕尝识之。"言下之意，是对他表示敬意。忽必烈向他请教治国之道，叶李陈述古帝王的得失成败，忽必烈赞许，命他五日一入议事，后任资善大夫、尚书左丞。叶李在宋不过是一布衣，忽必烈却如此破格重用，是因赏识其人忠直敢弹劾误国欺上的贾似道。而对留梦炎这个宋朝丞相和有名的状元，虽赏识其文才，却认为其人有私心而缺德行，便降级使用。

由此可见，忽必烈用人重才学，更重德行。

一点心得

德与才是不能分开的,德靠才来发挥,才靠德来统率。从德和才两个方面出发,人分为四种:德才兼备为圣人,德才兼亡为愚人,德胜才为君子,才胜德为小人。在用人时,如果没有圣人和君子,那么与其得小人,不如得愚人。因为"君子挟才以为善,小人挟才以为恶,而愚者虽欲为不善,但智不能周,力不能胜。"这就是说,有才而缺德的人是最危险的人物,比无才无德还要坏。人们往往只看到人的才,而忽视了德。自古以来,国之乱臣,家之败子,都是才有余而德不足。

修身种德 事业之基

德者事业之基,未有基不固而栋宇坚久者。

美好的品德是一切事业的基础,正如盖房子一样,如果没有坚实的地基,就不可能修建坚固而耐用的房屋。

红楼梦里有这么一段故事,讲的是甄士隐曾资助过穷儒贾雨村。贾进京中了进士,又升任知府,旋即因贪酷侮上被革职,到林如海家做私塾教师。林如海妻亡故,遂起意让女儿黛玉进京依附外祖母,又得知雨村欲图谋复职,遂修荐书让内兄贾政为之周全,并让雨村随黛玉进京。雨村补授了应天府知府后,即碰到薛蟠为争夺甄香莲而打死香莲情夫冯公子的案子,甄香莲是甄士隐的女儿,雨村不思报恩,乱判此案,致使香莲父女永隔,有家难回,客死薛家。贾府有恩于贾雨村,但当荣、宁二府遭受查抄时,贾雨村当时地位已高,不但不从中保全,反而巴结贾府政敌忠顺王,煽风点火,助纣为虐,落井下石。但是,贾雨村最后也在宦海中沉沦,被撤职监禁，身陷囹圄。

一点心得

品德的修养是人生的基础，决定一个人一生行事是善是恶是美是丑。一个人没有好的品德，再好的学识或许不能有益于人，可能还会害人，而且知道的越多害人越深，权势越大破坏愈广。一个品行不端的人，很难在事业上有所成就，即使可能荣耀于一时，但终究会贪赃枉法、过于自私而误国误民，爬得高会摔得更重。

信人尽诚　疑人己诈

信人者，人未必尽诚，己则独诚矣；疑人者，人未必皆诈，己则先诈矣。

一个能信任别人的人，也许别人并不十分诚实，但他自己却是诚实的；一个怀疑别人的人，别人也许并不都狡诈，但他自己却已经是狡诈的了。

公元前209年，陈胜揭竿起义，一个群雄争霸的时代来临了。就在这时，阳武县户牖乡一个叫陈平的年轻人，前去投奔魏王咎，被任命为太仆，替魏王执掌乘舆和马政。

陈平非常聪明，很小的时候，就树立了远大的志向，且勤于读书。他来投奔魏王，本来想有一番作为，但他多次献策不仅未被采纳，反而遭人诋毁。陈平认识到魏咎是一个平庸之辈，于是毅然出走，投奔到项羽麾下，参加了著名的巨鹿之战，跟随项羽进入关中，击败秦军。项羽赐给卿一级的爵位，但这种职位徒具虚名，并没有实权。

公元前206年4月，爆发了著名的楚汉战争。这时，殷王司马卬背楚降汉。项羽大怒，于是封陈平为信武君，率领魏王咎留在楚国的部下进击殷王，收降司马卬。陈平取胜后因功被拜为都尉，赐金20镒。过了不久，汉王刘邦又率部攻占了殷地，司马卬被迫投降。项羽对司马卬的反复无常极为恼怒，因此而迁怒陈平，要尽斩以前参加平定殷地的全体将士。陈平害怕被杀，又看到项羽无道乏能，难成大气候，便封好其所得黄金和官印，派人送还项羽，而自己则单身提剑抄小路逃走。在渡黄河的时候，艄公见陈平仪表非凡，又单身独行，怀疑他是逃亡的将领，身上一定藏有金银财宝，顿起谋财害命之念。陈平察颜观色，知道他心怀歹意，略一沉思，便脱掉衣服，袒露全身，帮助艄公去撑船。船夫由此知道他一无所有，才没有动手。

陈平上岸后，一路直奔修武，因为当时刘邦正率领部队驻扎在那里。他通过汉军将领魏无知见到了刘邦。刘邦问陈平："你在楚军里担任什么官职？"

陈平回答说："担任都尉。"当日刘邦就任命陈平担任都尉，让他当自己的参谋，主管监督联络各部将的事。

此事传出，刘邦手下将领不禁哗然，纷纷向刘邦进谏："大王得到楚军一个逃兵，还不知道他本领有多大，就同他坐一辆车子，反倒来监督我们这些老将。"刘邦听到这些议论后，反而更加亲近陈平，同他一道东伐项王。这样一来，将领们越发不服气。过了一段时间，他们推举周勃、灌婴晋见刘邦说："陈平虽然看起来是一表人才，恐怕是虚有其表，我们听说他在家时就德行不佳，与嫂子通奸，而且反复无常，事奉魏王不能容身，逃出来归顺楚王，归顺楚王不行又来投奔汉王，如今大王器重他，给予他高官，他就利用职权接受将领的贿赂。这样的人，汉王怎么能加以重用呢？"

俗话说众口铄金，刘邦也不能不怀疑起陈平来，他把推荐人魏无知叫

第一章 功业成败的心得：进退之间彰显智慧

来训斥了一番。魏无知根据刘邦豁达大度、不拘小节的特点，以及求贤若渴、争夺人才的特殊形势，回答得非常精彩。他说："我所说的是才能，陛下所问的是品行。这两者在夺天下的过程中，哪一点最重要呢？我推荐奇谋之士，是为了有利于国家，哪里还管他是偷情还是接收贿赂呢？"

如此一说刘邦也没有什么好说的。

刘邦赐给陈平酒食，并说："吃完，就休息去吧。"陈平说："我为要事而来，我对您要说的事不能挨过今天。"刘邦听他这么一说，就跟他谈起来，两人纵论天下大事，谈得非常融洽。到这时，陈平才说出他的计谋来："项王身边就那么几个刚直之臣，如范增、钟离昧、龙且、周殷之辈。大王只要花几万金，可以行使反间计，离间他们君臣关系，使之上下离心。项王本来爱猜忌，容易听信谗言，这样，必定会引起内讧和残杀，到那时，我军再乘机进攻，一定会获胜。"

刘邦听完陈平的分析点头称是，于是拿出4万斤黄金给陈平，让陈平去安排这件事。

于是，陈平向楚军派遣大量间谍，用很多黄金收买楚军中的将士，让他们散布谣言说："钟离昧等人身为楚军大将，战功卓著然而却不能裂土封王，因此想同汉军结成联盟，消灭项王，瓜分楚国的土地，各自称王。"

项羽本来生性多疑，果然心生不安，就派使者到汉军以探虚实。陈平让侍者准备最高规格的菜肴，叫人端去，但一见楚使，故作吃惊地说："我还以为是亚父的使者呢，原来是项王的使者。"于是就把端上来的菜端走，送上另一份制作粗劣的食物。使者见此情景，极为生气。回去后就把自己看到的和听到的如实告诉了项王。项王于是怀疑起范增来，当时范增建议项羽迅速攻下荥阳城，但项羽就是不采纳，气得范增发怒说："天下大事大体上定局了，大王你自己干吧！请求赐还我这把老骨头，退归乡里。"不料，项王准其所请。范增在回家途中，因背上毒疮发作，猝然而死。陈平略施小计，竟使项羽失去第一谋士。以后，大将周殷在英布引诱

下叛楚，钟离眛也因遭猜忌而得不到重用。

一点心得

疑神疑鬼，不信任别人的人是成不了气候的。尤其是一个有创造大业雄心的人，在待人接物上必须出自真诚，注意疑人莫用，用人莫疑，使大家精诚合作。诚信是传统的原则之一，真诚待人终究会感动别人。但是真诚待人不是见什么人都把自己和盘托出，就是见了作奸犯科的歹徒也去真诚相待，期望以此感化他。如果人人这样，社会责任法律义务谁来承担？故诚也是相对而不是绝对的。

闹中取静　临危不乱

忙里要偷闲，须先向闹时讨个把柄；闹中要取静，须先从静处立个主宰。不然，未有不因境而迁，随时而靡者。

要在十分忙碌的时候抽出一点空闲松弛一下身心，必须先在空闲的时候有一个合理的安排和考虑；要在喧闹中保持头脑的冷静，必须先在平静时有个主张。如果不这样，一旦遇到繁忙或者喧闹的情形就会手忙脚乱。

公元228年4月，诸葛亮率军北上，一举攻占祁山，蜀军声势浩大，威震祁山南北。曹魏属地天水、南安、安宝三郡先后归顺蜀军。魏明帝曹睿亲临长安督战，魏军大将曹真率大军抵眉城抗击蜀军，蜀军前锋大将马谡，违反诸葛亮战前部署，被魏军趁机而入，致使街亭失守。诸葛亮得知街亭失守后，急忙调集军队，准备撤回汉中。诸葛亮分派仅剩的5 000兵马去西城搬运粮草，这时得报司马懿统领15万大军已兵临城下。此时运粮士兵仅2 000余人，城中兵马不足3 000，众人听到大兵压境，无不大惊

第一章 功业成败的心得：进退之间彰显智慧

失色。诸葛亮深知，此时若弃城逃跑，无疑会暴露实情，在15万大军面前，必然无法逃脱。于是，他神情自若地传令军士："将城中所有战旗尽数放倒，所有兵士坚守城池，凡有擅自出入和大声喧哗者，一律斩首！"又命令将四方城门大开，每一城门处派20军兵扮作百姓，洒水扫街，装作若无其事的样子。一切安排就绪后，诸葛亮头戴方巾，身披鹤氅，带两名小童，持琴登城。诸葛亮边弹琴边饮酒，一副安然悠闲的神态。

魏军先锋部队见状，不知虚实，急忙策马回报司马懿。司马懿听报随后来到城下，远远见到城上诸葛亮悠闲自得边饮边弹，二位小童站立身后，琴声悠悠不绝于耳。再看四处城门大开，每一城门处都有一二十名百姓，在细心地洒水扫路，对魏军视而不见。见状，司马懿心中大疑。他认为素来谨慎行事的诸葛亮，从不弄险，今天见他如此安然，城中秩序井然，15万大军压城犹如不见，其中必有埋伏。司马懿越想越怕，急忙传令撤兵。司马懿之子司马昭是员虎将，见要退兵，急忙劝阻司马懿说："诸葛亮手中可能无兵，必是在迷惑我们，不如让我带兵攻城，即可知虚实。"司马懿不准，15万魏军全部退却。诸葛亮见魏军远去，遂拍掌大笑，结果尽在意料之中。城中兵士见千军万马之险，顷刻间化作乌有，不由得惊喜交加。诸葛亮含笑对余悸未尽的兵士们说："司马懿素来知我谨慎，不曾轻易弄险，而今见我稳坐城头，安然饮酒抚琴，城门大开，百姓自若不慌，想必我定有奇兵伏于城中，所以不战而退了。此疑兵之计，是万不得已才用的，倘若随便用此计，一旦被敌人识破，必遭大败。"在众人的赞叹声过后，诸葛亮接着说："司马懿急切中退兵，必然选择小路，可速去通告关兴、张苞二位大将设伏。"

不出所料，司马懿正率军沿小路向北退却，行至武功山时，忽听得山后鼓炮齐鸣，杀声震天，只见冲出一队人马，将旗上写着张苞。司马懿以为这是诸葛亮早已埋伏好的蜀军，急令魏军不许恋战，拼死冲杀，以求生路。刚刚冲出不远，又是一声号炮，只见一队蜀军从左路向魏军冲来，一

看将旗是关兴的兵马。司马懿大惊,更加确信这一切都是诸葛亮预先的计谋,一时间不知蜀军到底有多少兵马。魏军已成惊弓之鸟,丝毫不敢停留,丢掉粮草辎重,沿此路向山后溃逃。

一点心得

静的时候要有主张,乱的时候要能镇定,要做到临事不慌,就应当事先计划和安排。虽然诸葛亮的空城计从表面上看不出计划和安排,但此计之所以能够成功,是和诸葛亮平时一贯精于计划和安排分不开的,司马仲达深知孔明一生谨慎,认定对方早有安排,所以才不敢攻城。

茹纳容人　气量宽厚

持身不可太皎洁,一切污辱垢秽,要茹纳得;与人不可太分明,一切善恶贤愚,要包容得。

立身处世不能太过清高,对于污浊、屈辱、丑恶的东西要能够承受,与人相处不能太过计较,对于善良的、邪恶的、智慧的、愚蠢的人都要能够理解包容。

南宋时,金兀术采用火攻,烧毁了韩世忠的海舰,韩世忠退至镇江,收集残兵,只剩三千多名,还丧了两员副将,一是孙世询,二是严允。韩世忠懊丧万分。

梁夫人劝道:"胜败乃是兵家之常事,事已如此,追悔也莫及了!"

韩世忠答道:"昨日还接奉上谕褒奖,现在竟弄得丧兵折将,我将如何向皇上交待呢?"

于是,韩世忠上章自劾。

第一章　功业成败的心得：进退之间彰显智慧

高宗接到了韩世忠自劾的奏章，正想下诏处分时，忽然接到太后手谕。

太后在手谕中告诉高宗，三军易得，一将难求。像韩世忠这样的人，忠勇无比，世上无人可与他匹敌，现在因寡不敌众，以致先胜后败，应当宽其既往，以鞭策将来，不必加罪责备，让勇士寒心。

高宗阅后恍然大悟，便照太后所说的办。

韩世忠原来以为打了败仗，皇上定要加以处分。忽然有一日，卫兵进来报告说："钦使到了，请将军接旨。"

韩世忠连忙更换朝服出迎，跪听宣读诏书，不禁喜出望外。原来诏书中一味褒奖，并无半句责备语，诏书中说："世忠部下仅有八千人，能摧金兵十万之众，相持至48日，屡次获得胜利，擒斩贼虏无数，今日虽然失败，功多过少，不足为罪，特拜检校少保兼武成感德节度使，以示劝勉。"

韩世忠心中非常感动，拜受诏命，送钦使回朝后，就捧着诏书，回到内衙，给梁夫人看，梁夫人说："皇上这样待咱们，咱们更应多杀敌，报效朝廷。"

在以后的抗金战斗中，韩世忠的军队更加英勇杀敌，多次取得胜利。

胜败乃兵家常事，高宗听从太后之计，没有处分韩世忠，反而加官晋爵，使韩世忠感恩戴德，更加为朝廷效力。

一点心得

心胸狭窄之人，无论在安邦治国，还是在图谋个人方面的发展上，都不可能成大器。俗话说，宰相肚里好撑船，其主旨就是要有广阔的胸襟、宽容的雅量，能容纳一切荣辱冷暖，方能治国经世。用人之道如此，为人之道亦如此。

执拗偾事　归于失败

建功立业者，多虚圆之士；偾事失机者，必执拗之人。

能够建立宏大功业的人，大多是处世谦虚圆融的人；容易失败抓不住机会的人，一定是性情刚愎固执的人。

李自成攻陷北京后，被胜利冲昏了头脑，他开始变得狂妄而骄傲，刚愎自用。吴三桂引清军入关与李自成处置失当有很大关系，李自成似乎根本就没把吴三桂放在眼里，也根本就没站在吴三桂的角度去思考过他的处境。

吴三桂奉命率军据守山海关，保卫明朝首都北京。山海关被称为"明之咽喉"，一面是波涛汹涌的大海，一面是险峻的燕山，山海关镶在其中，无疑是战略要塞。当时，北边的清军尚未进入关中，李自成率领的农民起义军却攻陷了北京，崇祯皇帝在煤山自缢，明朝走到了尽头。此时镇守山海关的吴三桂会怎样想呢？北边是虎视眈眈的清军，南边京城已经陷落，皇帝已经驾崩，他究竟是在替谁镇守山海关呢？吴三桂不是史可法，更不是屈原，他要设身处地地替自己考虑，于是，他决定投降李自成。

一个投降的人最关心的就是自己投降以后的命运，吴三桂自然也十分关心这一点。他对李自成并不了解，还需要通过一些事实来判断自己投降过去之后的处境。所以，他一方面带领自己的部队去北京向李自成投降，一方面又不断地派人四处打探消息。这时，消息传来了，父亲吴襄被抓，家产被抄，最宠爱的歌姬陈圆圆也被刘宗敏霸占。从这些消息里，吴三桂已清楚地判断出了自己投降李自成以后的命运，于是他立刻放弃了投降的打算，回守山海关。

第一章 功业成败的心得：进退之间彰显智慧

李自成攻陷北京后，他和部下们都处在狂妄而骄傲的心态之中。这一心态使他们变得目空一切，妄自尊大，对客观局势丧失了判断力，他一方面抄了吴三桂的家产、抓了他的父亲、抢了他的爱妾，一方面还要让吴三桂投降，这可能吗？倘若李自成能够静下心来，从吴三桂的角度去思考一下，他就会发现，自己的行为根本不可能让吴三桂归顺。

吴三桂不投降，李自成就率领大军进攻山海关，逼迫其投降，否则就要彻底消灭他。他似乎忘记了山海关长城外面的敌人，他也似乎把吴三桂当成了崇祯皇帝，无路可走之时会自缢而死。

总之，李自成心高气傲、唯我独尊的心态，导致他对吴三桂的感受和行为一无所知，只按照自己的意愿一个劲儿地猛攻山海关。

吴三桂本来就不是一个胸怀民族大义的人，在自己被逼走投无路之时，他自然会投降清军，更何况多尔衮比李自成做得高明，他与吴三桂杀白马盟誓，相约永不相负，并许以封王封地。就这样，当八旗劲旅突然出现在李自成的农民起义军面前时，他们竟毫无准备，大惊失色，因为他们从来就没想到吴三桂会引清军入关。

李自成在西山上发现清兵已经进关，他想稳住阵脚，指挥抵抗，可已经来不及了，只好传令后撤。多尔衮和吴三桂的队伍里外夹击，起义军遭到惨重失败。血腥的改朝换代就从山海关这里开始了。

一点心得

倘若李自成进京后能克服自己傲慢、浮躁的心态，虚怀若谷，礼贤下士，让吴三桂能踏踏实实地归顺过来，历史就大不一样了。即使吴三桂不投降，也应抱着冷静的心态从他的角度去分析一下他的感受和行为，以便采取相应的措施。遗憾的是，李自成陶醉于暂时的胜利中，只顾尽情地享受胜利的果实，他完全沉迷在自己的美梦之中。正因如此，当清军入关时，他才完全没有准备，惊慌失措，最后仓猝逃离北京。

藏才隐智　任重致远

鹰立如睡，虎行似病，正是它攫鸟噬人手段处。故君子要聪明不露，才华不逞，才有肩鸿任钜的力量。

老鹰站立时双目半睁半闭仿佛处于睡态，老虎行走时慵懒无力仿佛处于病态，实际这些正是它们准备取食的高明手段。所以有德行的君子要做到不炫耀自己的聪明，不显示自己的才华，才能够有力量担任艰巨的任务。

三国时期魏国政治家、军事家司马懿深藏不露，藏才隐智，最终把持了曹家天下。

公元201年，司马懿二十刚出头，血气方刚，初生的牛犊，朝气蓬勃。而这时曹操已击败了北方最强大的敌手袁绍，统一了中国北部，挟天子而令诸侯。曹操对司马懿早有所闻，决定聘请为官。但司马懿见汉朝衰微，曹氏专权，不愿屈节事之，推辞说身患瘫疾，不能起身，加以拒绝。曹操生来机警多疑，马上意识到这个青年必是借故推托，而不应聘正是对他的大不敬，自然十分恼怒。于是马上派人扮作刺客，穿墙越屋来到司马懿的寝室，手挥寒光闪闪的利剑，刺向司马懿。警觉的司马懿觉知刺客到来，立即悟到这是曹操之意，于是将计就计，装着瘫痪在床的样子，毅然放弃了一切逃生、反抗和自卫的努力，安卧不动，任刺客所为。刺客见状认定真是瘫疾无疑，收起利剑，扬长而去。

尽管曹氏诡诈无比，但还是没有狡诈过司马懿，被这位青年蒙混过去。这一招使他不仅逃避了聘征，而且逃避了不受聘将受到的迫害。这一招，需要有在仓促间对刺客来意的准确判断和当机立断的决策，又需要临

第一章 功业成败的心得：进退之间彰显智慧

危不惧、置生死于度外的果敢，真是惊险无比，常人难为。

司马懿躲过这场试探后，非常谨慎而有节制地行事，但最终还是被奸诈而多疑的曹操察觉了，又请他为文学官，还厉声交待使者说："司马懿若仍迟疑不从，就抓起来。"善于审时度势的司马懿判定，若再拒绝，定遭杀身之祸，只能就职。况且此时曹氏专权已成定局，逐鹿中原已稳操胜券。

但曹操对司马懿"内忌而外宽，猜忌多权变"。他听说司马懿有"狼顾相"，为了验证，便不露声色地与其前行，又出其不意地令他向后看，司马懿"面正向后而身不动"，被验证果然有"狼顾相"。据说狼惧怕被袭击，走动时不时回头，人若反顾有异相，若狼的举动，谓之为"狼顾"。司马懿的"狼顾相"就是他为人机警而富于智谋、雄豪豁达、野心很强的表现。

加之曹操又梦到"三马共食一槽"，槽与曹同音，预示着司马氏将篡夺曹氏权柄。曹操忧心忡忡地对儿子曹丕说："司马懿不是一个甘为臣下的人，将来必定要坏你的事。"意欲除掉他，免得子孙对付不了。但曹丕与司马懿私交甚好，早已经离不开他了，不仅不听父亲劝告，还多方面加以袒护，使司马懿免于一死。

司马懿敏锐地感觉到曹操对他的猜忌，于是马上采取对策。即表现对权势地位无所用心，麻木不仁。而"勤于吏职夜以忘寝，至于当牧之间，悉皆临履。"完全一副胸无大志、目光短浅、孜孜于琐碎事务和眼前利益的样子。曹操这才安下心来，消除了对他的怀疑和警惕，以至于被这位年轻人放的烟幕所迷惑，再一次上当。司马懿此计甚为巧妙。

司马懿生于弱肉强食的时代，立身于相互倾轧的朝廷，因而使他的警觉和疑忌发展到如狼之顾的奇特程度。在曹操死后，他的显赫地位巩固之后，仍无丝毫松懈。当他征辽东灭公孙渊凯旋回来时，有兵不胜寒冷，乞求襦衣，他不答应，对人说："襦衣是国家的，我做臣子的，不能赏与别

人，换取感激。"他十分注意避嫌，以至于宁愿士兵受冻也不自作主张发冬衣。他在晚年，功望日盛恭谦愈甚。他经常告诫子弟："道家忌盈满，四时有推移。我家有如此权势，只有损之也许可以免祸。"这种谦卑的言行，正是他"狼顾"般警觉的又一体现。

曹操死后，曹丕嗣位为丞相、魏王，封司马懿为河津亭侯，转丞相长史。公元237年，魏国辽东太守公孙渊发兵叛魏，并自称燕王。公元238年正月，司马懿受诏率师伐辽。魏军很快就拿下襄平，斩了公孙渊。接着司马懿班师回朝。正在途中，三日内，连接五封诏书。等司马懿赶回京城，魏明帝已气息奄奄了，魏明帝拉着司马懿的手，将年仅8岁的太子曹芳托付于他。司马懿痛哭流涕，受遗命与大将军曹爽共同辅政，即日明帝故去。

曹爽是曹魏宗室，外露骄横，内含怯懦，而且华而不实，这就给司马懿造成了机会。

两位辅政大臣，司马懿德高望重，曹爽则年轻浮躁。辅政过程中，二人不断发生矛盾，曹爽对司马懿非常忌恨。为了加强自己的实力，曹爽多次提拔自己的亲信担任京城重要官职，而这些人大多是京城名流，外表风度翩翩，但不具实际政治才能。向来政治家引纳名流，主要是提高自己的声誉，而不是让他们真正参政。曹爽却不懂此道，结果只能是加快了自己的灭亡。

这些人意识到司马懿的才干和资历远非他们可比，便想尽方法排挤他，于是由曹爽奏告小皇帝，说司马懿德高望重，官位却在自己之下，甚感不安，应将他升为大司马。朝臣聚议，以为前几位大司马都死在任上，不太吉利，最后定为太傅。然后曹爽借口太傅位高，命尚书省凡事须先禀告自己，大权遂为其专。

在最初的几年中，曹爽急于安插亲信掌握京城兵权，司马懿则率兵同东吴打了几仗，名声大噪。

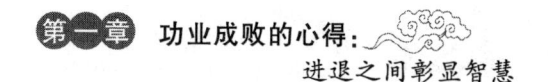

第一章 功业成败的心得：
进退之间彰显智慧

曹爽一天天骄横自大，像一只急速膨胀的气球，司马懿却深自抑制，始终保持谦恭。他平时经常教导自己的儿子，凡事都要谦虚退让，就像容器一样，只有永远保持虚空的状态，才能不断接受挑战。从表面上看，曹爽的势力是在扩张，其实内中却潜伏着很深的危机。

到了正始八年（公元247年），曹爽已经基本控制了朝政，京城的禁军，基本上掌握在他的手中。于是朝中的大事，曹爽就很少再同司马懿商量，偶尔司马懿发表些意见，他也根本不听。对此，司马懿似乎并不计较，依然是谦恭的态度。此后不久，他的风瘫病复发了，便回家静养，不再管事。这一病差不多就是一年。

当时，司马懿已经近70岁，在旁人看来，早已是风中之烛。所以曹爽对他的卧病并没有多少疑心，反而觉得这个原以为厉害的对手，到底也没有什么了不起。不过，曹爽总算细心，他的心腹李胜出任荆州刺史时，他还特地让李胜去向司马懿辞行，观察一下司马懿的病到底怎么样了。

李胜来到司马懿府上，被引入内室。司马懿见他进来，叫两个婢女在两旁扶着，才站得起身来，表示礼貌，一边接过一个婢女拿来的外衣，不料手哆哆嗦嗦，衣服又掉在地上。随后坐下，用手指了指嘴，表示要喝水，婢女就端来一碗稀粥。他接过粥送到嘴边，慢慢地喝，只见滴滴答答的汤水往下落，弄得胸口斑斑点点。李胜看得心里难过，不觉流下眼泪。司马懿话都说不清了，他断断续续地说：“我年老了，精神恍惚，听不清你的话。你回州为刺史，正是建立功勋的机会，今天与你相别，日后再无相见之日，我那两个儿子，还请你日后多加照看……”

李胜回到曹爽那里，将司马懿的情形一一禀告，最后说：“司马公没有多少日子可活了，不足为虑。”这一来，曹爽算是彻底放心了，从此再也不加防备。

嘉平元年（公元249年）正月，皇帝曹芳出城祭高平陵（明帝陵墓），曹爽兄弟也跟随前往，只带了少量的卫兵。他们出城不久，在曹爽府中留

守的部将严世忽听得街上有大队人马急速奔走的声音，心中惊疑，立即登楼观望，只见司马懿坐在马上，带着一支军队向皇宫奔去，虽白发飘飘，却是精神矍铄，哪有半点病态！严世知道事情不妙，拿起弓箭对准了司马懿就要射出。边上一人拉住他的手，劝阻道："还不知是怎么回事，切莫胡来。"这样反复三次，司马懿已经远去。

军队开到皇宫前，列成阵势，司马懿匆匆入宫，谒见皇太后郭氏，奏告曹爽有不臣之心，将危害国家，请太后下诏废掉曹氏兄弟。郭太后对国家大事素无所知，又处在司马懿的威逼下，只好按他的意思，叫人写了一道诏书。与此同时，司马懿的儿子司马师、司马昭兄弟带领军队和平时暗中蓄养的敢死之士，已经占领了京城中各处要害，关起了城门。城中的禁卫军，虽说一向归曹爽兄弟指挥，数量也大得多，但群龙无首，再加上司马懿的地位和声望，谁敢动一动？司马懿包围皇宫，取得诏书之后，又马上分派两名大臣持节（代表皇家权威的信物）赶往原属曹爽、曹羲指挥的禁卫军中，夺过了兵权。曹爽多年经营的结果，不过片刻工夫，便化为乌有。

司马懿的兵变，看起来似乎只是抓住一个并没有多大成功把握的偶然机会，其实是经过长期准备的致命一击。他在曹芳即位后的好几年中，不跟曹爽争权，却多次率军出征，保持了自己在朝廷的威望，一旦事变发生，就足以威慑群臣众将，使之不敢轻易倒向曹爽。另一方面，他长期的谦恭退让，则助长了曹爽的骄傲自大，使之放松戒备。至于司马懿的装病，不但造成了可乘之机，而且很重要的一点，是保存了司马懿所统领的一支军队。有如上几个条件，那种看起来纯属偶然的机会，实际是必定要到来的。

曹爽兄弟及其同党一律处死，他们的家族，无论男女老少，包括已出嫁多年的女子，全部连坐被杀。忍耐、谦让，一旦得手，决不迟疑，斩草除根，不留后患，这才是真正的司马懿。当时被杀的，有许多著名文人，所以世人有"天下名士减半"之叹。

第一章 功业成败的心得：进退之间彰显智慧

对司马懿来说，除去曹爽，不过是第一步。他一开杀戒，便流血成河，令天地为之震撼。从此，司马家牢牢掌握了政权。司马懿在四年后死去，其子司马师、司马昭相继执政。他们同父亲一样，谦虚恭谨，心狠手辣，先后废掉并杀死曹家三个皇帝，杀了一批又一批反对派。到司马昭之子司马炎（晋武帝）手里，就完成了朝代的更换。

一点心得

鹰立如睡，虎行似病，正是它攫鸟噬人的手段处。故君子要聪明不露，才华不逞，才有肩鸿任钜的力量。在对手面前，尽量把自己的锋芒敛蔽，表面上百依百顺，装出一副为奴为婢的卑恭，使对方不起疑心，一旦时机成熟，即一举如闪电般地把对手结果了。这是韬晦的心术，人们常常借此自我保全，麻痹对手。

防谗防奸　确保平安

闻恶不可就恶，恐为谗夫泄怒；闻善不可即亲，恐引奸人进身。

听到人家有恶行，不能马上就起厌恶之心，要仔细判断，看是否有人故意诬陷泄愤；听说别人的善行不要立刻相信并去亲近他，以防有奸邪的人作为谋求升官的手段。

韩非是战国末期的思想家，原是韩国公子，与李斯同出于荀卿门下。曾多次上书韩王，倡议变法图强，均未被采纳，于是他发愤著书立说，宣传自己的思想。后来秦王政看到了他的著作，慕其名，遣书韩王，强邀韩非使秦。在秦因为他的才能被李斯所妒，不仅没有得到发挥，最后为李斯、姚贾所诬害，冤死狱中。而妒贤嫉能的李斯，最后也没有好下场。

韩非天生口吃，因此与别人说话总是结结巴巴。但是他擅长写文章，对人性心理的观察很敏锐，是荀卿门下最优秀的门生。

韩国当时日渐衰败，受到他国侵略，领土愈来愈狭小。韩非屡次向韩王提出建议，要求打破现状。韩王不喜欢口吃的韩非，根本无视他的建议，也不想改革。

韩王身边围绕着只会奉承阿谀的俗人，韩王重用他们，使他们肆无忌惮。但是对国家来说，最重要的却是制定法令制度，以王权治理国家，富国强兵，并寻求真正有才能的人，提拔真正的贤者。

因此，廉明正直的韩非，感叹小人当道及自己的不得志，认清了自古以来王者的政治得失与成败，写了《孤愤》、《五蠹》、《内外储说》、《说林》、《说难》等十余万字的书，即所谓的《韩非子》。

韩非本是天才的政治家，但一直没有能够发挥他的才能。韩非受到韩王的疏远，在韩国非常孤独，认为韩国的前途渺茫，他分析天下的形势，认为将来称霸天下者非秦莫属。

水工郑国被派遣到秦国建设大规模的灌溉工程，本来是韩非的策略。后来郑国叛变，巴结秦王，使秦国集中兵力攻击韩国。

郑国在进入秦国时，曾以韩非的书献给秦王政，这就是《孤愤》、《五蠹》二书。

秦王政读后感叹地说："多出色的一本书，如果能与韩非见一面，死而无憾。"

当时秦王并不知道韩非这个人。

"韩非是与我同门的韩国人。"客卿李斯惶恐地对秦王说。

李斯是楚国人，与韩非同是荀子的门下，但成绩却不及韩非，后投效秦国，是吕不韦的食客之一，因此能够接近秦王而成为幕僚。

秦王立刻派遣使者到韩国，要求见韩非一面。秦王指名要见韩非，韩王心乱如麻，心想：虽然韩非看起来很不起眼，秦王却想招揽他，或许他

第一章 功业成败的心得：进退之间彰显智慧

真的是一个人才。如果真是人才，实在舍不得出让。而且韩非一直受到自己的冷落，不知会在敌国做出什么对韩国不利的事，因此而深感不安，但是对于秦国的要求又不能加以拒绝。

韩非到了秦国，向秦王政上书，建议打破六国合纵的盟约，阐述统一天下的策略，秦王非常高兴。

李斯害怕韩非会取代自己的地位，就向秦王说："韩非乃韩国公子，秦王想并吞诸侯之地，韩非必定会为自己的祖国韩国打算，而不会为秦国设想，这是人之常情。现在他长期留在我国，一旦遣送回国必将为害我国。最好的方法就是施以酷刑，杀了他。"

秦王听了他的话，逮捕韩非入狱。

韩非虽想为自己辩白，却无法把自己的意思传达给秦王。李斯派人送来毒药，并附带一封信："秦国重臣对客卿甚为不满，决定将他们全部放逐，当然也不会让他们这么回去，自己服毒自杀吧！"

韩非终于明白，于是用李斯送来的毒药解脱了一切。

秦王政很后悔逮捕韩非入狱，于是匆忙下令赦免，但韩非已自杀身亡。

史记中记载，韩非虽然写了完美的《说难》一书，但自己却难逃悲惨的命运，并且指责韩非的思想过于理智，缺乏感情。他的悲惨结局就是没有提防谗言的后果。

一点心得

谗言是诬蔑不实之词。由于别人的胜利，自己的失败，造成自己处于劣势，一时无法打败对手，只能靠谗言的力量来诋毁对方。或是由于对方的功劳高于自己，于是产生了妒忌心理，没有办法宣泄，也不可能击倒对手，只好背后打小报告，进谗言。谗言害人，谗言也误国。作为领导者，应该有自己的主见，用人不疑，这样才能上下一心，成事立国。

用人不刻　刻则人离

用人不宜刻，刻则思效者去；交友不宜滥，滥则贡谀者来。

用人要宽厚而不可太刻薄，太刻薄就会使想为你效力的人离去；交友不可太多太浮，如果这样，那些善于逢迎献媚的人就会设法接近你，来到你的身边。

在春秋战国时代首先称霸的是齐桓公，而齐桓公称霸，全靠他的参谋管仲。

桓公名小白，原是齐国公子。管仲原本是小白之兄公子纠的师父。齐国的君主僖公死后，各公子相互争夺王位，到最后剩下公子小白与公子纠的争夺。管仲为了替公子纠争王位，还曾用箭射伤公子小白。争夺的结果是小白回到齐国继承了王位，是为齐桓公。帮助公子纠争王位的鲁国在与齐国交战中大败，只得求和。桓公要求鲁国处死纠，并交出管仲。

消息传出后，大家都同情管仲，因为被遣送到敌方去无疑是要被折磨致死。有人建议说："管仲啊！与其厚脸皮被送到敌方去，不如自己先自杀。"但管仲只是一笑了之。他说："如果要杀我，当初就该和主君一起被杀了。如今还找我去，就不会杀我。"就这样，管仲被押回齐国。

意外的是，桓公马上任用管仲为新政府的宰相，这连管仲也没有想到。

管仲备受重用，是因为桓公原来的师父鲍叔牙的推荐，他和管仲自幼就是密友。鲍叔牙也是个出色的人才，原本在桓公继位后，要出任宰相。但是他却对桓公说："如果大王只认为当上齐君就满足了，或许我可以胜任；如果想称霸天下，我的才能还不够。只有任用管仲为相，才能达到目

第一章　功业成败的心得：进退之间彰显智慧

的。管仲的才干是天下无人能比的。"

鲍叔牙自己引退而力荐管仲，尤其是提拔一个该杀的敌方谋士为相，令左右的人感到惊讶。而明智的桓公却因鲍叔牙一席天下霸业的话，决定赌上一赌。

果然，管仲处事敏捷，事事谨慎，断判正确，在紧要关头能迅速解决困难，掌控整个局面。

一点心得

综观历史，凡用人过刻者皆不得成事，而用人"贵适用、勿苛求"的皆有奇勋。三国时，诸葛亮足智多谋，但惟独在用人方面存在着"端严精密"的偏见，他用人"至察"，求全责备。正如后人评价他时所说："明察则有短而必见，端方则有瑕而必不容。"他用人总是"察之密，待之严"，要求人皆完人；而对一些确有特长，又有棱有角的雄才，往往因小弃大，见其瑕而不重其玉，结果使其"无以自全而或见弃"，有的虽被"加意收录，而固不任之"。例如，魏延"长于计谋"，而诸葛亮总抓住他"不肯下人"的缺点，将其雄才大略看做是"急躁冒进"，始终用而不信；刘封本是一员勇猛战将，诸葛亮却认为他"刚猛难制"，劝刘备因其上庸之败而趁机除之；马谡原是一位既有所长、也有所短的人才，诸葛亮在祁山作战中先是对他用之不当，丢失街亭后又将其斩首。正因为其对人处之苛刻，而使许多官员谨小慎微，以至临终前将少才寡。与诸葛亮相反，齐桓公小白对与人争利、作战逃跑而又怀有箭杀之仇的管仲却不责之过刻，委以重任，而使管仲竭心尽力，终使齐国"九合诸侯，一匡天下"，称雄一时。

居官有节　居乡有情

士大夫居官，不可竿牍无节，要使人难见，以杜幸端；居乡，不可崖岸太高，要使人易见，以敦旧好。

读书人做了官以后不能无节制地接受各种书信的推荐，要让那些求职的人难以见面，以防止那些投机取巧的人乘机钻营；退隐居住到家乡后，不能过于清高自傲，要态度平和使人容易接近，以保持亲族邻里之间的友好感情。

刘邦做了皇帝，自然是八面威风，他在击破最后一个对手淮南王英布时，路过他的故乡沛邑，在那里呆了十多天，刘邦一回故乡，便把故人、父老、子弟全部召集来，喝酒聊天，话旧道故，表示"游子悲故乡，万岁千秋后，自己的魂魄还是要回到故乡来的。"一面又宣布沛邑作为自己的"汤沐邑"，世世代代免除他们的田赋。并且选拔沛中的青年120人，叫他们练习歌舞。刘邦亲自击筑，自己做了一首诗唱道：

大风起兮云飞扬，威加海内兮归故乡，安得猛士兮守四方！

要那些青年们来一个大合唱。刘邦边唱边舞，"慷慨伤怀，泣数行下"，着实流露出深厚的情谊，无穷的伤感。经过十多天的纵饮狂欢，刘邦打算回关中去了，父老们硬是舍不得他走，刘邦说："吾人众多，父兄不能给。"毕竟父老的深情厚意难却，他又"张饮三日"，然后率着大队人马，离开了故乡。

一点心得

居官有节，居乡有情。这种情，这种节，既是一种操守，也是一种美

第一章 功业成败的心得：进退之间彰显智慧

德，随和为人，造福一方，不论做官还是为民，都显得同样重要。而对于想成就大的功业者来说，这一点更为重要，只有平易近人，不忘乡邻和故交，才更得人心，为自己树立起良好的形象，增强号召力和凝聚力。

穷寇勿追　为鼠留路

锄奸杜降，要放他一条去路。若使之一无所容，譬如塞鼠穴者，一切去路都塞尽，则一切好物俱咬破矣。

要想铲除杜绝那些邪恶奸诈之人，就要给他们一条改过自新、重新做人的路径。如果使他们走投无路、无立锥之地的话，就好像堵塞老鼠洞一样，一切进出的道路都堵死了，一切好的东西也都被咬坏了。

河北平定之后，曹仁跟随曹操包围壶关。曹操下令说："城破以后，把俘虏全部活埋。"连续几个月都攻不下来。

曹仁对曹操说："围城一定要让敌人看到逃生的门路，这是给敌人敞开一条生路。如果你告诉他们只有死路，敌人会人人奋勇守卫。而且城池坚固粮食又多，攻则会伤亡士兵，围守便会旷日持久。今日陈兵在坚城的下面，去攻击拼死命的敌人，不是好办法。"

曹操采纳了他的意见，城上守军投降了。

乱世之主，一生百战，胜败在所难免。而每一战的胜利，都可能有一批降者，如何对待降者，霸主们或杀或留，自有一番主张。虽然对于降者斩尽杀绝的做法，可以起到斩草除根的作用，但是英明的霸主往往是不杀降的。

曹操一生不杀降的事很多，收编青州黄巾军即为其一。

曹操打败于毒的黑山军后，于兖州东郡有了立足点，做了名副其实的东郡太守，名声大震后，采纳陈宫策略，决定先平定黄巾，再图取天下。

于是曹操向青州黄巾军发起进攻。当黄巾军退至济北时，已是寒冬十二月，衣食接济很困难。曹操敦促黄巾军投降。经谈判后，黄巾军数十万人向曹操投降，愿意接受他的指挥。曹操非常高兴，宣布既往不咎，一个也不加伤害，将其中的老幼妇女缺乏作战能力的，全部安排在乡间从事生产，挑选其中精壮者五六万人，组成"青州军"。

这样，曹操的军事力量大增，他终于有了一支同其他势力抗衡的武装队伍。

同时，对于像张绣那样降而复叛，叛而复降，并致使爱将典韦、长子曹昂、侄儿曹安民丧生的投归者，曹操也不计较，并表示热烈地欢迎，立即任命他为扬武将军，封他为列侯，还与他结为儿女亲家，为己子曹均娶了张绣的女儿。在后来的官渡之战中，张绣为曹操打败袁绍立下了战功。

因此曹操的一生，虽然杀了很多人，但他的不杀降，确实为壮大自己的力量，向天下人显示自己的宽阔胸怀和不计私怨的品格，从而为曹操取信于天下，争取更多的智能之士归附他，起到了积极的作用。

曹操的这一做法，得到了一代伟人毛泽东的肯定。他在读《魏书·刘表传》时写了两条有关曹操的批注。《魏书·刘表传》裴松之的注中，有一段说刘表初到荆州时，江南有一些宗族据兵谋反，刘表"遣人诱宗贼，至者五十五人，皆斩之。"毛泽东读到此注，对"皆斩之"的做法是不赞成的，所以，他在"皆斩之"三字旁画了粗粗的曲线，又在天头上写下了这样一条批语：杀降不祥，孟德所不为也。毛泽东的这条批语，表明了他对曹操"不杀降"的赞许。

一点心得

人在面临绝境时，大多有三种状态：一是坐以待毙；二是全力挣扎，以死相拼；三是竭尽自己的智慧，积极地寻求摆脱的办法。第二、三种状态给那些暂时得势的征服者以深刻警示，就是斩草除根固然重要，但"置人于死地"也往往容易激起更大的反弹力，反而可能会瞬间成败易位。因

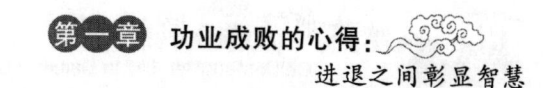

第一章 功业成败的心得：进退之间彰显智慧

而在征服者已经把被征服者置于必败之险境的同时，必当考虑要给其留有一点"生"的余地。

杯弓蛇影 猜疑不和

机动的，弓影疑为蛇蝎，寝石视为伏虎，此中浑是杀气；念息的，石虎可作海鸥，蛙声可当鼓吹，触处俱见真机。

好用心机的人，会怀疑杯中的弓影是毒蛇，将草中的石头当作蹲着的老虎，内心中充满了杀气；意念平和的，把凶恶的石虎当作温顺的海鸥，把聒噪的蛙声当作吹奏的乐曲，眼中所见到的都是真正的机趣。

桓伊是东晋孝武帝时期最出色的音乐家，他尤其擅长演奏竹笛，被称为"江南第一竹笛演奏家"。

当时，宰相谢安由于功劳和名声都特别大，引起了朝廷中一些小人的妒嫉。他们恶意造谣中伤，在皇帝面前说谢安的坏话。于是，孝武帝与谢安之间便产生了矛盾。

有一天，孝武帝邀请桓伊去参加一个宴会，谢安也去陪同。桓伊想利用这个机会调解他们的矛盾。因为皇帝和宰相之间不和，对国家和人民是大为不利的，何况，孝武帝是受了坏人的挑拨和蒙蔽，更不应该冤枉了德才兼备、忠心耿耿的谢安。

孝武帝命令桓伊吹笛子，他吹奏一曲之后，便放下竹笛说："我对筝的演奏虽然比不上吹笛子，但还勉强可以边弹边唱，我想为大家演唱一曲助助兴，还想请一个会吹笛子的人来帮我伴奏。"

孝武帝便命令宫廷中的一名乐妓为桓伊伴奏。桓伊又说："宫廷中的乐师与我可能配合不好，我有一个奴仆，很会与我配合，"孝武帝便同意

了桓伊的要求。

那位奴仆吹笛，桓伊便一边弹筝一边唱道："当皇帝真不容易，当臣子也很难，忠诚老实的没好处，反而有被怀疑的祸患，周公旦一心辅助周文王和周武王，管叔和蔡叔反而对他散布流言蜚语……"桓伊唱得声情并茂，真挚诚恳，谢安听着听着，禁不住泪如雨下，沾湿了衣袖。一曲唱完，谢安离开座位来到桓伊身边，抚摸着他的胡须说："您太出色了！"孝武帝听了这首歌曲之后，也是面带愧色。后来，君臣之间便消除了误会，两人和好如初。

桓伊在适当的场合，运用自己的音乐特长来劝谏皇帝，收到了用语言所难以达到的效果，不愧为高明之举。他深知对于一个国家来讲，君臣不睦，尤其是君臣相互猜疑，那国家的灾难也就要来临了。要治理好一个国家，君臣各方面都不要疑神疑鬼，尤其是为人君者，更应不受蒙蔽，要心中有数，善于用人才行。

一点心得

君臣相互猜疑不和，对于国家而言，大难也就要来临了。作为臣子，应该怎么去处理这个问题？是借机挑拨，以便使自己飞黄腾达，还是以自己的努力去尽量弥补君臣之间的嫌隙？桓伊从大局出发，作出了正确的选择。

花居盆内　终乏生机

花居盆内终乏生机，鸟入笼中便减天趣。不若山间花鸟错集成文，翱翔自若，自是悠然会心。

花木移栽到盆中终归失去了蓬勃生机，飞鸟关入笼中就减少了盎然的

第一章 功业成败的心得：进退之间彰显智慧

生趣，不如山间的花鸟点染成美丽的景致，自由飞翔，这样才能使人悠然领会自然的妙趣。

张思民1962年出生于北国雪都长春一个普通的教师之家，四兄弟姐妹中他是老大。

1979年，张思民高中仅读了一年，16岁便考进哈尔滨工业大学这座被誉为工程师摇篮的名牌学府，在那里加入了共产党，连续三年被评为三好学生。

1983年8月，他毕业分配到北京航天部207所从事军品的开发和研究。

1986年5月，他调到国内外享有盛誉的中国国际信托投资公司总部。

他的每一步人生之路都走得那么一帆风顺，都是让人眼热的大单位。然而张思民背靠大树不乘凉，人要走进阳光，他说"要太阳注视我"！

"要想干大事，还是要办自己的公司"，他终于在一天早上起床之后把所有的问题都翻来覆去想通想透了。"到深圳去，那里改革的大潮正猛，是大展宏图之地"。他把这个严肃的决定告诉新婚不久的妻子时，得到的是理解和支持的目光。

此时，正值中信公司派员赴深圳投资部工作。张思民积极报名并获批准。

1988年11月，他怀揣美丽的梦想，携妻离开了首都，离开了刚刚营造好的小家。

一日，一个人手拿着一个海洋开发的科技项目来到了中信公司深圳分公司，声称海洋开发是一个新兴的领域，只要稍作投资便可大获收益。财大气粗的中信也许是正忙于更大宗买卖而无暇它顾，或许是觉得这个项目太小而不值得花太多功夫，便拒绝了来人的要求。

张思民在一旁暗暗着急，他凭直觉觉得这是一个大有可为的项目，海洋开发当时在国内虽属刚刚起步但却有着无限的潜力，这是一个千载难逢

的机会。

这个项目就是日后闻名全国的海洋滋补保健品,也是海王集团拳头产品的金牡蛎。

张思民思虑再三,决定脱离中信公司出来单干,他邀约了几个志同道合的朋友,联合了珠海一家公司,成立了深珠海洋滋补保健食品工贸公司,开始了金牡蛎的研制工作。

1989年5月,26岁的张思民郑重地向中信投资部递了辞呈,同年7月8日,属于他自己的深圳工贸公司(海王集团前身)在蛇口石云村住宅楼里的3间普通民房里宣告成立,他开始迈出了商海生涯的第一步。

一点心得

花盆里长不出参天大树。人只局限于一个小天地里,很难成就什么大事业。在大环境允许的情况下,有能力就要展现出来,飞出鸟笼,冲向广阔的天空,成就一番大事业,为国家的进步、社会经济的发展出一份力。好男儿志在四方,走出去,涉事业之大川,利民族与国家,才是生之本意。

伏久飞高　守正待时

伏久者飞必高,开先者谢独早。知此,可以免蹭蹬之忧,可以消躁急之念。

潜伏得越久的鸟,会飞得越高,花朵盛开得越早,也会凋谢越快。明白了这个道理,就可以免去怀才不遇的忧愁,可以消除急躁求进的念头。

待时而动是所有的人都懂得的道理,但不丧失一切可能的机会、把握

第一章 功业成败的心得：进退之间彰显智慧

火候则是衡量人的能力大小高低的标志。高洋在未发迹前，就是靠待时而动得以成功的。

高洋是在他长兄高澄被杀、形势极端复杂的情况下显露出才华的。北周政权的基业是由高欢开创的。高欢本是东魏大臣，在镇压尔朱荣残余势力中掌握了东魏的实权，专朝政长达16年之久。高欢死后，长子高澄继立。高澄心毒手狠，猜忌刻薄，上无礼君之意，下无爱弟之情。高洋当时已18岁，已通晓政事，走上了政治舞台，并已经对高澄的地位构成威胁。如果他精明强干、才华外露的话，必然受到乃兄的猜忌防范，也会引起属下僚佐的注意。

高洋字子进，史书上说他颇有心计，遇事明断而有见识。小时候，高欢为试验几个儿子的才器智能，让小哥儿几个拆理乱线，"帝（指高洋）独抽刀断之，曰：'乱者须斩'，高祖是之"。仅此一事就深得高欢的喜欢和重视，后封为太原公。

高欢死，高澄袭爵为渤海文襄王，因高洋年长，阴有戒心。高洋"深自晦匿，言不出口，常自贬退。与澄言无不顺从"，给人一种软弱无能的印象，高澄有些瞧不起他，常对人说："这样的人也能得到富贵，相书还怎么能解释呢？"

高洋妻子李氏貌美，高洋为妻子购买首饰服玩，稍有好一点的，高澄就派人去要，李氏很生气，不愿意给，高洋却说："这些东西并不难求，兄长需要怎能不给呢？"高澄听到这些话，也觉得不好意思，以后就不去索取了。有时，高澄还给高洋家送些东西来，高洋也照收不误，决不虚情掩饰，因此兄弟之间相处还相安无事。

每次退朝还宅，高洋就关上宅院之门，深居独坐，对妻子亦很少言谈，竟能终日不发一言。高兴时，竟光着脚奔跑跳跃。李氏看到不觉诧异地问他在干什么，高洋则笑着说："没啥事儿，逗你玩的！"其实他终日不言谈，是怕言多有失。如此跑跳更有深意，一则可以彻底使政敌放松对自己的警惕，一个经常在家逗媳妇玩的人能有什么大志呢？二则借经常光脚

跑跳之机，锻炼身体，磨练意志，一种举动而收几种效果。正因如此，高澄及文武公卿等都把高洋看成一个痴人，丝毫没有放在眼中。

东魏武定七年（公元549年），渤海文襄公高澄在与几人密谋篡位自立的时候，被膳奴即负责做饭进餐的兰京所杀，重要谋士陈元康以身掩护高澄，身负重伤，肠子都流了出来。当时事起仓促，高府内外十分震惊，高洋正在城东双堂，听说变起，高澄已被杀死，颜色不变，毫不惊慌，忙调集家中可指挥的武装力量前去讨贼，他部署得当，有条不紊。兰京等人本是乌合之众，出于气愤才杀死高澄，并没有任何预谋的政治目的，故不堪一击，片刻之间全部被斩首。

高洋下令，脔剖其尸以泄杀兄之忿。接着，就在其兄府中办公，召集内外知情人训话，说膳奴造反，大将军受伤，但伤势不重，对外不准走漏任何消息。众人听了，都大惊失色，想不到这位痴人在危急时刻来这么一手。夜里，陈元康断气而亡，高洋命人在后院僻静处挖个坑埋掉，诈言他奉命出使，并虚授一个中书令的官衔给他。高澄手握大权，高欢的许多宿将都铁心保高氏，但当时尚属意高澄而未注意到高洋。所以，高洋的这些应急措施果然奏效。外人都不知高澄已死，更不知高澄的重要谋士陈元康也被埋在土里，所以马上就稳住了局面。

高洋直接控制了高澄的府第和在邺都的武装力量后，当夜又召大将军都护太原唐巴，命他分派部署军队，迅速控制各要害部门和镇守四方。高澄的宿将故吏都倾心佩服高洋的处事果断和用人得当，人心大悦，真心拥护并辅佐高洋。

高澄已死的消息渐渐被东魏主知道了，暗自高兴，私下里和左右幸臣说："大将军（指高澄）已死，好像是天意，威权应当复归帝室了。"高洋左右的人认为重兵都在晋阳，劝高洋早日去晋阳全部接管高欢及高澄的武装力量方可真正无忧。高洋以为有理，遂安排好心腹控制住邺都的整个局面。甲午日高洋进朝面君，带领8 000名全副武装的甲士进入昭阳殿，随同登阶的就有200多人，都手持利刃，如临大敌。东魏孝静帝元善一看

第一章 功业成败的心得：进退之间彰显智慧

这种情形，心中恐惧，高洋只叩两个头，对魏主说："臣有家事，须诣晋阳。"然后下殿转身就走，随从侍卫也跟着扬长而去。魏主目送之，说："这又是个不相容的人，我不知会死在什么时候了。"

晋阳的老将宿臣，从来轻视高洋，当时尚不知高澄死信。高洋到晋阳后，立刻召集全体文武官员开会。会上，高洋英姿勃发，侃侃而谈，分析事理，处理事情全都恰如其分，且才思敏捷，口齿流利，与往常判若两人。文武百官皆大惊失色，刮目相看而倾心拥戴。一切就绪后，高洋才返回邺都为高澄发丧。

高洋早有代魏称帝的想法。一直在窥测风向蠢蠢欲动，但他不是明目张胆死打硬拼，或拉帮结派打击异己。这样自然民愤大、目标大而且容易为人所制，而是"守正"待时。平日里自贬自谦，与兄长融洽相处。但其居安思危，养尊处优时不忘锻炼自己，且能注意时局之变化，注意人才，确是有心计之人。高澄之死，他临事不慌，秘不发丧，很快控制了局面。观其隐秘陈元康之死而虚授中书令之职的做法，可见他有识人之明。高澄死后不到三天便果断前往晋阳先声夺人，真正控制高澄的全部武装力量，可见其善谋而能断。半年后，高洋于梁简文帝大宝元年（公元550年）五月代东魏自立，建立了北齐政权。

一点心得

一个有事业心的人，必须学会等待时机，儒家典型的原则是"穷则独善其身，达则兼济天下"。要想成就一番事业，就不能因为自己眼下的处境地位不如意而丧志，不能因为时间的消磨而灰心。古往今来功成名就者，有少年英雄，也有大器晚成。不管怎样，急于露头角就难于成气候，急功近利不足成大事，急躁情绪持久便容易患得患失，容易失望悲观。只有守正而待时，善于抓住机会而又坚定志向，才有可能走向成功。

零落露萌　凝寒回阳

草木才零落，便露萌颖于根底；时序虽凝寒，终回阳气于飞灰。肃杀之中，生生之意常为主，即是可以见天地之心。

花草树木刚刚枯萎时，已经在根底露出新芽，季节虽是到了寒冬，终究会回到温暖和煦的飞花时节。在萧条的氛围中，却蕴含着主宰时势的无限生机，由此可见天地化育万物的本性。

李嘉诚起家于塑胶花事业。在塑胶花界拼杀几年之后，他就被视为行业大王。此时他的事业正在蒸蒸日上，众人都以为他会百尺竿头更进一步时，李嘉诚却出人意料地宣布退出！

1966年，香港的局势动荡不安，有钱人纷纷外逃，急于把物业抛售出去。香港地产有价无市，许多极其廉价的物业竟无人问津。富有远见的李嘉诚便乘机低价吸纳地盘物业。1968年以后，香港的局势趋稳，原先最为疲软的楼市复苏了。因此，地产业也就以超常的速度开始发展。

李嘉诚所囤积在手中的"便宜货"顿时身价百倍，日攀月升。进入70年代初，地产又形成一个高潮。而当时的李嘉诚手中已拥有了相当规模的地产。1958年的楼宇面积只是12万平方英尺，到1971年，已扩展到35万平方英尺。

淡出塑胶业，专营地产的李嘉诚，此时又赢得了一个千载难逢的商机。就在这一年，香港股市跌入低潮，年底的恒生指数达到341.4点的历史最低点。在1972年年初，另一个香港股票交易市场成立了。显然现在的公司上市，已经不像一市独霸时期那么可望而不可及。众多华资公司都在酝酿上市。李嘉诚不失时机地推出了自己的谋略。

第一章 功业成败的心得：进退之间彰显智慧

在李嘉诚看来，现代的商业机构愈来愈集团化、社会化。传统的独家经营与合伙经营，很难在投资浩大的地产业大有作为。而股份制公司的优点在以小搏大，能吸纳社会零散资金聚集成财力雄厚的集团。李嘉诚正是基于这样的科学判断，认为既然自己已经成功地迈出第一步，现在应该迈出第二步——踏进上市公司之列。

头脑冷静的李嘉诚丝毫也没有被眼前的成功所蒙蔽，他清楚地看到了股份公司的缺点——股份公司的经营时时被置于公众的监督之下，公司的"自有性"随时都有丧失的危险。但是天生就喜欢挑战的李嘉诚，却决定要把它的缺点变成优点，把劣势转化为优势。

1972年11月1日，长江实业集团有限公司上市了。

上市之后25小时，李嘉诚的长实公司股票就上涨1倍多。又由于当时的恒生指数持续攀高，月增长达13%之多。因而，炒股的盈利远远高于地产。股市陷入了疯狂，小投资者上市炒股，连上市公司也纷纷大做炒手。地产与旺市的兴衰相互依存，股市旺，地产亦旺。令人惊奇的是，不少地产商弃地抛业，套取现金去炒股。可以毫不夸张地说，整个香港岛民都已经陷入了疯狂之中。

面对这种形势，李嘉诚的头脑异常冷静，在众人都疯狂时，他却大逆其道：暂离股市。运用大量的现金去购买别人低价抛售的地皮物业。

股市的火爆只持续了一两个星期，之后股市一泻千里，市值暴跌七成。众多的公司市值大跌，有的人前夜还是公司的大老板，一觉醒来之后却穷得一无所有。还有的老板因欠下巨额股债跳楼自尽！而李嘉诚个人的实际资产却受损无几。他拥有大批地皮物业，并且趁地产低潮，继续低价收购物业。从此，在地产界没有多大名气的李嘉诚，由于闯出了一片天地，渐渐引起世人的瞩目。

从1973年开始，李嘉诚频频抛出大手笔，先是发行新股并用现金收购中汇商业大厦，然后又宣布在加拿大上市，把长实推向国际市场。到1976年其资产净值近六亿港币。

一点心得

草木枯荣、冬夏交替都是大自然机理所在,花开花谢、风暖风寒也是人间常理。萧条之中,生机盎然,零落之后,生机茂盛,其中无限奥妙。生意场上也是如此,高价与低价交替,"便宜货"的后面就是"身价倍增"。所以高明的人不为表象所惑,而深入事物内部,看清事物内蕴的精神。

身处局中　心在事外

波浪兼天,舟中不知惧,而舟外者寒心;猖狂骂坐,席上不知警,而席外者咋舌。故君子身虽在事中,心要超事外也。

波涛滚滚,巨浪滔天,坐在船上的人不知道害怕,而在船外的人却感到十分恐惧;席间有人猖狂谩骂,席中的人不知道警惕,而席外的人却感到震惊。所以有德行的君子即使身陷事中,也要将心灵超然于事外才能保持清醒。

贞观元年(公元 627 年)的一天,唐太宗李世民意外得到了一只漂亮活泼的小鹞(即雀鹰,可帮助打猎),喜出望外,戏逗入迷。忽见魏征进来奏事,怕魏征责怪自己玩物丧志,忙将鹞子藏到怀里。魏征佯作没看见,却故意唠唠叨叨,说个没完没了。等魏征退下,唐太宗才敢取出鹞子,可它早已被闷死了。又有一次魏征出外办事,回来后对李世民说:"听说陛下要外出巡幸,浩大的装备都已布置妥当,怎么迟迟不动身呀?"唐太宗笑着说:"前阵子有此打算,想到卿必定要来劝谏阻止的,所以干脆在卿谏阻前打消了念头。"魏征是贞观年间也可以说是我国古代最杰出

第一章 功业成败的心得：进退之间彰显智慧

的谏官，在短短的几年里，魏所陈谏的事情多达200余件，且多被采用，深得唐太宗的赞赏。

魏征虽然有名，但当时敢于直言忠谏且劝谏有功的大臣绝非只有魏征一人。贞观年间，君臣共商国事，谏诤蔚然成风。这是我国封建社会政治史上的特异光彩，也是唐初"贞观之治"之所以引人注目的重要方面。像王珪、刘洎、房玄龄、褚遂良、杜如晦……甚至包括长孙皇后，都是敢于忠言犯颜且卓有成效的进谏者。

王珪被荣封为侍中，便奉诏入谢。见有一美女侍立在李世民身旁。王珪觉得面熟，便故意盯着美女看。李世民只好向他说明："这是庐江王李瑗的姬人。李瑗听说她长得漂亮，就杀了她的丈夫而娶了她。"王珪听后故意问："陛下认为庐江王做得对还是不对？"李世民答："杀人而后抢人妻子，是非已很清楚，何必要问？"王珪说："臣听说齐桓公曾经向郭国遗老询问郭国败亡之因，遗老说是因为善的不用而恶的不除。今陛下纳庐江王侍姬，臣还以为圣上要肯定李瑗的做法，否则便是想自蹈覆辙了。"李世民一惊，接着说道："不是卿来提醒，朕差点要怙恶不悛，坚持错误了。"等王珪一离去，李世民即把美女放回娘家去了。

贞观六年三月，一次罢朝后，唐太宗大声怒骂道："总有一天我要杀死这个田舍翁！"长孙皇后忙问田舍翁是谁。唐太宗道："就是魏征！他多次在我身边絮叨，还常在大廷上屈辱朕躬，必杀了他，才泄朕心头之恨！"长孙皇后听后大吃一惊，随后赶快退下。一会儿，她正儿八经地换上了上朝司礼用的严整朝服，向唐太宗拜贺道："妾听说君主清明，臣下才会忠直。当朝既有魏征这样的忠直之臣，便可以想见陛下当政无比圣明了。"唐太宗听后，立即转怒为喜了。

贞观年间谏诤之风盛行一时，犯颜直谏、面折廷争的事例屡见不鲜，实在是举不胜举。当时上自宰相御史，下至县官小吏，旧部新进，甚至宫廷嫔妃，都不乏直言切谏之人。人们不禁要问："何以在漫长的历史长河中，单单在贞观年间出现如此令人惊喜的开明局面呢？"

这不能不归功于唐太宗"恐人不言，导之使谏"的"采言纳谏"之计了。魏征说得好："陛下导臣使言，臣所以敢言。如果陛下本是个不愿采言纳谏的君主，下臣们哪里敢触犯忌讳，以卵击石呢？"唐太宗非常欣赏"兼听则明，偏信则暗"的哲理。有一次，他把生平所得而珍藏的数十张"良弓"送给工匠验看，不料工匠看后却说，这些弓木心不正，脉理皆邪，统统不是良弓。于是唐太宗感叹说："天下之务，其能遍知乎！"既然人无完人，就只能依靠"采言纳谏"来弥补。他对大臣们说："朕高高居于皇位，无法看清天下的各种细节。卿等分布各处，应该力求像朕之耳目一样，帮助朕增长见识。"

唐太宗既深知不"采言纳谏"，必使自己愚昧固执，使国家昏暗衰败，因而千方百计要使"采言纳谏"之计得以切实施行。因此，他竭力鼓励极言规谏。早在他刚被立为皇太子时，就"令百民各上封事"，广泛提出治国意见与建议。登基后，为打消臣下进言的顾虑，力求使自己和颜悦色，诚恳和气，并多次表示，即使是"直言忤意"，也决不加以怒责。

不仅如此，唐太宗还从制度上来促进广开言路、"采言纳谏"的施行。他沿袭了隋朝三省六部制，同时又让一些职位稍低的官员以"参与朝政"的名义，加入最高决策层。特别规定重要政务都须经过各部门商量，经宰相筹划，认为切实可行时，再向他申报。如果诏书有不稳妥之处，任何人都必须扣住，不准顺旨便立即施行，而应恪尽臣下上谏之责。唐太宗还特别重视对谏官的选择，并敢把杰出的谏官一步到位提到宰相的位置。

一点心得

一个人做事就怕迷惑于事中却不自知，这样可能会把谬误当真理，把错误当正确。而要超然于事外，超脱于尘世，除了要有自身的高尚修养与较好素质，还要学会多听听别人的意见，多了解实际情况，所谓当局迷而旁观清，偏信暗兼听明。人处于事中不仅易迷且往往被其势所左右，变得激情磅礴，不能理智思考，冷静处之。故处事应身在局中而心在局外。

第二章
修身养性的心得：在一动一静当中体悟人生的真义

静，是修身养性的重要原则，静如止水才能排除私心杂念，无欲无求，心平气和。水中月，梦中花不足为依，虚幻的东西不应以为动。情欲物欲到头来同样是一场空，故心境宜静，意念宜修，心地常空，不为欲动，宁静以致远，淡泊以明志。这时的心便是一尘不染的明镜，无邪念袭来，映人之本性。

栖守道德　不阿权贵

栖守道德者，寂寞一时；依阿权势者，凄凉万古。达人观物外之物，思身后之身，宁受一时之寂寞，毋取万古之凄凉。

一个能够坚守道德准则的人，也许会寂寞一时；一个依附权贵的人，却会有永远的孤独。心胸豁达宽广的人，考虑到死后的千古名誉，所以宁可坚守道德准则而忍受一时的寂寞，也绝不会因依附权贵而遭受万世的凄凉。

扬雄（公元前53—18年），一作杨雄，字子云，蜀郡成都（今属四川）人，西汉著名文学家、哲学家。

扬雄世代以农桑为业，家产不过十金，"乏无儋石之储"，却能淡然处之。他口吃不能疾言，却好学深思，"博览无所不见"，尤好圣哲之书。扬雄不汲汲于富贵，不戚戚于贫贱，"不修廉隅以徼名当世"。

四十多岁时，扬雄游学京师。大司马车骑将军王音"奇其文雅"，召为门下史。后来，扬雄被荐为待诏，以奏《羽猎赋》合成帝旨意，除为郎，给事黄门，与王莽、刘歆并立。哀帝时，董贤受宠，攀附他的人有的做了二千石的大官。扬雄当时正在草拟《太玄》，泊如自守，不趋炎附势。有人嘲笑他，"得遭明盛之世，处不讳之朝"，竟然不能"画一奇，出一策"，以取悦于人主，反而著《太玄》，使自己位不过侍郎，"擢才给事黄门"，何必这样呢？扬雄闻言，著《解嘲》一文，认为"位极者宗危，自守者身全。"表明自己甘心"知玄知默，守道之极；爱清爱静，游神之廷；惟寂惟寞，守德之宅"，决不追逐势利。

王莽代汉后，刘歆为上公，不少谈说之士用符命来称颂王莽的功德，

第二章 修身养性的心得：
在一动一静当中体悟人生的真义

也因此授官封爵，扬雄不为禄位所动，依旧校书于天禄阁。王莽本以符命自立，即位后，他则要"绝其原以神前事"。可是甄丰的儿子甄寻、刘歆的儿子刘棻却不明就里，继续作符命以献。王莽大怒，诛杀了甄丰父子，将刘棻发配到边远地方，受牵连的人，一律收捕，无须奏请。刘棻曾向扬雄学作奇字，扬雄不知道他献符命之事。案发后，他担心不能幸免，身受凌辱，就从天禄阁上跳下，幸好未摔死。后以不知情，"有诏勿问"。

一点心得

道德这个词看起来有点高不可攀，但仔细回味，却如吃饭穿衣，真切自然，它是人人所恪守的行为准则。在中国历史的发展过程中，才人辈出，却大浪淘沙，说到底，归于文格、人格之高低。真正有骨气的人，恪守道德，甘于清贫，尽管贫穷潦倒，寂寞一时，终受人赞颂。

真味是淡　至人如常

酰肥辛甘非真味，真味只是淡；神奇卓异非至人，至人只是常。

烈酒、肥肉、辛辣、甘甜并不是真正的美味，真正的美味是清淡平和；行为举止神奇超群的人不是真正德行完美的人，真正德行完美的人，其行为举止和普通人相同。

有一天，秋高气爽，太阳已爬在半空，庄子还高卧未醒。忽然门外车马喧闹，有谁在小心地敲门。原来楚威王久仰庄子的大名，想把他招进宫中给予高位，既用其名，复用其才，辅佐自己实现争霸天下的目的。楚威王派了几位大夫充当使者，领着一队壮士，抬着猪羊美酒，带着千两黄金，驾着几辆驷马高车，浩荡而隆重地来请庄子去楚国当卿相。

半个时辰后，才见庄子出来。使者作揖陪笑，呈上礼物，说明来意，不料庄子仰天大笑，说了一套洋洋洒洒的话：

"免了！免了！千金是重利，卿相是尊位，多谢你家大王。然而诸位难道没有瞧见过君王祭祀天地时充作牺牲的那头牛吗？想当初，它在田野里自由自在，只是它的模样生得端庄一点，皮毛生得光滑一点，就被人选入宫中，给以很好的照料，生活是好多了，然而正所谓'喂肥了再宰'。到时，牛的大限已到，当此关头，这牛倘想改换门庭，再回到昔日即使是劳苦的生活境况中去，还有可能吗？还来得及吗？那么，去朝廷做官，与这头牛有什么差别呢？天下的君王，在他势单力孤、天下未定时，往往招揽海内英雄，礼贤下士，一旦夺得天下，便为所欲为，视民如草芥，对于开国功臣，则恐怕功高震主，无不杀戮，真是所谓'飞鸟尽，良弓藏；狡兔死，走狗烹'。你们说，去做官又有什么好结果？放着大自然的清风明月、荷色菊香不去观赏消受，偏偏费尽心机去争名夺利，岂不是太无聊了吗？"

几位使者见庄子对世情功名的洞察如此深刻，也不好再说什么，只得怏怏告退。其中一位使者如当头棒喝，勘破数十年做官迷梦，就此决定回朝之后上奏君王告老还乡。

庄子仍然过着洒洒脱脱的生活，登山临水，啸傲烟霞，寻访古迹，欣赏景色，抒发感慨，盘膝枯坐，冥思苦想，发为文章，在贫穷中享受人生的快乐和尊严。

一点心得

人们往往忽视平凡，不重视常见的东西。像鸡鸭鱼肉、山珍海味，固然都是极端美味可口的佳肴，但时间久了会觉得厌腻而难以下咽；粗茶淡饭，最益于身体，在一生之中最耐吃。一个人绝俗超凡可以视为一种人生态度，有卓越的才华也是好事，但作为一个伟人，不是追求一时的功名。只有在平凡之中才能保留人的纯真本性，进而在平凡中显出英雄本色。

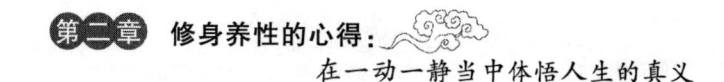

第二章 修身养性的心得：
在一动一静当中体悟人生的真义

闲时吃紧　忙里悠闲

天地寂然不动，而气机无息稍停；日月昼夜奔驰，而贞明万古不易。故君子闲时要有吃紧的心思，忙处要有悠闲的趣味。

我们每天看到天地好像无声无息不动，其实大自然的活动时刻未停。早晨旭日东升，夜晚明月西沉，日月昼夜旋转，而日月的光明却永恒不变。所以君子应效法大自然的变化，闲暇时要有紧迫感作一番打算，忙碌时要做到忙里偷闲，享受一点生活中悠闲的乐趣。

有人说，人生如棋，变幻无常，所以需有下棋一般的悠闲状态，闲时吃紧，忙时悠闲，棋理中有兵法，棋理中有治国之道。在历史上，魏武帝曹操善于下围棋，曹丕也如此。蜀汉大将费祎临危受命，率军出发时有人请他下围棋，他的棋艺果然高明，恰如出战时的指挥若定。费祎出战后果然大获全胜。司马炎也下得一手好围棋，曾在棋枰上定下速战东吴的计谋。有这样一个故事，说是前秦皇帝苻坚攻打东晋，晋国处境危急，而谢玄出兵江北，保卫建康。当前线战报传来，谢安却不动声色，一局终了，谢安才淡淡地说："侄子已经战胜了。"人们对谢安临危不乱的风度大为佩服。

班固曾论到弈棋的旨趣时说，棋类"局必方正，象地则也，道也正直，神明德也，棋有白黑，阴阳分也，骈罗列布，效天父也"，由此想见《菜根谭》所言"天地寂然不动，而气机无息稍停；日月昼夜奔驰，贞明万古不易"，用于中国棋道更是贴切不过，下棋能闲时吃紧，忙里偷闲，细细领会，感受良多。

一点心得

宇宙间静中有动,动中有静,动静相间,逆动不停,如此才能完成宇宙的旋转,这是宇宙变幻无穷的根本法则。同样,忙与闲也是一样,虽然矛盾抵牾,却在不断变化中和谐统一、相辅相成。真正懂得生活的人也懂得忙里偷闲,闲中吃紧,既可提高工作效率,又可调节工作情绪,何乐而不为呢?

身处林泉 心怀廊庙

居轩冕之中,不可无山林的气味;处林泉之下,须要怀廊庙的经纶。

身居要职享受高官厚禄的人,要有山林之中淡泊名利的思想;而隐居山林清泉的人,要胸怀治理国家的大志和才能。

范仲淹一生中,曾任过地方长官和边防将领,也曾受到过朝廷的重用任参知政事等职。他无论在中央还是在地方,都以天下为己任。以"先天下之忧而忧,后天下之乐而乐"的豪言壮语来鞭策自己,"出将则安边却敌,入相则尊主庇民"(见郑元祐《文正书院记》),时刻关心国家大事和百姓疾苦。

有一年,全国发生了严重的蝗虫和干旱灾害,江南、淮南、京东等地的情况最严重。范仲淹对此非常着急,便上书请求皇帝派遣使臣到各地去巡视,皇帝没有答复。于是他又单独求见皇帝说:"如果皇宫中半天没有东西吃,将会怎么样呢?"这句话引起了皇帝的重视,于是就任命范仲淹去安抚江南、淮南等地。范仲淹每到一地,就立即打开官仓救济灾民,还蠲免了庐、舒二州的折役茶(向国家缴纳一定数量的茶叶)和江东路的丁

第二章 修身养性的心得：
在一动一静当中体悟人生的真义

口盐钱（按丁口缴纳的盐税钱），并归纳了能救治当时社会弊病的十项措施上呈皇帝。

明道三年（公元1033年），宋仁宗命范仲淹出任苏州知州。范仲淹到苏州后，正遇上苏州涨大水，农田被淹，无法耕种，他立即领导疏通五河，准备将太湖水引出灌注入海。但是，当他招募许多民夫开始动工还未完工时，又被调任到明州。苏州转运使得知情况后，便奏请宋仁宗，请求留下范仲淹来完成这一工程，得到了宋仁宗的同意。完工后不久，范仲淹就被召回朝廷，提升他为吏部员外郎、权知开封府。

康定元年（公元1040年），西夏李元昊发兵入侵宋朝边境。朝廷任命范仲淹为天章阁待制，担任永兴军知军，又改任陕西都转运使。随后又被提升为龙图阁直学士，充任陕西经略安抚、招讨使夏竦的副手。当时，延州（今陕西延安）周围有许多寨子被西夏军攻破，范仲淹主动请求前往御敌。于是宋仁宗任命他为户部郎中兼延州知州。以前诏书上有分派边兵的规定：边境军队，总管统领1万人，钤辖统领5千人，都监统领3千人。每当遇到敌人来犯要进行抗御时，就由官职卑微的首先出战。范仲淹了解到这种情况说："不选择将领，而以官职高低来决定出战先后，这是自取失败的办法！"于是他大规模检阅延州军队，共得1万8千人；他将这1万8千人分为六部，每位将军各领3千人，分部进行教习训练。遇敌人来犯，则看敌方人数多少，派各部轮换出战抵御。经过范仲淹对军队的整顿，大大提高了战斗力，打了许多胜仗。

范仲淹治军，号令严明，爱护士兵，常将朝廷赏赐给他的黄金全部分送给戍边守关的将领。而且，对归顺的羌人推心置腹，诚意接纳，发展边境生产和贸易，因而博得边民对他的爱戴，称他为"龙图老子"。西夏军队因吃了许多败仗也不敢轻易侵犯他所管辖的边境。直到庆历三年（公元1043年），李元昊不得已与宋朝讲和，宋仁宗才又召回范仲淹，任命他为参知政事。

范仲淹任参知政事时，向宋仁宗提出了厚农桑、减徭役、修武备、择

长官等十项改革方案,当时宋仁宗一心想治理出一个太平盛世,全部采纳了范仲淹的意见。可惜这些意见因保守派的反对而未能得以贯彻实施,然而对以后的改革变法却有一定影响。

范仲淹一生食无重肉,生活俭朴,以治理好国家大事为自己终身的职责,忧天下之忧,所以深受当时的百姓和后人的敬重。

一点心得

佛教中说,佛法包括出世法、入世法和世间法。何为"世间法"?《菜根谭》的"居轩冕之中,不可无山林之气味"、"处林泉之下,须要怀廊庙之经纶"就是世间法。当今许多身居高位的贪官自毁前程,主要就是因为他们缺少这种修养,这种明智。可以说,《菜根谭》积极智慧之道也在此体现出来。

君子无祸 勿罪冥冥

肝受病,则目不能视;肾受病,则耳不能听。病受于人所不见,必发于人所共见。故君子欲无得罪于昭昭,先元得罪于冥冥。

肝脏有了疾病,那么就会表现出眼睛看不见的症状;肾脏发生毛病,那么就会表现出耳朵听不见的症状。病症发生在人看不见的地方,可是表现出来一定是人看得见的症状。所以正人君子要想在明处不表现出过错,那么就要先在不易察觉的细微之处不犯过错。

小宋一晚上连赶三场应酬,又被拉去酒吧,告辞时已经深夜两点。所幸路上的人少,可以加足马力往前冲。

没想到有人比他冲得更猛,一辆摩托车"飕"地一声就超过了小宋,

第二章 修身养性的心得：
在一动一静当中体悟人生的真义

说时迟，不知因为下坡速度太快，还是桥面不平，那辆车突然弹起来，连翻几个筋斗，骑车的人就像木偶似地被抛在空中，跌落桥面。

幸亏小宋的反应快，不然车子一定会压过去。

尽管没压到，小宋心想那人也必受了重伤，因为他很清楚地听见撞上桥墩的声音。

小宋将车速放缓，想下去急救，这是医生的天职，医生不去救，还有谁救得了他？

可是小宋又迟疑了，他虽然被称为宋医生，但执照是租来的，如果警察或新闻记者赶到，发现自己的身份，怎么办？

想着一阵心寒，脚下的油门踩得更重了。

第二天早上，小宋特意绕路过去，地上果然一滩血，还用粉笔画了人形，想必是死了。

又过两天，桥头灯柱上居然挂出一张私人的告示："家兄于某月某日在此桥上惨遭撞死，肇事者逃逸，若有仁人目睹，出面指认凶手……"

"我就是仁人！"小宋对太太说，"可是做医生的见死不救，又怎么叫仁人？"突然灵光一闪，"对了！至少我可以告诉他家人，死者是骑得太快，自己翻车的，也好让他家里能心平气和地料理后事。"说着拨通了告示上的联络电话：

"我要告诉您有关车祸的消息……"

小宋才开口，就被对方打断："谢谢你！我们已经接到好几通电话，凶手的车号是不是×××××××，刚才已经报警，非把他剥皮不可！"

小宋一怔，那不是他的车号吗？

一点心得

古人讲修身主要是对自我道德的完善，俗话说问心无愧，正是说明人欲无错、无祸于世，不能只是外表的完善，关键是内心不能有犯罪的动机。不要以为黑暗中可以成为罪恶的温床，所谓天知、地知、你知、

我知，天网恢恢，谁可漏脱呢？所以儒家教人修养品德，必须要从慎独功夫做起。所谓慎独，就是指在别人看不见听不到的情况下，也绝对不做任何见不得人的坏事。其实这才是君子的聪明处。俗话说得好，"要想人不知，除非己莫为"，修省如果只是为了让自己披上一件道德的外衣，岂不成了伪道学？从本心就已具备了优良的品质，又怎么会去担心"祸""罪"呢？

忘怨忘过　念功念恩

我弃功于人不可念，而过则不可不念；人有恩于我不可忘，而怨则不可不忘。

自己帮助或救助过别人，不要常常挂在嘴上或记在心头，但是对不起别人的地方却不可不经常反省；别人曾经对我有过恩惠不可以轻易忘怀，别人做了对不起我的事情不可忘掉。

待人有功，不必张扬炫耀；但如有过错，则应当严加自责。人家有恩于我，虽滴水之恩，也当涌泉相报，而人家得罪于我，冒犯于我，则应当宽以释怀。这是一种超越自我、完善自我的态度。在这方面，唐太宗李世民就为我们树立了榜样。

李世民临终前，预感到自己在世的日子已经不多了，于是作了《帝范》十二篇赐给太子。他说："修身立德，治理国家的事情，已经全在里面了。我有何不测，这就是我的遗言。除此以外，就没有什么可说的了。"太子接到《帝范》，非常伤心，泪如雨下。李世民说："你更应当把古代的圣人们当作自己的老师，你若只学我，恐怕连我也赶不上了！"太子说道："陛下曾叫臣到各地视察，了解民间疾苦。臣所到的地方，百姓都在歌颂

第二章 修身养性的心得：
在一动一静当中体悟人生的真义

陛下宽仁爱民。"李世民说道："我没有过度使用民力，百姓受益很多，因为给百姓的好处多、损害少，所以百姓还不抱怨；但比起尽善尽美来，还差得远呢！"他又告诫太子说："你没有我的功劳而要继承我的富贵，只有好好干，才能保住国家平安，若骄奢淫逸，恐怕连你自己都保不住。一个政权建立起来很难，而要败亡，那是很快的事；天子的位子，得到它很难而失掉它却很容易。你一定得爱惜，一定得谨慎啊！"

太子李治叩着头说："陛下的教诲臣当铭记在心；决不让陛下失望。"李世民说："你能这样想。我也就没有什么不放心的了。"唐太宗教育太子，要求宽仁待人，报民众拥戴之恩，同时要念自己的过错，并不断地调适自己，端正行为。这种博大的心胸，严于律己、宽以待人的精神，直到现在，不管是当政还是为学，都应当把它奉为楷模。

一点心得

一个有修养的人不同于一般人的地方，首先在于待人的恩怨观是以恕人克己为前提的。一般人总是容易记仇而不善于怀恩，因此有"忘恩负义"、"恩将仇报"、"过河拆桥"等等说法，古之君子却有"以德报怨"、"涌泉相报"、"一饭之恩终身不忘"的传统。为人不可斤斤计较，少想别人的不足、别人待我的不是；别人于我有恩应时刻记取于心。人人都这样想，人际就和谐了，世界就太平了。用现在的话讲，多看别人的长处，多记别人的好处，矛盾就化解了。

富奢不足　贫俭有余

奢者富而不足，何如俭者贫而有余？能者劳而府怨，何如拙者逸而全真？

生活奢侈的人即使拥有再多的财富也不会感到满足，哪里比得上那些虽然贫穷却因为节俭而有富余的人呢？有能力的人辛勤劳作而招致众人的怨恨，还不如那些生性笨拙的人无所事事而使自己保持纯真的本性。

庾冰，字季坚，颍川鄢陵（今河南鄢陵）人。其父庾琛，西晋任建威将军，后过江任东晋会稽（今浙江绍兴）太守。其姊为东晋明帝司马绍的皇后。他与弟庾翼在明帝、成帝时，都是以国舅的身份，掌握朝政，据有兵权的显赫人物。

庾冰上书给康帝，大意是说，他因承家宠，冠冕当时。其实自己是志无殊操，德不及远的人。今皇家多难，期望国器，降及我身，我在朝中俯仰任事，至今已有十五年之久，对上没有襄赞的计策，对下没能缉熙政务，而陛下对我遇之过分，我万分感谢你的宏恩。现在北方强敌未灭，其侵略之心未可量；国内百姓贫困而未安；群才之用也未可尽。陛下你必须要多听下情，要纳谏、兼听，然后览其大当，以总国纲，还要躬俭节用。如能这样做了，则无事不成。

次年九月康帝死，其子司马聃即位，是为穆帝。时帝仅2岁，便由其母康献褚太后摄政，准备征召庾冰回朝辅政，庾冰固辞不受，不久病发而死。

庾冰为政清廉谨慎，以勤俭节约为荣。他的中子庾袭常常借贷公家财物，一次贷绢十匹，庾冰发现，便怒斥，甚至加以鞭打，然后自己用款买绢还给公家。临终前，他对人说：我将要死了，只恨报国之志未能施展，

第二章 修身养性的心得：
在一动一静当中体悟人生的真义

这是命该如此！我死之后，殓以时服，不要任何公家之物随葬。及死，家人遵嘱，不为绢质的丧衣。家中无妾和配妾的佣女。室内无私自积累的财富。当时的人们均称颂他的公廉。

❀一点心得❀

勤以修心，俭以养德，君子之行，淡泊明志，宁静致远，方为人生至乐。富贵奢侈，挥金如土，则使人慵懒自毁，而贫寒却能使人奋争，创造美好前程。富而奢侈，不如穷而俭廉；聪明累人，不如笨鸟先飞，脚踏实地地生活。

天理路宽　欲路甚窄

天理路上甚宽，稍游心，胸中便觉广大宏朗；人欲路上甚窄，才寄迹，眼前俱是荆棘泥涂。

追求自然真理的正道非常宽广，稍微用心追求，就感觉心胸坦荡开朗，追求个人欲望的邪道非常狭窄，刚一跻身于此，就发现眼前布满了荆棘泥泞，寸步难行。

追求个人欲望者甘愿为了此刻的快乐，而付出此刻之后永远的痛苦。

有一位年轻的助理研究员，在一家省级研究单位工作，是一位很有发展前途的年轻人，上司也很赏识他。可是他竟为图一时的快乐，几乎半公开地与本单位几个女临时工发生性关系。一位大学同学问他为什么这样？他振振有词，回答道："人生不就是图个快乐吗？为什么要放弃今天的快乐去空想什么明天的前途？天知道明天是个什么样子？明天你是谁我是谁，你在哪里我在哪里都说不清呢。"

不久，事情被他妻子知道了，妻子告到他单位主管那里，主管经过调

查,给予行政处分。女临时工被辞退了,妻子与他离婚。

幸福的家庭破裂了,当初同事和主管心目中的好印象也破坏了。自此,他一蹶不振,陷入忧郁痛苦之中。想调单位,折腾了几次均未成功。离婚三年了,至今仍光棍一条。

追求个人欲望到了极致,甚至可以为了此刻的快乐而不顾之后的死亡。饮鸩止渴者便是典型,他虽然知道那是毒药,喝下去之后会毒死他的生命,可是他仍然为了解除眼前的口渴而一饮而尽。

一点心得

人生在世是及时行乐还是追求理性,这是两种不同的生活方式。凡是能合乎天理的大道,随时随地都摆在人们的面前供人行走,这条路不能满足人的种种世俗的欲望,而且走起来枯燥寂寞,假如世人能顺着这条坦途前进,会越走越见光明,胸襟自然恢宏开朗,会觉前途远大。反之,世人的内心总充满欲望,而欲望的道路却是非常狭隘的,虽然可以满足一时的杂念,可走到这条路上理智就遭受蒙蔽,于是一切言行都受物欲的驱使,前途事业根本不必多谈,就连四周环境也布满了荆棘,久而久之自然会使人坠入痛苦深渊。物质需求和情感要求是必要的、合理的,但如果因此而沉溺就不是明智之举。从长远看,人生应该有高层次的追求才对。

一念贪私　万劫不复

人只一念贪私,便销刚为柔,塞智为昏,变恩为惨,染洁为污,坏了一生人品。故古人以不贪为宝,所以度越一世。

人只要有一丝贪图私利的念头,那么就会由刚直变为柔弱,由聪明变为昏庸,由慈善变为残忍,由高洁变为污浊,这样就损坏了他一生的品

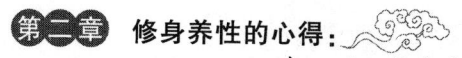

第二章 修身养性的心得：
在一动一静当中体悟人生的真义

格。所以古人将没有贪念作为修身的宝贵品质，就是为了超越这个物欲的时代。

原民航江苏省管理局局长（正厅级）崔学宏因受贿人民币18.58万元、美金1 000元，挪用公款383万元，被南京市中级人民法院一审以受贿罪判处有期徒刑11年，没收财产人民币15万元；以挪用公款罪，判处有期徒刑8年。决定执行有期徒刑16年，没收财产人民币共计15万元。受贿所得款物及非法所得人民币43.57万元予以追缴，上交国库。

案子一出，世人皆惊。这位曾经在江苏民航系统工作过31年的"老民航"为何会迷航折翅？

1940年6月，崔学宏降生在安徽省肥东县，其家境非常贫困。1949年，崔学宏进了小学后就开始发愤苦读。中学时，他凭借优异的成绩拿到了全校最高奖学金。中学毕业后，崔学宏考上了一所师范学校，尔后又进入空军某航校学习。1968年，崔学宏从民航浙江省局调往江苏省局工作。他从最基层的运输处运输员做起，一步一步地走上了商务主任、局办公室主任、副局长的领导岗位。

20世纪70年代末期，时任商务主任的崔学宏在一个极偶然的机会认识了一个女人。她叫程芳，是南京一家工厂的驾驶员，比崔学宏小4岁，精明能干，又温柔妩媚。崔学宏立刻就被她身上独有的韵味吸引住了。于是他三番五次地通过朋友制造"偶遇"接近程芳。能与炙手可热的民航局官员搭上线，程芳可是求之不得。她竭尽所能去巴结迎合崔学宏。

一次，崔学宏埋怨家里计划粮太少，不够吃，想回老家拉点粮食。说者无心，听者有意。程芳当即把桌子一拍："没问题，明天我就给你拉回来。"当晚，程芳就日夜兼程驾车赶往崔学宏老家，给他拉回了两三百斤粮食，崔学宏见程芳对自己一点小事都如此尽心尽力，心里感激不已。他愈发喜爱这个女人。终于，崔学宏突破了最后的"防线"，将温柔的程芳揽入怀中⋯⋯

这样的情人生活，他们一过就是 10 年。

1992 年，崔学宏被提拔为民航江苏省局局长。

1994 年，在程芳 50 岁时，崔学宏将她调进了省民航局下属的一家公司，并让她担任了一家酒楼的经理。

圈里的人都知道，要想打通崔学宏这道后门，必须先迈过程芳这道坎。程芳时常在局长面前出谋划策，她常说，你应该珍惜这个来之不易的机会，有权不用，过期作废。这一点拨，使崔学宏开始了人生的追求：吃喝玩乐、以权谋私、享受人生。

承包南京北海渔村酒店的个体老板邝某，准备趁中秋节大做一笔月饼生意。于是邝某找到程芳，想通过崔学宏从省民航局拆借 70 万元作资金。

对方提出"事成之后将有丰厚的回报"时，她心动了，便安排邝某与崔学宏见了面。

酒过三巡之后，崔学宏表示可以借款，但条件是让其小儿子经营的蓝宇餐厅承接月饼加工。但邝某实地考察后认为蓝宇餐厅条件不够，月饼还是须由广州厂家制作。崔学宏对邝某的表现颇为不悦。但在程芳的授意下，崔学宏转而要求让其女婿潘某和程芳一道参与经营，无论盈亏都必须取得 60 000 元的保底利润。为了能得到 70 万元的资金，邝某只好丢卒保车，在程芳的一手操持下，潘某与邝某签订了协议。而这边崔学宏立即打电话给省民航局运输部，要他们赶紧将 70 万元公款汇入邝某账户，并再三强调"要抓紧办，越快越好。"

一个多月后，月饼运抵南京。崔学宏又让程芳拿着他写的条子到民航安徽省局和东方航空公司推销月饼。崔局长的面子谁敢不给，而且还有他的"经纪人"亲自出马，月饼生意自然马到成功。事后，崔学宏如约拿到了邝某送上的 60 000 元的酬金。崔学宏当即就甩了 20 000 元给程芳，把剩下的 40 000 元交给了他的女婿潘某，并慷慨地说："这钱我和你妈不要了，你们四家（崔学宏有四个子女）一家分 10 000 吧。"

在程芳和崔学宏联手谋利的生涯中，还有一个"典故"昭示着他们无

第二章 修身养性的心得：
在一动一静当中体悟人生的真义

所不为的私欲。

与崔学宏、程芳往来密切的南京鸿安公司经理赵某找到崔学宏，说自己联系到一批羊毛，转手就可大赚一笔，只是缺少本钱，请他帮忙借些资金。一向在朋友面前表现得非常仗义的崔学宏这次照样充起了"老大"，一口一个"没问题"。在没有对赵某公司资信和还款能力做任何调查的情况下，便擅自同意将省民航局300万元公款，通过银行贷给鸿安公司，并为其提供了担保。贷款到期后，鸿安公司无钱还款，崔学宏又同意延期还款，并在"借款延期偿还申请书"担保人一栏中，签下了自己的名字。结果，鸿安公司经营亏损，只付了150万元，余款根本无法归还。在崔学宏身边，明的情妇是程芳，另外还有一个女人，这个女人叫吴雯，比程芳小10岁，她是南京明城酒店经理。她打通的是崔学宏小儿子这条路子。1994年4月，她从崔学宏手中弄到了300万元的省民航局贷款。尔后，她又捕捉一切机会极力攀附崔学宏这棵大树，1995年1月，崔学宏夫妇结婚30周年纪念日，吴雯专门在一家星级酒店为他们举办了庆贺酒宴，并送给崔学宏夫妇一人一件皮衣。尔后她又花12 000元给崔家换上了一套红木餐桌椅……

吴雯如此"善解人意"，更是让崔学宏心存感激，对她关爱有加。崔学宏不仅自己经常光顾吴雯的明城酒店，还要求省民航局的一些部门将公款打到酒店账上，作为吃喝的费用。

一天，崔学宏带着程芳又来到明城酒店。酒桌上，吴雯说自己投拍电视剧正缺资金，向崔学宏提出借些钱。

不久，崔学宏便让省民航局借给吴雯30万元，这30万元自然有去无回。而吴雯投拍的电视剧也是泥牛入海不见踪影。

崔学宏的贪得无厌、假公济私、生活腐化终于激起了天怒人怨。要求对崔学宏进行查处的举报信不断飞向有关部门。

上级部门的调查令崔学宏如惊弓之鸟。为逃避罪责，他开始四处活动，堵塞漏洞。

然而，这一切都是枉费心机。国家民航总局和江苏省纪委、省检察院、省公安厅组成联合调查组，对崔学宏的问题开始进行调查。一个多月后，江苏省检察院依法将其逮捕。办案人员经过深入调查，终于查清了崔学宏的违法违纪行为。

一点心得

品行的修养是一生一世的事，艰苦而又有些残酷，尤其古人对品行有污染者很不愿意原谅。为人绝对不可动贪心，贪心一动良知就自然泯灭，良知泯灭就丧失了正邪观念，正气一失，其他就随意而变了。俗话说，吃人家的嘴软，拿人家的手短。生活中一些人抵不住"贪"字，灵智为之蒙蔽，刚正之气由此消除。在商品社会，许多人经不住贪私之诱，以身试法。"不贪"真应如利剑高悬才对，警世而又可以救人。

欲路理路　全凭一念

念头起处，才觉向欲路上去，便挽从理路上来。一起便觉，一觉便转，此是转祸为福，起死回生的关头，切勿轻易放过。

在念头刚刚产生时，一发觉此念头是个人邪恶的欲望膨胀，便马上用理智将这种欲念拉回到正路上来。邪念一产生就发觉它，一发觉就转变方向，这个时候就是将祸害转变为福祉，将死亡转变为生机的重要关头，千万不能轻易放过。

明朝崇祯十四年，清兵大败明师于锦州，俘获明军统帅洪承畴。

清太宗久存并吞中原野心，想利用洪承畴做开路先锋，便派了一名说客，劝他投降。洪承畴自诩为梗介名士，深明大义，所以凡有说服者，他

第二章 修身养性的心得：
在一动一静当中体悟人生的真义

皆执意拒绝，且绝食明志。

清太宗见无计可施，无精打采地回宫休息。皇后博尔济吉特氏问："国主大败明师，中外震惊，为什么长叹起来？"

太宗说："你们女流，怎知国家大事？"

"是不是中原还未征服呢？"

"你真是聪明，一下便说中了心事。只是为征服中原，才想招降明朝的将领洪承畴为我前驱，可是他却矢志不降。"

"怎会有不降的傻瓜？"皇后说，"威迫不来，利诱就行了！"

聪明的皇后深知世上男子的弱点。帝后密议一番之后，事态便有了进一步的发展。

于是皇后特别打扮一番，黄昏时候，携了一个酒壶秘密出宫，独个儿走到禁闭厅。见洪承畴正闭目危坐，一副凛然不可侵犯的神态，乃细声轻问："此位是洪将军吗？"声如出谷黄莺。

洪承畴是一个英雄，什么威逼利诱，毫不动心，惟独对于声音婉转，吹气如兰的女人特别敏感，不知不觉地就把眼张开，咦！怎么有这样一个美人儿？

但洪承畴仍正色问："你是什么人？谁叫你来的？有什么事？"

她深深行了一个礼，说："洪将军！我知道将军是忠心耿耿的，绝食明志，了不起，就是一死殉国，还有什么可怕的！"说时嫣然一笑。

聪明的皇后看了看洪承畴，接着说："你且不要问，我此来是一片好心，想拯救你脱离苦海的！"她既庄重，又妩媚地说。

"什么！你拯救我？想劝我投降？嘿！我心如铁石，请闭嘴！"洪承畴又装起威武来了。

但她绝不介意，继续说："将军！你不要轻视我，我虽是女子，颇识大义，对将军这种英勇行为、殉节精神，衷心钦佩，岂忍夺将军之志？"

"那你来这里做什么呢？"

"唉，将军！我不是说过吗，是来救将军的。"她的话充满同情，而又

惹人怜爱。"将军不是绝食等死吗？但绝食起码要经七八日才会气绝的。我煎好一煲毒药来敬将军。将军现所求者不外一死，如绝食和服毒死，究竟有什么不同？将军如怕死则已，若不怕死，请饮了这煲药，不就减少死前痛苦吗？"说完捧壶送过去。

洪承畴经她这般一捧一跌、一怜一媚的摇荡，已身不由己，连呼："好好！我饮，我饮，死且不怕，何怕毒药！"立即接过壶来，张口狂饮，不料流急气促，咳了起来，弄得药沫飞溅，喷得美人衣襟尽湿。

洪承畴自惭孟浪，连忙向她道歉。她若无其事，谈笑自若，拿出香帕来慢慢拂拭，媚眼向洪承畴一翻说："看样子将军的阳寿还未尽哩！"

"我立志一死，不死不休！"

"将军可谓英勇之至，竟能视死如归，英雄英雄！钦佩！钦佩！"她说："不过，我还有一句话告诉将军。你现在既已为国殉了节，但身丧异域，去家万里，丢下家人，哭望天涯。深闺少妇，对着浮云发呆，春风秋月，苦想为劳，枕边弹泪，情何以堪？多情如将军，岂能闭眼不顾，不念旧情吗？"

洪承畴被勾起了心事，酸楚万分，想到毒药已下了肚，死期定不远，不禁泪如泉涌，长叹一声说："事到临头，还有什么可说，什么可顾？唉，可怜无定河边骨，犹是深闺梦里人！"

只这一叹，就暴露了洪承畴内心世界已有所动。他那视死如归的决心开始动摇了。经过那么多次的审讯、威逼、说服、利诱都没有动过一丝决心的洪承畴，只和这么一个弱女子几番问答，就开始犹豫了。此时聪明的皇后看出他已动心了，又用话挑他："决志殉国，将军可谓忠贞不贰，无愧臣节啦。但在我看来，确是笨得可以。"

"什么，照你所说，难道失节投降，反是英雄好汉？"

"将军！不是我说你，你身为国家栋梁，明朝对你的希望正殷，这样轻于一死，得了一个虚誉，究竟对国家有何补益呢？如果是我的话，会忍辱一时，渐图恢复，所谓忍辱负重，候机报君，方不负明帝重托，百姓仰

第二章 修身养性的心得：
在一动一静当中体悟人生的真义

望，断不会这般轻生，效匹夫匹妇所为！不过，士各有志，勉强不得。"

洪承畴虽然等死，但血脉格外畅通，既醉其美貌，又服其见识，心中忐忑，莫知所之，牙齿开始发酸，欲火已冒上了眉尖。

她又说："将军死后，有什么话要转告家人否？我俩人既然相遇，亦是一段缘分，我无论如何有传递的责任！"

洪承畴听说，眼泪又流出来了，她再掏出香帕来，迎身靠过去替他拭泪："将军，不要伤心，看把衣服弄湿了。唉！我也舍不得你这样离开的！"

到天明，这位曾经为万民景仰，飨过大明国祭的经略大臣、显赫将军洪承畴，入朝参见清太宗了。

一点心得

很多事往往在一念之间决定今后的人生道路，而一念不慎足以铸成千古恨事。因此，先儒才有"穷理于事物始生之际，研机于心意初动之时"的名言。但一念的铸成并不在当时而是在平时的锻炼，就像一个人在情绪特别激动的时候，往往会做出不计后果的事，而能出现这种情绪的本身说明这个人在平时可能还没意识到这件事是好是坏。可见一个人不能防邪念于未然，就可能出现"一失足成千古恨，再回头已百年身"的凄惨后果。私心杂念和道德伦理并存是很矛盾很困难的，人必须拿出毅力恒心控制私心杂念，并且当机立断地把这种欲念扭转到合乎道德的路上。这个扭转只能在平时注意磨炼自己，那才可能操之在我。

舍己毋疑　施人不报

舍己毋处其疑，处其疑，即所舍宅志多愧矣；施人毋责其报，责其报，并所施之心俱非矣。

既然要作出牺牲，就不要过多地计较得失而犹豫不决，过多计较得失，那么这种自我牺牲的志节就会蒙上羞愧；既然要施恩与人，就不要希望得到回报，希望得到回报，那么这种乐善好施的善良之心也会失去价值。

为了改造中国，孙中山一生奋斗不止，舍己为国，死而后已，建立了不朽的丰功伟绩。

孙中山曾选择了医生职业，欲"借医术为人世之媒。"但他清楚地知道，做一个好医生，只能为一部分人解除病痛，医术再高明，也不能救治整个国家，而要救治整个中国，就必须改革中国的政治。1890 年，孙中山就写信给一位同乡——退职的洋务派官僚郑藻如，提出兴农桑、禁鸦片、普及教育的改良主张，建议郑藻如先生在香山县试点，再向全国推广。1894 年夏，受当时蓬勃兴起的维新思潮的影响，孙中山闭门谢客数日，写成了 8 000 多字的《上李鸿章书》，亲自跑到天津，托了许多关系，想面见清政府的实权人物——直隶总督兼北洋通商大臣李鸿章。但李鸿章根本没把这个年轻人放在眼里，既没有接见，也没有采纳信中的主张。孙中山受到了冷遇，他意识到，靠上书请愿的方法来改革中国的政治，这条路走不通。

当年 10 月，孙中山再次远渡重洋，到檀香山联络华侨，宣传革命思想，建立了兴中会，第一次提出推翻封建统治、建立欧美式资产阶级民主

第二章 修身养性的心得：
在一动一静当中体悟人生的真义

共和国的理想，成为中国资产阶级民主革命的第一个纲领。

1895年4月，清政府与日本签订了《马关条约》，激起了全国人民的反对。孙中山便与陆皓东等策划乘机发动起义，决定利用重阳节回乡群众来省城扫墓的机会，炸毁两广总督衙门，夺取广州。但由于走漏了风声，起义尚未正式发动，就失败了。孙中山流亡海外。

从此，孙中山的名字频繁地出现在国内的各种官书报章之上，清政府视孙中山为"要犯"，到处张贴缉拿告示，派出大批暗探到香港、澳门和新加坡等地"购线跟踪"，北京总理衙门还通报驻亚、欧、美各国使馆，密令相机缉拿。1896年，孙中山流亡至伦敦，清驻英公使馆接到来自纽约的秘电，说孙中山已由美国来英国，立即逮捕。一天，孙中山从寄宿的葛兰旅社出来，就被几个暗探缠住，以认同乡为名，将他绑架到中国公使馆，准备秘密遣送回国。孙中山通过公使馆的英国清洁工把求救信送到英国朋友那里。经过大力营救，才得以脱险。

1899年，孙中山派人潜回内地，联合了哥老会、三合会等秘密会党，组成兴汉会，并被推为会长。1900年自立军起义，他给予积极的支持和合作。1900年10月，他又发动了惠州起义。起义队伍最多发展到2万人，声势很大。但由于力量悬殊，最后弹尽粮绝，归于失败。

1905年8月，在孙中山的提议和推动下，兴中会、光复会、华兴会等革命团体在东京联合成立了"中国同盟会"，孙中山被推举为总理。他亲自为同盟会制定的章程，以"驱逐鞑虏，恢复中华，创立民国，平均地权"16字为纲领的。当时有少数人对"平均地权"表示异议，要求取消，孙中山坚决予以保留。同盟会把活动的重点放在武装斗争方面，多次发动武装起义。孙中山对每次起事都亲自策划，甚至具体布置，并不辞劳苦，奔波于南洋、欧美之间，为革命事业筹集经费。

1907年3月，孙中山前往越南河内，设立革命机关，策划两广起义。在不长的时间里，连续组织了潮惠钦廉等起义，但都失败了。12月，孙中山从越南潜回国内，参加镇南关起义。他亲临前线，指挥战斗，鼓舞士

气,并亲自发炮轰击清军。起义军很快占领了镇南关,后清军大批援军赶到,起义军经浴血奋战后撤离镇南关,退往越南境内山区。

1908年3月至1910年2月,两年的时间里,孙中山相继点燃了钦廉上思起义、云南河口起义和广州新军起义的烽火。1911年4月在广州发动了震惊中外的黄花岗起义。这次起义集中了同盟会的人力、物力,但失败相当惨重,付出了巨大的代价。许多人萌生失望情绪,对前途丧失信心,孙中山多次给同志们写信,以"成功之期,决其不远"来鼓舞大家的斗志,同时又为新的武装斗争而积极筹款策划。

武昌起义的炮火结束了清王朝的统治。1912年元旦,孙中山在人民的欢呼声中宣誓就任临时大总统。很快,政权被袁世凯窃取。1913年3月发生的宋教仁遇刺案,使孙中山看清了袁世凯独裁、卖国的真实面目。他从日本赶回上海,坚决主张武力倒袁,7月份打响反袁"二次革命"的第一枪,但是由于内部涣散,不到两个月,斗争就失败了。孙中山再一次被迫逃亡日本。在如此艰难的处境中,他依然表现出大无畏的舍己精神,他表示,只要此身尚存,革命之心就不会改变。

袁世凯死后,军阀之间又展开了你争我夺的混战。孙中山坚持共和体制理想,举起维护《临时约法》的大旗。1917年,他依靠一些与北洋军阀有矛盾的西南军阀,在广州组织了护法军政府,自任大元帅。然而那些军阀并不是真心拥护共和,只是欲图借孙中山这块牌子,来保护和扩大自己的地盘和势力,不到一年时间,孙中山洞悉"南与北为一丘之貉",便愤然辞去了大元帅职务。

五四运动的爆发和俄国十月革命的胜利,给孙中山以重大的影响和推动。他把中华革命党改组为中国国民党,以三民主义为纲领,广泛宣传革命理论。1920年11月,孙中山在群众的热烈欢呼声中,重回羊城,开始了第二次护法运动。次年5月5日,在广州就任中华民国大总统。就在这紧要关头,与北洋军阀早有勾结的陈炯明突然叛变,炮击观音山总统府,并备足了20万元现款,作为谋害孙中山的赏金。孙中山逃出总统府,登

第二章 修身养性的心得：
在一动一静当中体悟人生的真义

上永丰舰。叛军向总统府冲锋十几次，都被总统府卫队击退，叛军死伤300多人。宋庆龄头戴草帽，身披雨衣，在混乱中脱险而出。后又化装成农村妇女，一名卫士扮作贩夫，第二天才找到永丰舰，和孙中山会合。

孙中山在绝望里，遇到了十月革命和中国共产党。1924年1月，中国国民党第一次全国代表大会在广州召开，把旧三民主义发展成为新三民主义。

1924年10月，冯玉祥发动北京政变，推翻了直系军阀统治，电邀孙中山北上，商讨和主持解决时局问题。孙中山在北上途中，就觉得肝区疼痛加剧，面色更加黝黑，但他不顾自己的身体，仍约见记者，号召人民打倒帝国主义和军阀，废除不平等条约，召开国民会议。

多年颠沛流离的艰苦生活，使孙中山积劳成疾，确诊为肝癌，于1925年3月，在北京逝世。临终前，他还发出了"革命尚未成功，同志仍须努力"的号召；弥留之际，还在断断续续地呼喊："和平……奋斗……救中国"。

孙中山"致力于国民革命，凡四十年"，作为中国民主革命的伟大的先行者，他的伟大历史功勋万古长存。但中山先生一生留给中国历史、中国人民的最宝贵的财富，与其说是他的伟大功绩，不如说是他的伟大人格。他"尽瘁国事，不治家产"、不争"地位权力"的舍己为国的崇高品质，是修身的伟大典范，具有不朽的感召力。正因为如此，他赢得了超阶级、超党派的敬仰。作为"国父"，中山先生当之无愧。

一点心得

舍己是紧要关头的自我牺牲；施人则是几十年如一日地自愿奉献。二者在本质上是一致的，在表现方式上则有所区别。对舍己而言，如果没有理想追求，没有平日的修省做基础，那么在舍己的关头就很可能退却。从古至今无数的先贤、英雄，因为他们志向远大，品质高尚，所以在生命与国家利益、民族大义之间，他们毫不犹豫地舍生成仁，青史永垂。施人，

用现在的话来讲就是热情帮助别人，为了让别人活得更好些，自己默默奉献。像孙中山就是典型，他有伟大的理想，有甘愿奉献的精神，所以现在人们敬仰他、怀念他，因为他代表了一种以国家利益高于一切的精神。比起这样一种胸怀，那些施人一惠便图回报，助人一次便想金钱的形象的确渺小、苍白。

人生态度　晚节更重

声妓晚景从良，一世之烟花无碍；贞妇白头失守，半生之清苦俱非。语云："看人只看后半截。"真名言也。

从事声色之业的妓女在晚年的时候能够结束卖笑生涯成为良家妇女，那么过去的风尘生活对她的生活不会有什么妨碍；坚守节操的妇女如果在晚年的时候失却了贞操，那么她前半生的辛苦守节都白费了。所以俗语说："看一个人的节操如何，主要是看他的后半生。"这真是一句至理名言啊。

张大海是F市监察局局长。59岁了，张局长仍然是两袖清风，几十年来没做过一件违法的事。人们敬重他，但也有人笑他脑子不开窍。对此，老张毫不在意，对他来说，惟一让他烦心的是他儿子的婚事。

某天下午，张大海的老战友来告诉他们夫妻，由他给张公子介绍的小郭姑娘决意退婚，并把小张给小郭姑娘买的一块表和24K的金项链都退了回来。

老张的儿子因工作单位不好，这已经是第三个姑娘与他吹灯了。儿子26岁了，与他同岁的，不少已经当上了爸爸，这让老张和他的老伴非常着急！

在老伴的一再"动员"下，老张无奈同意了她"走后门"的强烈建

第二章 修身养性的心得：
在一动一静当中体悟人生的真义

议。一天夜里，老张老两口拎着"贡品"来到儿子的越级又越级的上司——市建筑开发总公司总经理王某的家。

张局长夫妇俩进屋时，厅内有两位客人正说话。王总一见来的俩人，先是一惊，后是一喜。

眼下他所属公司正犯了事，债主逼债，检察机关又要调查。刚才他还在挖门子托熟人疏通关系呢，现在下属公司一个普通职工的父亲——市监察局局长亲自登门，这不是瞌睡时来了送枕头的吗？本来有人说下属公司一个材料员的父亲是本市的监察局长，但一来王总早听说这位局长是个犟老头；二来局长的儿子只让其当材料保管员，心中也有愧疚，临时烧香恐怕难奏效。今日老两口主动登上门来，他能不高兴吗？

张局长夫妇倒也不拐弯抹角，直截了当地说明了来意，希望给儿子调换一个体面的工作单位，免得姑娘看不上，对象谈不成。

王总一听，当即表示这个事，包在他身上！

张局长一见王总答应得爽快，心里很是高兴。

正在老两口高兴之时，坐在旁边的一位客人插话道："张局长，今天我们是初次见面，但都是王总的朋友，我也就不见外啦，有两句话我说出来，你可甭在意。"

张局长看着插话人，说："请讲，请讲。"

这位客人就是市建筑开发公司某分公司的一位经理。他接着说："王总给你儿子调工作要搭人情，以后，我们的圈子里的人，一旦有谁撞在监察局的枪口上，也请局长大人手下留情啊！"

张局长也只好顺水推舟地说："对，对，对。"一边搪塞，一边示意老伴，准备告辞。

王总见客人要走，赶忙说道："今日时候不早，张局长是大忙人，不好久留，正好同事们要敲我'乔迁新居'的'竹杠'，咱以后约个时间，请张局长赏脸参加，来给我'烧炕'！"

未出一周，老张的儿子由仓库材料员调为保管员，王总还告诉张局

长，他们的人事部门问过市委组织部，中专毕业生可作干部使用，也可以作为工人分配，各单位可根据实际需要自己确定，对老张的儿子目前只好暂作这样的安排，待以后有机会再商量。

老张的儿子被调整工作一个月后，这天上午，张局长刚进办公室，电话就"叮铃铃——叮铃铃——"急促地响起来。

老张放下公文包，赶忙抓起电话。话筒里响起市建筑开发总公司王总那洪亮的声音："喂，张局长吗？我是老王呀！"

"以前不是说过嘛，请您到我家来，'烧炕'！明晚好吗？是星期五，正好放松放松……"

张局长听后，心里"咯噔"一震，犯起了嘀咕："现在烧的什么炕，这场酒里有啥名堂？"

但是为了儿子，还是硬着头皮去了。

星期五晚上，张局长准时来到王总住的别墅。进得门来，王总夫妇和曾见过的两位分公司经理，几位未曾见过面的人物，还有两位风度翩翩十分摩登的女郎都起身热情迎接。

分宾主落坐后，王总又向张局长介绍了在座的其他客人。

王总首先致祝酒辞："今天诸位来我这里，不论老朋友还是新朋友，大家坐在一起都是好朋友。大家给我'烧炕'不胜荣幸。来，我和夫人先敬大家一杯感谢酒！"

"哎，今天的酒呀，除了祝贺王总乔迁之喜外，还有一层意思……"一个分公司的经理卖关子似的留下半句话没说。

全桌人的目光看着他。

那位经理得意地说："还有一层意思就是'官商联姻'、'经理小姐联亲'！"

除张局长外，几位经理乐得鼓起掌来，两位小姐面颊飞起两片红云，也随即"咯咯"地笑了两声。

酒过数巡，王总给张局长点燃一支烟，不慌不忙地说道："今天请老

第二章 修身养性的心得：
在一动一静当中体悟人生的真义

兄来寒舍，一是忙了一周，大伙放松放松；一是有个连环扣的难题，想和老兄一起商量着解一解。"

张局长知道今天的酒决不是"烧炕"那么简单，已有思想准备，故不感到意外，他眨眨眼道："什么样的连环扣难题？"

王总指指旁边坐着的王经理，说了点事情的大概。

经王总一提，张局长想起了市纪委和监察局的联合监察室曾提到过的正在查处的一件群众举报建筑公司经理受贿的案件，原来就是眼前这位人物，他不禁眉中间露出一个"川"字，看着王经理："你简要说一说，是怎么回事？"

"去年，我帮一个工程队接了一个标的1000万元的工程。工程队领导对我讲了许多感谢话后，又送给我5万元的'操心费'。我当时推了好几次不要，来人说这开支他们工程队有规定，是合理合法的，硬是塞给我就走了。咳，那段时间也赶上家里缺钱用，心想，反正没损害集体利益，自己又是出过力的，拿这个钱也不算过错，不料想，现在被纪委和监察局追上了……"

"张局长，老王的这个事，为了您儿子，就请您设法帮帮他，假若他能过了这一关，老王不会忘记。他会重用您儿子的。"王总帮王经理说明了意思。

"对对！我决不会忘记你和贵公子的！"王经理以乞求的目光望着张局长。

王总知道张局长不会一下就应承，也没有指望一席酒就解决问题，连忙说道："难度肯定会有，不过事在人为嘛，先给张局长打个招呼，望多多关照就是。"张大海见不要自己当场表态，绷紧的心稍微松弛下来，便含糊其辞地答道："好的。"

第一次酒席就这样散了，临走时王总塞给局长一个牛皮纸信封，笑着说道："一张'优惠卡'，一点小意思，望张局长笑纳。"

回到家打开一看，什么"优惠卡"，原来是一张存款单，"张大海"

几个大字，清清楚楚地写在存单上。张大海开始心里一怔，这不也是受贿吗？！转念一想，先收下，看事情能不能办，办不成退回也不迟。

张大海第二天就找了办案人了解那件案件的情况。据联合监察室办案的人汇报，那位王经理，有个外号叫作"王大发"。他贪污、受贿、索贿，确凿证据的就有4起，数额多，而且态度很不好，到处拉关系托人情，千方百计想解脱自己的罪行。办案组正准备向市纪委、监察局领导汇报，建议将案件移交检察院查办。

又一个星期五，王总再一次发出了邀请。

当张大海乘坐在那辆半旧不新的"桑塔纳"到达酒楼门口时，王总他们早已迎候在那里，除了上次几位经理之外，还有两位女性。

几杯酒下肚后，张大海浑身发热，头也有些热，但还算清醒，只是平日就有慢条斯理说话习惯的舌头，这时更显得不大灵活，转的频率更慢，显得有些结巴："王……王总，上次托……托付的那件事，我正在全……全力地办，市里对这件案子很重视，市纪委、监察局正准备转到人民检察院去，我硬是给卡住了。"

说到这里，王经理立马站起来，冲着张大海说："有劳局长关照，兄弟先喝三杯，望局长喝一杯，接受我的谢意。"

张大海也拿起酒杯说："这杯酒我喝，但事情还只是开头，越往下越棘手。几位老总，真人面前不说假话，这样有悖原则的事，我还是第一次……"

王总知道张大海帮这个忙仍有顾虑，便立刻接过话头，说："张局长为人的性格，为官的原则，兄弟们是知道的。只是这件事说大可以大，说小也可以小，何况局长的公子在我们这个系统，问题圆满解决，对大家都有好处。再说吧，张局长为官几十年，一身正气着实令人钦佩，可结果不还是两袖清风？社会上都流行'五十九现象'，不趁在职在位为朋友办几件实事、好事，到退下来那一天，后悔就来不及了。'有权不用，过期作废'嘛。"

第二章 修身养性的心得：
在一动一静当中体悟人生的真义

这些话，真的使张大海有些触动，他想过去自己一直按原则办事，可目前是什么结果，家徒四壁不说，还得为儿子工作这区区小事向这些经理们求助，这些人原来他都是看不上眼的啊！这几天稍微显示了一下"权势"，两度享受美酒良辰，几万元的存款到手且不说，这些平日眼睛都长在额头上的"大款"们却都在他面前点头哈腰百般奉承，时至今日，他似乎才真正明白"权"的含义。想到这里，张大海不禁主动端起酒杯，站起来说道："感谢王总两次热情款待，也感谢诸位的开导，这件案子我在单位压下来，不往检察院转，诸位再施展拳脚，疏通关系，争取大事化小，小事化了吧！"

众人一看张大海当场表了态，不禁大喜过望，纷纷起立，又向张大海敬了一回酒。王总更是卖力，马上招呼两位"秘书"说："小姐们，快给局长敬酒！敬酒！"

刚入座时，张大海没好意思仔细打量这两位小姐，这时细看，见两位举止轻佻，衣着暴露飞眼看人，妖声说话。听了王总的话，犹如领了圣旨一般，走上前来，左右一边站一个，娇滴滴地轮番给张大海敬酒，闹得张大海真有一种如醉如痴的感觉。这一席直闹到晚12点，各自都得到了满足，才高兴地离去。

纸是包不住火的，两个月后，这件受贿案张大海不但没捂住，而且自己也因包庇罪被起诉。最后，他终于戴着手铐离开了他坐了十几年的办公室，离开了他走了几十年的人生轨迹……

一点心得

做人重晚节，一个人晚节不保会招致骂名，而他青年时期所做的成绩，也会因此消失殆尽，使以前的高尚也显得卑贱了。尤其人到老年，经历的世事繁杂，积累的知识渊博，如果仍以高洁的操守行之于世，则是高山仰止，万众瞩目了。

美味快意　享用五分

爽口之味皆烂肠腐骨之药，五分便无殃；快心之事悉败身丧德之媒，五分便无悔。

可口的山珍海味，多吃便伤害肠胃等于是毒药害人，控制住吃个半饱就不会伤害身体；称心如意是好事，然而其中隐藏着一些引诱人们走向身败名裂的媒介，所以凡事不可只求心满意足，保持在差强人意的限度上就不至懊悔。

小何那天碰上一连串好运。他走进赌场时只想赌200块钱，他原本做了输钱的准备。他真正想要的只不过是可以对人们说，他也到过赌城，玩过轮盘赌。

他在大厅门口停了一会儿，看到厅内全是衣着入时的人。此时，他瞥见一个妩媚迷人的姑娘，孤身一人，仪态端庄，坐在一张绿色的轮盘赌桌旁，故意避开他的目光。他决定给她留下一点儿深刻印象。当时天刚傍晚，没有人下大赌注。小何原来的想法是一开始只赌一点儿小钱，但他一冲动，把200元全都押在8上。这笔赌注远远算不上豪赌，却足以吸引大家的目光。在轮盘旋转时，他已准备显露出一点儿遗憾的表情，然后漫不经心地耸一耸肩。他觉得，当赌场管理员用耙子收钱时，这是最恰当的表情。他可以神态优雅地损失200块钱，只求赢得美人一笑，为与她交谈搭一座桥。

他甚至没看旋转的轮盘，只听到球掉进洞后咕噜咕噜的滚动声。赌场管理员拖着长腔叫道："嘿，二加黑！"一两秒钟后他才意识到赢了。一大堆筹码被推到他面前，他的200元赌本足足增长了35倍，相当于7 000元。

第二章 修身养性的心得：
在一动一静当中体悟人生的真义

他拿起一个20元的筹码，抛给了管理员。管理员谢过后，他看了看那个姑娘，朝她笑了笑。

她也报以微笑。没过多久，他们就交谈起来。小何只顾欣赏姑娘的如花之貌，没有注意旋转的轮盘。突然赌桌旁一阵骚动，那个姑娘发出一声惊叫。他一回头，不禁惊呆了。原先的200元赌本又押在8上，轮盘也再次转到8上。在5分钟内，经过两次轮盘赌，他赚进了14 000元！

他是一个收入中等的人，因为连赢两场而大感震惊。姑娘说："你必须接着玩——你手指把握着运气。"于是，他们一块儿站在桌旁，一连玩了4小时，沉浸在连连得手的兴奋中。最后，他赚得盆满杯盈，"让银行都破了产"。也就是说，那桌的轮盘停止旋转后小何发现自己已赚了整整11万。

他兴高采烈地停了手，因为他不想拿冒险赢来的钱下更大的赌注。他离开赌场时口袋里装满了钱。姑娘陪着他，一起朝下榻的旅店走去。他按照姑娘的建议，走了一条近道。他全神贯注地与姑娘谈话，没想到两个男人突然从黑暗的小巷里钻出，紧紧跟着他们，其中一人用大棒猛地向他打去。等他醒来后，钱和姑娘全都消失得无影无踪。

他因为脑震荡在医院里躺了整整两个星期。在病中他从警察那里获悉，那个漂亮姑娘是抢劫团伙的成员。如果有人独自去赌场，碰巧赢一大笔钱，他们就设下圈套，把他洗劫一空。

一点心得

什么事都要适可而止，但人往往经不住诱惑。很多人一遇到香甜可口的美味，就不顾一切地拼命多吃，结果把肠胃吃坏，受病痛之苦。聪明人必须注意养身之道，营养不良固然不行，吃得太多也绝非好事。欲罢不能说明不懂养身之道。养身如此，做人同样如此，一些看起来令人得意洋洋的事，或许正酝酿着走向失败的因素，因此人在春风得意时一定要保持清醒。

千里之行　始于足下

小处不渗漏，暗处不欺隐，末路不怠荒，才是个真正英雄。

在细微末节的小事上也要处理得一丝不苟，不能留下漏洞；在无人所见的暗处也要心地正直，处事公正；在遇到窘迫的境地时也不放弃追求，这样才是真正的英雄好汉。

大学的校园里，并肩走着两个人：一个中国大学生，一个外国留学生。中国学生已经读大四了，学国际经贸的，他很想走出国门看一看；外国留学生热爱中国悠久的文化，他到中国来是为了学习汉语。两人经常在一起聊天，一个为了练习口语，一个为了多打听国外留学的消息。

一天，两人又在校园的大道上边走边谈，照例中国学生又问了许多关于出国留学的事，外国留学生也仍旧细心地回答，末了，外国留学生问道："你出国以后还想回来吗？"

"你觉得呢？"中国学生反问道。

"多数留学生出去以后，只要有机会，他们都是不愿意回来的。除非他们实在是混不下去了。"外国留学生笑了笑。

"我是愿意回来的……我觉得祖国还是很需要我们的，特别是需要那种从国外带回来本领和技术的人才。以前这种人才的确回来得很少，难怪有人说中国的留学生是为外国的企业准备的……不过我是爱国的那种。"两人相视一笑。

中国学生伸手往裤兜里掏烟，忽然，"啪"的一声，一个小东西从他裤兜里掉了出来。两人停了下来，几乎同时向地上看去，是一枚一角的硬币。中国学生"嘿"了一声，不屑地对着沾了土的硬币就是一脚，硬币

第二章 修身养性的心得：
在一动一静当中体悟人生的真义

"嗖"地飞出去了三四米。

外国留学生大叫一声："Oh！no！"

中国学生惊讶地呆望着他，不知他为什么no，不就是一角钱吗？

"难道你不知道，硬币上有贵国的国徽吗？"外国留学生一字一句地说道，显然有些愤怒。

中国学生什么也说不出口来，呆呆地站在那儿……

虽说大礼不辞小让，可是许多生活中的细节并不仅仅是自己一个人的事，它关系到其他人的利益和整个社会的秩序和风气，同时也是自身教养的充分展现。一件小小的事情就可以体现出一个人的修养，越是小的地方，越能体现出一个人格的高贵与低劣。

一点心得

意志、品德、待人，无不从小处做起，而能成大事者关键是志向远大，胸怀宽广。身教胜于言教，小事中见伟大。大人物如此，小人物同样，欲有为者应大处着眼，小处着手，千里之行，始于足下。

怒火沸处　转念则息

当怒火欲水正沸腾处，明明知得，又明明犯著。知的是谁？犯的又是谁？此处能猛然转念，邪魔便为真君矣。

当一个人的愤怒或欲念仿佛沸水翻腾时，人往往不能克制自己，虽然他自己知道这样做是不妥当的，但又偏偏去触犯。知道这个道理的是谁，明知故犯的又是谁？如果这时能够冷静下来，弄清问题的症结所在，犯的是什么错，在这时突然觉悟转变念头，那么邪恶的魔鬼也就变成慈祥的天王了。

唐代武将郭子仪，因屡立战功，唐代宗李豫很器重他，并把女儿升平公主嫁给了他的儿子郭暧。

一天，郭暧不知为什么事同公主吵起嘴来。郭暧这个人性子很直，火气也大，便没好气地数落了公主几句："你以为你爸爸是皇帝就了不起吗？我爸爸是因为瞧不起皇帝这个职位才不做的呢！"公主从小就娇惯，父母什么事情都得依着她，从没尝过委屈是啥滋味。她听了丈夫的话后，很伤心，一气之下坐着车子跑回娘家"告状"去了。皇上看到女儿回来了，很高兴，老远就起身迎接。这回可不同以前，公主见到父亲，脸上并没有笑容。皇上问她为何不高兴，公主一把眼泪一把鼻涕地把丈夫说的话数了出来。皇上听完后，哈哈大笑道："你丈夫讲的话意思你不明白，如果他父亲真的做了皇帝，天下岂不就是你家所有了吗？"安慰一番后，皇上劝女儿回家。

郭子仪得知儿子与公主吵架并说了些有辱皇上的话后，很恼火，立即派人把郭暧捆起来，带回宫中等候判罪。代宗听说女婿被他父亲拘了起来，连忙前去圆场。代宗说："儿女们的事，父母何必那么认真？民间有句俗话：'不装聋卖傻，假装糊涂，是不能当好家长的'。儿女们闺房中的话，怎么能相信呢？"

如果代宗火上加油，不仅郭暧夫妻关系会恶化，而且郭子仪一家性命难保。然而，聪明的代宗却不动肝火，简单几句话便巧妙地化解了一场家庭纠纷。

一点心得

要把人"怒"的本能情感逐步理智化，是需要一个修省过程的。要逐步以自己的毅力把这种怒气和欲望控制住，才可能使一切杂念都成为你的精神俘虏，使自己转而变得轻松愉快。怒火欲水本是一念之间的事，修养好了，一念之间可以使自己变得高雅；杂念多了，便逐渐庸俗，以至养成许多恶习，烦恼就越发多了。

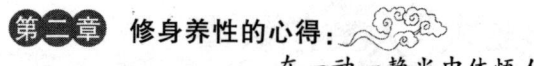

第二章 修身养性的心得：
在一动一静当中体悟人生的真义

毋形人短　不持己长

毋偏信而为奸所欺，毋自任而为气所使；毋以己之长而形人之短，毋因己之拙而忌人之能。

不要盲目听信某一方面的言辞而被那些奸邪的小人所欺骗，也不要自以为绝对正确而被一时的意气所驱使；不要用自己的长处来比较人家的短处，不要因为自己的笨拙而嫉妒人家的才能。

三国初期，盘踞汉中地区的汉中太守张鲁，打算夺取西川，扩大势力，登上"汉中王"的宝座。益州牧刘璋急派别驾张松到许都向曹操求援。张松走时，除携带一批准备献给曹操的金银珍宝以外，还暗地藏了一幅西川的地形详图。由于刘璋糊涂而又懦弱，当时川中的有识之士都感到群雄竞争的形势下，刘璋绝对不能保住西川，因此不少人都有另投靠山的打算。张松借出使的机会，带着这幅极有价值的军事地图，就是有这种想法。

张松一行到了许都，被接待在驿馆里，等了三天才得到接见的通知，心中很有些不高兴。而且丞相府的上下侍从都公开索贿，才肯引见，这使得张松更加摇头。曹操接见张松时态度极为傲慢，责问说："你的主人刘璋，为什么这几年都不来进贡？"张松巧妙地解释："因为道路艰难，贼寇又多，常常拦路抢劫，不能通过。"曹操大声呵斥说："我已扫清中原地区，哪里还有什么贼寇！分明是捏造借口。"

张松是西川有名的人物，虽然生得头尖额翘，鼻低齿露，身长不满五尺，但嗓音洪亮，说话有如铜钟之声。他读书很多，有超人的见解，以富有胆识闻名。自来许都后，遭到如此慢待，心中早已不快；今天又见曹操

105

这般蛮横，便断了投奔他的念头，决心教训他一番。曹操刚讲完话，张松嘿嘿一笑说："目前江南还有孙权，北方存在张鲁，西面站着刘备，他们中间拥有军队最少的也有十余万人，这算得上太平吗？"

这一段抢白顿时使曹操窘得说不出话来。曹操一开始见到张松，觉得他个子小，面孔怪，猥猥琐琐，已有五分不喜欢，现在又发现他言语冲撞，让人很不高兴，于是一甩袖子，起身转进后堂去了。

曹操左右的人纷纷责怪张松无礼，不该这样顶撞。张松冷笑一声说："可惜我们西川没有会说奉承讨好言辞之人！"这句话不打紧，立即招来一声大喝："你们西川人不会奉承讨好，难道我们就有这样的人吗？"张松转眼一看，这人生得单眉细眼，貌白神清，原来是丞相门下的掌库主簿杨修。张松听说过他是朝廷太尉杨彪的儿子，博学善辩，不觉有心难他一难。杨修也一向自命不凡，发现张松不是一般人物，就邀请张松到旁边书院里会上一会。

两人坐定后，杨修略作寒暄说："出川的道路崎岖，先生远来一定很辛苦。"

张松表示："奉主人的命令办事，虽赴汤蹈火，也不能推却啊！"

杨修存心考考张松的知识，询问说："川中的风土民情怎样？"

张松察觉对方的用意，便回答："川中原是西方的一郡，古时称为益州。锦江的道路险峻，剑阁的地势雄壮。周围百八十条道路，纵横三万多里。人烟稠密，到处听得到鸡啼狗叫的声音。市场繁荣，抬头看得到四通八达的街巷。土地肥沃，没有什么水旱灾害。人民富裕，文化生活十分发达。加之物产堆积如山，是任何地方都比不上的！"

杨修接着又询问一句："川中的人才怎么样？"

张松越发得意地说："四川历史上出现过大辞赋家司马相如、名将马援、"医圣"张仲景和著名阴阳家严君子。其他出类拔萃的人才，数也数不完！"

杨修逼问一句："那么当今刘璋手下，像你这样的人还有几个？"

第二章 修身养性的心得：
在一动一静当中体悟人生的真义

张松一耸肩说："文武全才、有智有勇、为人忠义慷慨的，有几百人之多。像我这样无能的，更是车载斗量，难以计算了。"

杨修又问一句："先生现在担任什么职务？"

张松谦虚地回答说："滥充一名别驾，很不称职。"迅速反问："敢问杨先生在朝廷里担任什么职务？"

杨修回答说："在丞相府里担任一名主簿。"

张松不客气地反扑过来："杨先生的上代担任国家高级官员，为什么不到朝廷里任职，直接协助皇帝工作，而屈居在丞相府里干这样一个小官！"

杨修听了这话，满脸惭愧，硬着头皮勉强解释说："我虽然职位不高，但蒙丞相将处理军政钱粮的重任交付给我，而且早晚还可以得到丞相的教诲，很受启发，所以就接受了这个职位。"

张松听到这句话，干笑一声说："我听说曹丞相文的方面不明白孔孟之道，武的方面不了解孙武、吴起的兵法，仅仅依靠强横霸道取得宰相的高位，哪能有什么教诲来启发阁下呢？"

杨修一本正经地说："不对，先生居住在边地，怎么知道丞相的杰出才干呢？我不妨让你开开眼界。"说着，叫手下人从书箱里拿出一卷书来，递给张松。张松一看书名题作《孟德新书》，于是从头到尾翻了一遍，其中共有13篇，都是谈论战争中的重要策略的。谁知张松看完，颇有些不以为然地对杨修说："杨先生怎样看待这部书呢？"

杨修不无炫耀地回答："这是曹丞相博古通今，模仿13篇《孙子兵法》写成的。你看这部书可以传之不朽吗？"

张松竟扬声笑了起来："我们西川三尺高的孩子都能把这部书背下来，怎能叫'新'呢！这原是战国时代一位无名氏的作品，曹丞相把它剽窃来表现自己，这只能骗骗阁下罢了！"

杨修不无嗔怪地说："这完全是丞相自己写成的，先生说什么川中的孩子都能背诵，欺人太甚了吧！"

不料张松立即应声说："先生如果不相信，我马上背给你听。"说着，即合起书来，从头到尾将书中大致内容背诵了一遍，杨修这时才大吃一惊说："张先生过目不忘，真是天下的奇才啊！"

后来，杨修在曹操面前夸赞张松，要求重新接见张松。终因双方的观点差距太大，张松又讽刺了曹操一顿，然后离开许都，把身上带着的那张十分有价值的地图献给刘备去了。

可惜曹操一辈子都在搜罗人才，却因自己一时的骄矜之态而助了他人一臂之力。

一点心得

生活中常常有些人有本事就傲气待人，由于有些能力，就很自信，往往瞧不起不如自己的人，以至目无一切。人过于自信就容易偏信，傲以待人便就无人，这样意气用事，被人利用，妒人之能，却难自知。一个修养好的人，往往具备公正、无私、诚恳、同情的品性，而偏袒、自私、欺骗、嫉妒则往往在修养较差的人身上表现出来。人有本领、能力强是好事，但如果借此而形成许多恶习，便变成了坏事。

不昧己心　为民立命

不昧己心，不尽人情，不竭物力。三者可以为天地立心，为生民立命，为子造福。

不违背自己的良心，不违背人之常情，不浪费物资财力。做到这三点就可以在天地之间树立善良的心性，为生生不息的民众创造生机，为子子孙孙造福。

第二章 修身养性的心得：
在一动一静当中体悟人生的真义

山东德州人李允祯，顺治元年（1644年）任直隶故城县知县。该县旧丁口册载16岁以上男丁一万多，经过战火摧残，编审实丁只有七千多一点，可是仍按旧册数目征兵纳税。允祯正要行文上司照实丁计征，忽接调令去江南丰县任知县。人们劝他这里的事就别管了，他慨然说道："我还没有交差，要负责到底。"于是在县府庭院召集县民，当众焚烧旧丁口册，连夜赶造新册，申请省府审批。由于他的实事求是，虽然他调走了，故城县却免交浮粮，人民欢欣。

到丰县，管县库的官张某送上金币和器具，谄媚地说："这是司库的规矩，请大人笑纳。"允祯大怒，命将原物归库，杖张某一顿棍子并予以免职。在任三年，从不私自支库中一分钱。

丰县一些地痞恶棍与奸吏勾结，动辄造事诬告好人，千方百计使他破产，名叫"施状"。允祯把这恶习呈报知府，并请求将告"施状"的几个人交回丰县。在人证物证面前，审理明白，被诬告的人释放，而杖毙诬告者。

黄河决口，上级命令丰县征集柳条上万捆，县吏建议由各里甲办理送去。允祯说道："你们倒舒服，可是想没想老百姓就要鸡犬不宁了！县城西郊十里左右就是一大片柳林，无主的就可以砍伐，让有牛车户运输，由官家按时价租赁，你们照此速办。"果然，不到十天便完成上级交下的任务。

县里有个土豪，想霸占某人之妻，用巨金买通死囚犯供某人同伙，某人已入狱，受重刑快死了。允祯查案卷觉得有冤，晚上微服进牢房，慢慢从犯人口中获得狱吏与土豪相互为奸的情况，又从社会上调查出该案原委，于是马上释放某人，对土豪和狱吏依法处治。

与丰县相邻的砀山县发生动乱，朝廷下令允祯代理砀山县事。济宁驻防军奉令调来，声言要屠杀城民，不要放过一个乱党，允祯急忙吩咐杀牛备酒在城外犒赏大军，并说"城内都是良民，已经没有贼子了"。驻防军官不答应，坚决要把全城人过过筛子。允祯当然知道，所谓过筛子，必然

会滥杀无辜,抢掠民财。当官要为民做主,允祯厉声道:"总兵大人,这县是允祯管理的县,假使今后发生不测,我自负责,请大人放心。"结果没让大军进城骚扰。该县一些人往日有仇,彼此密告通贼。允祯向朝廷解释,使许多被诬告者获免死罪。

一点心得

为官从政,造福于民,本来就是一种至高无上的原则。即使因此得罪于权贵,也不违背自己的良心,更不违背人的常情。为民负责,为民做主,才是为官的正道,品行修炼的正途,才能为人所称道,受万人敬仰。

居官公廉　治家恕俭

居官有二语,曰:惟公则生明,惟廉则生威。居家有二语,曰:惟恕则情平,惟俭则用足。

做官有两句格言,即:只有公正无私才能明断是非,只有廉洁才能树立威信。治家也有两句格言:只有宽容才能心平气和,只有节俭才能家用充足。

北宋著名文人范仲淹,一生为官清正廉洁,勤劳奉公,生活节俭。他受其父范墉为官清廉从不奢侈享乐的影响很深,"少有大节,于富贵贫贱毁誉欢戚不一动其心,而慨然有志于天下"。从小就立下远大志向,不论贫贱富贵都丝毫动摇不了他的志向。

范仲淹早年在醴泉寺求学时,家境贫寒,只得每天吃粥度日。晚上,他下点米煮成一盆稀粥,到第二天早晨便凝固成块,然后再将粥划成四块,早晚各吃两块,没有钱买菜,他便把少许菜叶菜根用盐水淹渍,切碎了就粥吃。后来,被一位南京留守的儿子看到后,便从做留守的父亲那里拿来一些饭菜,送给范仲淹。过了几天,这位留守的儿子看到送来的饭菜

第二章 修身养性的心得：
在一动一静当中体悟人生的真义

已经变质了，还放在一边一点没动，很不高兴，问他为什么不吃。范仲淹诚恳答谢道："我并非不感激令尊的厚意，只因我平时吃稀饭已成习惯，并不觉得苦。现在如果贪图这些佳肴，将来怎么能再吃苦呢？"

后来，范仲淹显贵了，仍然注重节俭，"非宾客不食重肉（两份肉），妻子衣食，仅能自充"。家人在他的教导下，也衣着朴素，他对家人说："吾贫贱时，无以为生，还得供养父母。吾之夫人亲自添薪做饭。当今吾已为官，享受厚禄，但吾常忧恨者，汝辈不知节俭，贪享富贵。"范氏子孙个个认真聆听。

儿子范纯仁娶亲之际，范仲淹主张一切从简。当他听说新媳妇将饰以锦罗帷幔时，心中很不高兴，立即传训纯仁："罗绮非帷幔之物，吾家素清俭，安能以罗绮帷幔坏吾家法，若将帷幔带入家门，吾将当众焚之于庭。"最后，范纯仁的媳妇听从了劝告，朴素简洁地成了亲。

一点心得

公正廉明是古代做官的基本要求，对清官来讲，首先是不贪，然后是无私，不贪则廉，无私则公。不论为官或治家，必须以身作则，奉公守法，避免上行下效。持家同样如此。为人应心气平和，保持勤俭节约的传统美德。很多东西从道理上讲人们很清楚，但行动起来确实很难，人们如果能多克服些私欲就可以多存些公德。

量宽福厚　器小禄薄

仁人心地宽舒，便福厚而庆长，事事成个宽舒气象；鄙夫念头迫促，便禄薄而泽短，事事得个觖促规模。

心地仁慈博爱的人，由于胸怀宽广，就能享受厚福而且长久，于是形

成事事都有宽宏气度的样子；反之心胸狭窄的人，由于眼光短浅思维狭隘，所得到的利禄都是短暂的，经常面临只顾到眼前而遇事紧迫的局面。

庞涓与孙膑同在鬼谷先生门下学兵法。庞涓自以为学得差不多了，又听到魏国正在重金招贤，访求将相。于是匆匆辞别鬼谷，投奔魏相国王错，王错将他推荐给魏惠王。魏王见他兵法精熟，便拜他为元帅兼军师。

孙膑为人忠厚，鬼谷先生便将自己注解的《孙武兵法》传授给了他。孙膑三日内尽行记下，鬼谷便索还原书。

魏惠王从墨翟口中知道鬼谷门下还有一孙膑，好生了得，于是便派使臣迎至魏国。魏惠王问庞涓，孙膑才能如何，庞说在己之上，要魏惠王任他为客卿。客卿地位虽高，但不掌握军权。孙膑在惠王面前演习兵阵，庞涓预先请教孙膑，然后在惠王面前一一指出阵名，惠王便以为庞涓胜过孙膑。

庞涓既害怕孙膑分宠，又想得到《孙武兵法》真传。他便设计陷害孙膑。孙膑是齐国人，庞涓叫人假造了一封家信，由手下人扮作齐使者，将信交给孙膑，说是齐国他哥哥来的信，请他回去祭扫祖坟。孙膑回信谢绝，庞涓得信后，派人模仿笔迹加进了孙膑想效忠齐王的内容，连夜送给魏王看。又假装探望孙膑，唆使孙膑第二天上书请假，惠王便真的以为孙膑不忠，想出卖自己，于是把他交给庞涓处理。庞涓当着孙膑的面，说是要去见惠王救孙膑，实则在惠王跟前请求对孙膑用刖刑（即锯去膝盖骨）。回来后说自己只救得不死，假表歉意后，便叫手下人将孙膑弄残了。

孙膑从庞涓的下人那里打听到庞涓想在兵法到手后便弄死他，情急生计，便装癫佯狂。墨翟得知此事后，便到齐国把详情告知大将田忌，田忌言之于齐威王。于是齐国借口其他事派使臣至魏，趁庞涓不注意，将孙膑偷运至齐国。

孙膑到齐后，只愿做田忌的军师。后庞涓率兵攻打赵国都城邯郸，赵求救于齐。田忌用孙膑"围魏救赵"计，就近进攻魏国的襄陵。庞涓果然

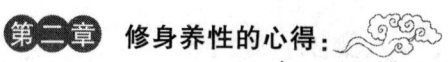

第二章 修身养性的心得：
在一动一静当中体悟人生的真义

回兵，结果在桂陵中了孙膑预设的埋伏，大败。

庞涓知齐威王得孙膑后，一直寝食不安，又行反间计，使田忌、孙膑免官。庞涓得意忘形，以为天下无敌了，便率大兵攻韩。韩国向齐求救。当时齐威王已死，宣王继位，并重新起用了田忌、孙膑。齐国待魏兵与韩兵交战了很久之后，才出兵。这次又采用"围点打援"计，直逼魏都大梁。庞涓火速回兵，孙膑又用减灶之法迷惑敌人，使庞涓误以为齐兵大多逃亡，不堪一战，于是全力追赶。追至马陵道时，又中了孙膑的埋伏，全军覆灭。不仁不义的庞涓被万箭穿心。

庞涓本和孙膑有同窗之谊，但庞涓命缘福浅，无幸获得鬼谷先生的《孙武兵法》，这使他迁怒于孙膑，他利用孙膑的善良和正直，设计陷害他，弄残了孙膑的双腿。但孙膑最终还是逃脱了庞涓的魔掌，在战场上惩处了不仁不义的庞涓。庞涓咎由自取，罪有应得。从庞涓的下场，人们理应吸取教训，正如《菜根谭》所云：量宽福厚，器小福薄。这是千古不变的道理啊。

一点心得

念头少，伪装少，争得就少，心情舒畅，平日就少有忧虑烦恼。有些人聪明过了头，用尽心机，烦恼却接踵而至。而那些污秽贪婪的小人，心地狡诈行为奸伪，凡事只讲利害不顾道义，只图成功不思后果，这种人的行为更不足取。仁人待人之所以宽厚，在于诚善，在于忘我，所以私欲少而烦恼少。我们生活中的待人之道确应有些肚量，少为私心杂念打主意，不强求硬取不属于自己的东西，烦恼何来？做人要充分修省自己才是。

责人宜宽　律己应严

责人者，原无过于有过之中，则情平；责己者，求有过于无过之内，则德进。

对待别人应该宽容，要善于原谅别人的过失，把有过错当作无过错，这样相处就能平心静气；对待自己应该严格，在自己没有过错时要能找到自己的缺点，这样品德就会不断增进。

东汉时，刘秀的姐姐湖阳公主一次外出有事。当公主乘坐的车经过洛阳城内有名的夏门亭时，洛阳令董宣带着一班衙役拦住了公主乘坐的车。董宣要拘捕湖阳公主的一个家奴，据侦察，这个家奴也跟这个车队出来了。湖阳公主一看，小小洛阳令，竟公然阻挡皇亲车队，便勃然大怒，大声斥责董宣大胆。

董宣毫不示弱，他也大声回敬湖阳公主，说她包庇杀人犯，并严令这个犯有杀人罪的家奴快下马来。湖阳公主见董宣一点儿不把自己放在眼里，她还想庇护那个家奴，但已来不及了。只见董宣眼明手快，令手下衙役快速把那个家奴抓过来，并当着湖阳公主的面，当场把那个家奴打死。

湖阳公主气得发抖。她从来没有遭到过如此羞辱，这口气无论如何也难以咽下。她调转车头，直奔皇帝居住的禁宫而来。

皇姐驾到，刘秀当然要见她。只见湖阳公主气咻咻地一面向刘秀哭诉事情的经过，一面要刘秀替她出这口气，严厉惩罚董宣。

董宣这个人，刘秀是知道的。这个人刚正不阿，执法如山。当年他在任北海相期间，曾经以杀人罪捕杀了当地豪族公孙丹父子，还杀了到衙门捣乱的公孙丹家族30余人。事情一闹大，朝廷把董宣抓了起来，并以

第二章 修身养性的心得：
在一动一静当中体悟人生的真义

"滥杀"罪判其死刑。董宣却毫无惧色，视死如归。在要向他执行死刑前的一刹那，刘秀的赦令传到，董宣才得以幸免。

刘秀虽然了解董宣的性格，但对皇姐当众受辱这口气也觉得难以下咽，他立即下令让卫士把董宣抓进宫来，准备处死他。

董宣还是那副面不改色的老面孔。他讲要死可以，但有句话必须讲明："陛下圣明，汉室得以中兴，但如果自己亲属的家奴无故杀人而不受到制裁，那陛下怎么还能治天下？要臣死不难，用不着鞭笞，臣自杀就是。"说完就把头向门槛上撞去。

刘秀也被董宣一身正气所震慑。他感触良多："如此刚正之臣，能治罪吗？"后来，虽然免了董宣死罪，但皇帝的威严仍使刘秀要董宣向湖阳公主叩头赔不是。耿直的董宣就是不愿叩头，宦官强拽住他的头往下按，董宣依然死命不肯低头。

湖阳公主气不打一处来。她对刘秀说："如今你是天子，为何就不能下一道命令呢？"刘秀不以为然："正因为是天子，才不能像布衣那样办事啊。"湖阳公主无奈，只得回去了。

一点心得

在与人相处时要随时体谅他人，在温和且不伤害他人的前提下，适宜地帮助别人。孔子也曾说过："严以律己，宽以待人。"以严厉的态度对待别人，容易遭到相反的结果，如此一来反而无法达到目的。若要避免遭受无益的困扰，关键在于宽容他人。但是，此种态度只适于对待他人，却不能自我宽容，在律己方面应该时刻以严格的态度自我反省。太过于放纵自己不仅没有好处，反而会阻碍自己身心的发展。俗话说："见人之过易，见己之过难。"责备别人不可太刻薄，但是反求诸己则必须严格要求，如此一来自己的德性也就随之而进步了。

退后一步　清淡一分

争先的径路窄，退后一步，自宽平一步；浓艳的滋味短，清淡一分，自悠长一分。

人人竞相争先的道路最为狭窄，如果能够退后一步，道路自然就会宽广一步；追求浓艳华丽而享受到的滋味很短暂，如果清淡一些，趣味反而更加悠久。

战国时，齐国有三个大力士，一个叫公孙捷，一个叫田开疆，一个叫古冶子，号称"齐国三杰"。他们因为勇猛异常，被齐景公宠爱，晏子遇到这三个人总是恭恭敬敬地快步走过去。可是这三个人仗着齐景公的宠爱，为所欲为，每当见晏子走过来，坐在那里连站都不站起来，根本不把晏子放在眼里。

晏子很想把他们除掉，又怕国君不听，反倒坏了事。于是心里暗暗拿定了主意：用计谋除掉他们。

一天，鲁昭公来齐国访问。齐景公设宴招待他们。鲁国是叔孙诺执行礼仪，齐国是晏子执行礼仪。君臣四人坐在堂上，"三杰"佩剑立于堂下，态度十分傲慢。正当两位国君喝得半醉的时候，晏子说："园中的金桃已经熟了，摘几个来请二位国君尝尝鲜吧！"齐景公传令派人去摘。晏子说："金桃很难得，我应当亲自去摘。"不一会儿，晏子领着园吏，端着玉盘献上六枚桃子。景公问："就结这几个吗？"晏子说："还有几个，没太熟，只摘了这六个。"说完就恭恭敬敬地献给鲁昭公、齐景公每人一个金桃。鲁昭公边吃边夸金桃味道甘美，齐景公说这金桃不易得到，叔孙大夫天下闻名，应该吃一个。"叔孙诺说："我哪里赶得上晏相国呢！这个桃应当请

第二章 修身养性的心得：
在一动一静当中体悟人生的真义

相国吃。"齐景公说："既然叔孙大夫推让相国，就请你们二位每人吃一个金桃吧！"两位大臣谢过景公。晏子说："盘中还剩下两个金桃，请君王传令各位臣子，让他们都说一说自己的功劳，谁功劳大，就赏给谁吃。"齐景公说："这样很好。"便传下令去。

话音未落，公孙捷走了过来，得意洋洋地说："我曾跟着主公上山打猎，忽然一只吊睛猛虎向主公扑来，我用尽全力将老虎打死，救了主公性命，如此大功，还不该吃个桃吗？"晏子说："冒死救主，功比泰山，应该吃一个桃。"公孙捷接过桃子就走。

古冶子喊道："打死一只虎有什么稀奇！我护送主公过黄河的时候，有一只鼋咬住了主公的马腿，一下子就把马拖到急流中去了。我跳到河里把鼋杀死了，救了主公，像这样大的功劳，该不该吃个桃？"景公说："那时候黄河波涛汹涌，要不是将军除鼋斩怪，我的命就保不住了。这是盖世奇功，理应吃个桃。"晏子急忙送给古冶子一个金桃。

田开疆眼看金桃分完了，急得跳起来大喊："我曾奉命讨伐徐国，杀了他们主将，抓了五百多俘虏，吓得徐国国君称臣纳贡，临近几个小国也纷纷归附咱们齐国，这样的大功，难道就不能吃个桃子吗？"晏子忙说："田将军的功劳比公孙将军和古冶将军大十倍，可是金桃已经分完，请喝一杯酒吧！等树上的金桃熟了，先请您吃。"齐景公也说："你的功劳最大，可惜说晚了。"田开疆手按剑把，气呼呼地说："杀鼋打虎有什么了不起！我跋涉千里，出生入死，反而吃不到桃，在两国君主面前受到这样的羞辱，我还有什么脸活着呢？"说着竟挥剑自刎了。公孙捷大吃一惊，拔出剑来说："我的功小而吃桃子，真没脸活了。"说完也自杀了。古冶子沉不住气说："我们三人是兄弟之交，他们都死了，我怎能一个人活着？"说完也拔剑自刎了。人们要阻止已经来不及了。

鲁昭公看到这个场面无限惋惜地说："我听说三位将军都有万夫不当之勇，可惜为了一个桃子都死了。"

一点心得

假如世人都能抱有这种"退步宽平,清淡悠久"的人生观,人与人之间就不会有这么多纠纷了。但事实上很难,因为好胜之心人皆有之。这就存在一个适时的问题,即在什么样的条件下应该争胜,什么样的情况下应该退让。做人贵在自然,做事不可强求,在大是大非面前,在天下兴亡的大义面前,不争何待?在名利场中,在富贵乡中,在人际是非面前,退一步让一下有何不好?

贪得不富　知足不贫

贪得者分金恨不得玉,封公怨不授侯,权豪自甘乞丐;知足者藜羹旨于膏粱,布袍暖于狐貉,编民不让王公。

贪得无厌的人分到金银却恼恨得不到美玉,被封为公爵还要怨恨没有封上侯爵,明明是权贵之家却甘心成为精神上的乞丐;知足常乐的人觉得野菜比鱼肉味道还要美,粗布衣袍比狐皮貉裘还要温暖,虽然身为编户平民却比王公过得还要自在满足。

有一位禁欲苦行的修道者,准备离开他所住的村庄,到无人居住的山中去隐居修行,他只带了一块布当作衣服,就一个人到山中居住了。

后来他想到当他要洗衣服的时候,他需要另外一块布来替换,于是他就下山到村庄中,向村民们乞讨一块布当作衣服,村民们都知道他是虔诚的修道者,于是毫不犹豫就给了他一块布,当作换洗用的衣服。

当这位修道者回到山中之后,他发觉在他居住的茅屋里面有一只老鼠,常常会在他专心打坐的时候来咬他那件准备换洗的衣服,他早就发誓

第二章 修身养性的心得：
在一动一静当中体悟人生的真义

一生遵守不杀生的戒律，因此他不愿意去伤害那只老鼠，但是他又没有办法赶走那只老鼠，所以他回到村庄中，向村民要一只猫来饲养。

得到了一只猫之后，他又想到了——"猫要吃什么呢？我并不想让猫去吃老鼠，但总不能跟我一样只吃一些水果与野菜吧！"于是他又向村民要了一只乳牛，这样子那只猫就可以靠牛奶维生。

但是，在山中居住了一段时间以后，他发觉每天都要花很多的时间来照顾那只母牛，于是他又回到村庄中，他找到了一个可怜流浪汉，就带着这无家可归的流浪汉到山中居住，帮他照顾乳牛。

那个流浪汉在山中居住了一段时间之后，他跟修道者抱怨说："我跟你不一样，我需要一个太太，我要正常的家庭生活。"

修道者想一想也是有道理，他不能强迫别人一定要跟他一样，过着禁欲苦行的生活……

这个故事就这样继续演变下去，你可能也猜到了，到了后来，也许是半年以后，整个村庄都搬到山上去了。

欲望就像是一条锁链，一个牵着一个，永远都不能满足。

在印度的热带丛林里，人们用一种奇特的狩猎方法捕捉猴子：在一个固定的小木盒里面，装上猴子爱吃的坚果，盒子上开一个小口，刚好够猴子的前爪伸进去，猴子一旦抓住坚果，爪子就抽不出来了。人们常常用这种方法捉到猴子，因为猴子有一种习性，不肯放下已经到手的东西，人们总会嘲笑猴子的愚蠢：为什么不松开爪子放下坚果逃命？但审视一下我们自己，也许就会发现，并不是只有猴子才会犯这样的错误。

一点心得

"得寸进尺，得陇望蜀"，是对贪得无厌之辈的形象比喻。只有少数超凡绝俗的豁达之士，才能领悟知足常乐之理。其实适度的物质财富是必须的，追求功名以求实现抱负也是对的，关键看出发点何在。有一定社会地位是现实生活迫使个人接受的一种要求；追求物质丰富是刺激市场繁荣的

动力，对个人而言，决非因为安贫乐道就可以否定对物质欲望的追求。但是一个人为铜臭气包围，把自己变成积累财富的奴隶，或为财富不择手段为权势投机钻营，把权势当成满足私欲的工具，那么，这种人就会永远贪得无厌，为正人君子所不齿。

喜寂厌喧　求静避世

喜寂厌喧者，往往避人以求静，不知意在无人便成我相，心著于静便是动根，如何到得人我一视、动静两忘的境界？

喜欢寂静而厌恶喧嚣的人，往往逃避人群以求得安宁，却不知道故意离开人群便是执著于自我，刻意去追求宁静实际是骚动的根源，怎么能够达到自我与他人一同看待、将宁静与喧嚣一起忘记的境界呢？

一位名叫梅凯的同学患了严重的感冒，被送进医院治疗。他的同学们常到医院去看他。梅凯病情不轻，原本结实而又活泼的他，此时变得面黄肌瘦，体重减了很多，看起来仍是一副病容。他皮肤苍白，两眼无神，没有活力。他的一位同学这样描述："当你去看他的时候，你会感到他对你的健康非常嫉妒，这使我在他的床边与他交谈时，感到很不自在。"

同学们轮流去看他。

有一天，他的同学见到病房紧闭，门上挂着一个牌子：谢绝访客。

他们吃了一惊——是什么原因呢？他的病并没有生命危险啊。

是梅凯请求医生挂上那个牌子的。亲友的探访不但没有使他振奋，相反的，却使他感到更加沉闷，他不想跟同学们打交道。

之后，梅凯把他不想与人打交道的情形告诉了同学们。他对每一个人和每一件事都有一种轻蔑之情，他觉得他们每一个人都不值一顾或荒谬可

第二章 修身养性的心得：
在一动一静当中体悟人生的真义

笑，他只想独个儿与他愁惨的思绪共处。

他的心中没有欢乐。由于身体的疾病而抑郁寡欢，他同时感到他正在排斥生活，弃绝世人。

那些日子对于梅凯而言，可说是毫无乐趣可言。他的恼怒大得使他难以忍受。

但他很幸运。一位值班护士了解他的心境，有一天，她对他说，院里有一位年轻的女病人，遭受了情感的打击，内心非常苦恼，如果他能写几封情书给她，一定会使她的精神振奋起来。

梅凯给她写了一封信，然后又写了一封。他自称他曾于某日对她有过惊鸿一瞥，自那以后，就常常想到她。他在这里表示，待他俩病好之后，也许可以一同到公园里去散散步。

梅凯在写这封信的当中感到了乐趣，他的健康也跟着开始好转。他写了许多信，精神抖擞地在病房里走来走去。不久，他就可以出院了。

出院的消息使他感到有些不安，因为他还没见过那位少女。他从书写那些表示倾慕之情的信中获得了很大的乐趣，他只要一想到她，脸上就现出一道爱的光彩，但他一直没有见到她——一次也没有。

梅凯问那位护士，他是否可以到她的病房中去看她。

那位护士表示可以，并告诉他，她的病房号码是414。

但那里并没有这样的一个病房。也没有这样一位少女。

一点心得

求得内心的宁静在于心，环境在于其次。否则把自己放进真空罩子里不就真静无菌了吗？其实，这样环境虽然宁静，假如不能忘却俗世事物，内心仍然是一层烦杂。何况既然使自己和人群隔离，同样表示你内心还存有自己、物我、动静的观念，自然也就无法获得真正的宁静和动静如一的主观思想，从而也就不能真正达到身心都安宁的境界。

给大忙人读的菜根谭

顺逆一视　欣戚两忘

<u>子生而母危，锱积而盗窥，何喜非忧也？贫可以节用，病可以保身，何忧非喜也？故达人当顺逆一视，而欣戚两忘。</u>

孩子出生时母亲面临着生命危险，财富积累多了就会致盗贼窥视，怎能说这是喜而不是忧呢？贫穷可以使人养成节俭的性格，患病可以使人注意养生，如何说这是忧虑不是喜事呢？所以通达的人应将顺境和逆境同样看待，将高兴和忧愁同时忘掉。

古时候，有一个住在边境小城的老者，人称塞翁。塞翁养有一匹好马。

有一天，塞翁的马跑到境外去了。邻居为他惋惜，他自己却不以为然，反而对邻居说："丢失一匹马有什么关系呢？说不定还是一件好事呢。"果然，那马不久自己跑回来，还带回了一匹境外的骏马。邻人知道了，又来向塞翁道贺，塞翁也不以为然，他对邻人说："我这算不得什么好事，说不准这马会给我带来祸事呢。"果然，不久塞翁的儿子骑着这匹马出去游玩，从马上摔下跌折了一条腿。这自然是一件祸事，但塞翁也不以为然。

不久，境外少数民族大举进犯，边塞的青壮年都应征去打仗了，大部分战死沙场，塞翁的儿子因为跌折了腿而不能去打仗，和父亲一起保全了性命。

这个故事后来就演化成一条成语，叫做"塞翁失马，焉知非福"。

一点心得

事物是可以相互转化的。在一定条件下，福可以转为祸，忧可能转为

第二章 修身养性的心得：
在一动一静当中体悟人生的真义

喜。一个意志坚强的人在喜忧祸福中之所以不动心，是因为他明确地认识了这个道理。所以他在失败中总能寻找成功的因素，在成功时总能思虑危险的成分，在喜悦中总能注意探求不利因素。

心境如月　空而不著

耳根似飙谷投响，过而不留，则是非俱谢；心境如月池浸色，空而不著，则物我两忘。

耳朵根子听东西就像狂风吹过山谷造成巨响，过后却什么也没有留下，那么人间的是是非非都会消失；内心的境界就像月光照映在水中，空空如也不着痕迹，那么就能做到物我两相忘怀。

公元1643年9月20日，皇太极病死于沈阳清宁宫。虽然皇太极临终前已有了安排，但围绕皇位继承问题还是闹了一场不小的风波。少数少壮派贝勒想立皇太极的长子豪格，因为豪格年龄较大，在青年贝勒中有一定的影响。代善之孙阿达礼（多尔衮之侄）和其叔硕托亲王想立多尔衮，按当时的情况来看，多尔衮一派力量较为强大一些，尤其是多尔衮本人，既军权在握，又骁勇善战，在军队中颇有威望，性格也刚毅果断，所以才有一些人想拥立他。但多尔衮考虑到自己若登皇位将会引起内乱，尤其是皇太极的长子豪格一派的力量更是难以制服，所以，他还是决定立福临为帝。

其实多尔衮立福临为帝的用心大家是看得很清楚的，福临年仅6岁，即位后必然由多尔衮摄政。多尔衮就会一步步地剪除异己，控制局面，在适当的时机再登皇位。因此，一些亲王不愿意同多尔衮合作，阿济格就称病不出，撒手不管。

福临即位,是为顺治皇帝。嫡母和生母吉特氏俱被尊为皇太后,多尔衮摄政,被尊为皇父。

庄妃心里也十分明白,孤儿寡母秉政,若无人尽心辅佐,必然权位不保,所以对多尔衮一意笼络。在顺治即位后不久,多尔衮亲自告发并主持审理了阿达礼、硕托叔侄的谋逆案件,杀了阿达礼,并罪及其妻子,以表明自己的心迹,这使得庄妃极为感激,从此对多尔衮更加信赖。

多尔衮也可谓"兢兢业业",凡事无论大小都一概禀告庄妃,庄妃也让多尔衮随便出入宫廷,便于行事,不必事事奏告,也不必多避嫌疑。于是,多尔衮随意出入宫禁,有时甚至留宿宫中。

多尔衮其人据说长得一表人才,十分精干秀拔,但他却是一位好色之徒,庄妃也正值盛年,时间一久,便有了苟且之事,宫廷内外便有了一些闲言碎语,连顾命大臣济尔哈朗也说三道四。多尔衮知道以后,告诉了庄妃,让她拟了一道圣旨,派济尔哈朗前去攻打山海关,把他远远地支派了出去。

多尔衮嗜色如命,庄妃既年轻美丽,又聪慧能干,多尔衮想渔猎其色,恐怕是可想而知的事。多尔衮的好色无耻,还可以用另一件事来证明。

一次,多尔衮在庄妃那里见到了一位十分美丽的妇人,与庄妃之美不相上下,十分眼馋。回去一打听,才知道原来是皇太极的长子、肃王豪格的福晋。从此,多尔衮又迷上了这位福晋,后来终使肃王豪格死于狱中。

于是,这一时期,努尔哈赤的几个有兵权的儿子相继病死或战死,孝端皇太后也驾崩了。平时,庄妃虽与孝端皇后同为皇太后,但毕竟名分上有差,一是正室,一是侧室,所以虽时有专权之举,还是多少有所顾忌。好在孝端皇太后并不过问朝政,庄妃也就放心了。孝端皇后一死,庄妃再无顾忌,便大胆地处理起政务来。就在这时,多尔衮那边的情况又发生了变化。

原来,多尔衮的原配妻子听说多尔衮与侄媳鬼混,就经常与多尔衮吵

第二章 修身养性的心得：
在一动一静当中体悟人生的真义

闹，多尔衮一如既往，无丝毫的改悔，她极为气愤，日久生疾，竟得了气鼓病，不久就死了。多尔衮办完了丧事，竟明目张胆地娶了豪格的福晋，做起正式夫人来了。

庄妃知道，如果任其发展下去，自己同多尔衮的关系可难得保住，于是当机立断，派小太监把多尔衮请来，与他密谈了半日。回去以后，多尔衮忙找范文程等极为老成持重而又大有学问的老臣来商量，他们耳语了半天，只见多尔衮面上有红羞之色，范文程则眉头皱了几皱，但最后还是范文程大有主意，向多尔衮献了一计，多尔衮大喜，忙拜托他们几个人办理。

范文程等人给顺治帝上了一道奏章，这恐怕是中国历史上最为奇怪的一道奏章了，其内容是要皇上嫁母的，大概内容如下：皇父（多尔衮）刚刚死了老婆，而皇太后又独居寡偶，秋宫寂寂。这不合我们皇上以孝治天下的办法。根据我们这些愚陋的臣下的见解，应该请皇父皇母，到一个宫室里居住，以尽皇上的孝敬之道。

这千古一绝的奏章一上，立即交由内阁讨论，大家都知道多尔衮势大，皇太后又同意，哪个还敢反对，于是大家都随声附和，连连说好。

朝廷内外忙了好多天，大婚之时，朝臣全往拜贺，十分热闹，倒像满清入关以来的第一大壮举。

庄妃与多尔衮结婚之后，倒也恩爱，但多尔衮还忘不了那位侄媳，不免偷寒送暖，经庄妃盘问，多尔衮据实相告。庄妃只得让多尔衮把豪格的福晋立为侧福晋。

后来多尔衮宠爱朝鲜的两位公主，经常出外打猎，让两位朝鲜公主陪伴，很长时间不回宫廷。侧福晋备受冷落，多有吵骂，多尔衮生就的喜新厌旧的脾气，对她不再理会。至于对待庄妃，多尔衮一则敷衍，一则命令宫中的太监使女紧密封锁消息，不让庄妃知道。

不久，多尔衮因纵欲过度，在喀喇城围猎时，得了喀血症，不治身亡。

多尔衮死后，平时怨恨他的大臣就趁机上书攻击多尔衮，起初庄妃还从中调护，后来大臣得知顺治帝隐恨多尔衮，便放胆揭发，把多尔衮宠爱两位朝鲜公主的事告知了庄妃。庄妃大怒，才知道多尔衮时常出猎，原是为此。于是发狠说："如此看来，他死得迟了。"

至此，许多大臣罗列了多尔衮的罪状：收受贿赂，逼死豪格，引诱侄媳，私制御服，私藏御用珠宝等。顺治下诏，诛除多尔衮的党羽，追夺多尔衮家属所得的封典。

一点心得

六根清净，不单是指耳不听恶声，也包括心不想恶事在内，眼、耳、鼻、舌、身、意六者都要不留任何印象才行。而物我两忘是使物我相对关系不复存在，这时绝对境界就自然可以出现。可见想要提高人生境界必须除去感官的诱惑，六根清净，四大皆空。按现代人的看法，绝对的境界即人的感官不可能一点不受外物的感染，但要提高自身的修养，加强意志锻炼，控制住自己的种种欲望，排除私心杂念，建立高尚的情操境界却是完全可能的。

根蒂在手　不受提掇

人生原是一傀儡，只要根蒂在手一线不乱，卷舒自由，行止在我，一毫不受他人提掇，便超出此场中矣！

人生本来就像一场木偶戏，只要你能把控制木偶活动的线掌握好，那你的一生就会进退自如去就随便，丝毫不受他人或外物的操纵，能做到这些你就可以超然置身于尘世之外。

贪图肉欲的人，总是心亏。一旦奸情败露，为人要挟，便只能身不由

第二章 修身养性的心得：
在一动一静当中体悟人生的真义

己了。一些人正是利用此节，抓住这些人的"小辫子"不放，迫使他们为自己干事。

一天下午，某派出所所长王长根正在办公室看报纸，一个人跌跌撞撞地跑了进来，"扑通"一声跪在他面前，哭道："王所长，你要为我做主呀……我叫陈大牛，是于洼村的。所长，我冤啊！"

陈大牛报案说，他被邻村田氏三兄弟骗去15 000元。田氏兄弟说好给他买一个漂亮的外地姑娘做老婆；但姑娘来了死活不肯跟他，他要田氏兄弟退钱，田氏兄弟竟一分钱也不退。

陈大牛既斗不过田氏兄弟，又不甘心人财两空，便来派出所告状。

王所长立即带领两名干警，把田氏三兄弟抓到派出所，连夜突审，田氏兄弟终于交待了先后拐卖29名妇女，获赃款10多万元的犯罪事实。

那一天，他正在办公室准备上报材料，他妻子的表侄赵安一跛一跛地走了进来。

赵安因小时候患小儿麻痹症留下后遗症，走路一跛一跛的。他脑子灵活，能说会道，很受父母宠爱。王长根的妻子刘美华，也喜欢这位很会说话的表侄。她曾四处张罗为赵安找对象，但赵安毕竟身有残疾，且品行不端，到了三十五六岁了，仍没姑娘愿意嫁给他。

赵安把王长根拉到里间，神秘兮兮地问："姑父，听说你破了个拐卖妇女的大案？"

王长根得意地点了点头。

"听说拐卖来的那个姑娘，长得蛮好看？"

王长根又点了点头。

"姑父，不瞒你说，我这些年也多少赚了几个钱，可就是娶不到老婆。姑父，帮个忙吧。我给你15 000元，你把那姑娘处理给我吧！"

"这怎么行？凡被拐卖的妇女，都要送回原籍。这是规定。"

正在这时，刘美华推门走了进来，笑道："哟，两个大男人，关起门来商量什么机密事呀？"

赵安见来了救星，就把刚才的话对刘美华说了。

刘美华笑道："这是大好事呀，你这当所长的就高抬贵手成全赵安嘛。"

"这……"王长根在妻子面前变得笨嘴拙舌。

刘美华看到了丈夫的为难之色，也看到了赵安的满眼渴望。她接着说："赵安这孩子好可怜哟，从小落下这么个残疾，三十好几了还要不上老婆，我们能看着他打一辈子光棍？"说着说着，她竟抹起泪来。

王长根说："你们难道不知道，这是犯法的？"

刘美华脸色一沉，厉声道："你真的不肯帮忙？好吧，你既然不仁，那就别怪我们姑侄不义！"

王长根顿时满头虚汗，瘫坐在椅子上。原来，他心中有病，不是一般的"妻管严"，而是有小辫子抓在老婆手里。

几年前他和县公安局长的妻子有过不正当关系，被刘美华发现了。从此，王长根在妻子面前再也抬不起头来。

王长根一听妻子说"你既然不仁，那就别怪我们姑侄不义"，哪还敢违抗妻子的意愿。他怕她翻脸，把他与局长夫人那见不得人的事捅到局长那里，他的乌纱帽不保。

就这样，王长根依老婆说的去成全赵安。他很快想出了一套连环计，并向赵安面授机宜。

第二天早晨8点，陈大牛来到派出所，"坦白"自己"诬告"田氏兄弟的事。他说，田氏借了他400元钱不肯还他，他便想出拐卖妇女的事来告他们。他一边抽自己的嘴巴，一边痛心疾首地说："王所长，我不是人，我不是人啊！"

于是，王长根把陈大牛狠狠教训了一顿，然后叫干警把案子撤了，又把田氏兄弟放了。

这天夜里，王长根一身警服，提着手铐走进了田氏兄弟家。

田氏兄弟清楚，他们之所以能无罪释放，全是因为王长根。田氏兄弟

第二章 修身养性的心得：
在一动一静当中体悟人生的真义

赶紧把王长根让进屋，齐刷刷地跪下道："王所长，是您救了我们，我们日后定要报您的大恩大德。"

王长根让他们起来，说："田家兄弟，不必客气，人活在世上，哪有不需要帮忙的呢？陈大牛之所以收回自己的举报，是他二叔怕把事情闹大了，才托公安局陈局长打电话来，叫我们尽量让你们和解。可陈大牛那15 000元，你们必须退给他。"

王长根收好钱，公事公办地说："听说你们的确弄了个女人来，搞得人心惶惶的，把她给我带来，我要把她带回所里，然后送回原籍。"

田老三转身进了里屋，把关了几天并由他老婆看守的余青姑娘带了出来。王长根"咔"的一声，给余青戴上了手铐。王长根威严地说："这女人勾引你们兄弟欺骗陈大牛一案，我们已经查清了，主要责任不在你们，你们已主动坦白交待，并退回了赃款，就不追究你们的刑事责任了。"又对余青说："你，跟我走。"说罢，他带着余青出了田家。

走到村口，余青跪下来，哀求道："王所长，我是田氏兄弟从贵州人贩子手里买来再转卖给陈大牛的。他们和陈大牛的纠纷，不关我的事。王所长，我想回家，你放了我吧。"

"放你？有那么容易吗？田氏兄弟已经交待了，是你利用色相勾引他们共同作案，骗取了陈大牛15 000元，如今赃证俱在，你抵赖得了吗？你等着坐牢吧。"

余青吓得手脚颤抖，抱住王长根的腿哭道："王所长，我是被骗的，是冤枉的，求求您，放了我吧。"

"你，说得轻巧，这是儿戏吗？"王所长斥责道。

这时，黑暗中走出一个人来。他接话道："王所长，你就放了她吧，人家还是孩子呢。怪可怜的。"说话的正是等候在此多时的赵安。

余青见有人为自己说情，心里有说不出的感激。

赵安继续说："人哪能不犯错误呢？犯了错误，改了就行。"

"不行不行，像这种坏女孩不好好管教，以后还会骗人的，还会有人

受她的害。"王长根与赵安演着双簧。

"我看这样吧，王所长，你就把她交给我，我保证管教好她，何必要让她坐牢，断送她的前程呢？"

王长根装模作样地想了一会，最后下决心似地说："好吧，就把她交给你，你可要好好管教，别让她跑了。余青，你愿意跟他去吗？他可是我们乡的大能人，昌达贸易公司的大经理哟！"

余青见有人搭救，不用去坐牢，自然高兴地答应说："愿意，愿意，只要放了我，叫我做什么都行。"

赵安把余青带回了家。一进门，他就反手把门关了，得意地笑道："从现在起，你就是我的老婆了。"

余青想不到自己才离狼窝，又入了虎口。

王长根自以为做得天衣无缝，但是，纸终究包不住火，余青寻机逃了出来，在市公安局报了案。法律始终是公正严明的，此案有关的犯罪人都受到了惩处。

这个世上，没有不透风的墙，要想人不知，除非己莫为，王长根先是奸情为蛮横的老婆所抓，后又被老婆胁迫，一步步走上犯罪道路。

一点心得

为什么人生是傀儡，因为你的把柄在人家手中，你有所求，人家有所给予，所以，你就往头上套了一个圈，让人家牵着走了，身不由己，生不如死。无欲无求，你就只有心地清正，光明磊落，这根蒂才是自己的，一线不乱，行正在我，即使面对神鬼有何惧怕的呢！

第二章 修身养性的心得：
在一动一静当中体悟人生的真义

茫茫世间　矛盾之密

淫奔之妇矫而为尼，热中之人激而入道，清净之门，常为淫邪之渊薮也如此。

不守节操的荡妇假托看破世情而削发为尼，热衷于名利的人因为意气用事而出家，本来清静的佛门道观，却往往成为藏污纳垢的地方。

武则天年方十四，便已艳名远播，被唐太宗召入宫中，不久封为才人，又因性情柔媚无比，被唐太宗昵称为"媚娘"。当时宫中观测天象的大臣纷纷警告唐太宗，说唐皇朝将遭"女祸"之乱，某女人将代李姓为唐朝皇帝。种种迹象表明此女人多半姓武，而且已入宫中。唐太宗为子孙后代着想，把姓武之人逐一检点，做了可靠的安置，但对于武媚娘，由于爱之刻骨，始终不忍加以处置。

唐太宗受方士蒙蔽，大服丹丸，虽一时精神陡长，纵欲尽兴，但过不多久，便身形槁枯，行将就木了。武则天此时风华正茂，一旦太宗离世，便要老死深宫，所以她时时留心择靠新枝的机会。太子李治见武则天貌若天仙，仰羡异常。两人一拍即合，山盟海誓，只等唐太宗撒手，便可仿效比翼鸳鸯了。

当唐太宗自知将死时，还想着如何确保李家江山的长久万代，要让颇有嫌疑的武则天跟随自己一同去见阎罗王。临死之前，他当着太子李治的面问武媚娘："朕这次患病，一直医治无效，病情日日加重，眼看得是起不来了。你在朕身边已有不少时日，朕实在不忍心撇你而去。你不妨自己想一想，朕死之后，你该如何自处呢。"

武媚娘哪还听不出自己身临绝境的危险。怎么办？武媚娘知道，此时

只要能保住性命,就有机会将来夺权。然而要保住性命,又谈何容易,惟有丢弃一切的一切,方有一线希望。于是她赶紧跪下说:"委蒙圣上隆恩,本该以一死来报答。但圣躬未必即此一病不愈,所以妾才迟迟不敢就死。妾只愿现在就削发出家,长斋拜佛,到尼姑庵去日日拜祝圣上长寿,聊以报效圣上的恩宠。"

唐太宗一听,连声说"好",并命她即日出宫,"省得朕为你劳心了"。原来唐太宗要处死武媚娘,但心里多少有点不忍。现在武媚娘既然敢于抛却一切,脱离红尘,去当尼姑,那么对于子孙皇位而言,活着的武媚娘等于死了的武媚娘,不可能有什么危害了。

武媚娘拜谢而去。一旁的太子李治却如遭晴空霹雳,动也动不了。唐太宗却在自言自语:"天下没有尼姑要做皇帝的,我死也可安心了。"

李治听得莫名其妙,也不去管他。借机溜出来,去了媚娘卧室。见媚娘正在检点什物,便对她呜咽道:"卿竟甘心撇下了我吗?"媚娘道:"主命难违,只好走了。""了"字未毕,泪已雨下,语不成声了。太子道:"你何必自己说愿意去当尼姑呢?"武媚娘镇定了一下情绪,把自己的计策告诉了李治:"我要不主动说出去当尼姑,只有死路一条。留得青山在,不怕没柴烧。只要殿下登基之后,不忘旧情,那么我总会有出头之日……"

太子李治解下一个九龙玉佩,送给媚娘作为信物。太子登基不久,武媚娘果真再次进宫。

一点心得

世事有很多看似矛盾其实却为必然的事。清修于山林而为隐士,本是高雅之士所为,却成了求功名者扬名的途径;佛门本是信徒清修的场所,偏偏有许多六根不净的人要托身其中。至于武则天出家为尼更是由于政治需要。这些人要的只是形式。以此论世事,很多人做事不唯实只求形式,不行善却得以善名行事骗人,给人们带来了更大的欺骗性。因此,人事纷陈,真假虚实相叠;天地辽阔,时时处处矛盾。

第二章 修身养性的心得：
在一动一静当中体悟人生的真义

色欲名利　修身所忌

色欲火炽，而一念及病时，便兴似寒灰；名利饴甘，而一想到死地，便味如嚼蜡。故人常忧死虑病。亦可消幻业而长道心。

色欲像烈火一样燃烧起来时，只要想一想生病的痛苦，烈火就会变得像一堆冷灰；功名利禄像蜂蜜一般甘美时，只要想一想死地的情景，名位财富就会像嚼蜡一般无味。所以一个人要经常思虑疾病和死亡，这样也可以消除些罪恶而增长一些进德修业之心。

公元189年，在镇压黄巾起义中卓有"战功"的董卓，率兵进入了洛阳，废掉汉少帝，立献帝，独揽朝中大权。

董卓看出丁原是他专权的障碍，遂起杀机，收买了丁原的部将吕布，将丁原杀死。

从此，董卓权倾朝野，为所欲为，司徒王允表面上效忠董卓，暗地里却对他恨之入骨，时刻想除掉他，于是王允授意貂禅对付董卓之计。

时过不久，董卓义子大将吕布在府中宴请宾客，王允借机派人参加，并送去许多珍贵之物。吕布不知为何居司徒高位的王允，要给自己一个小小的骑都尉送厚礼，于是决定亲去王府，一是探明究竟，一是作为回拜。

吕布到王府后，受到热情款待。王允笑着说："您是天下的英雄，我不过是略表敬意而已，区区薄礼，实在不值得将军挂在心上。"吕布本是见利忘义之人，王允也正是投其所好，才选择他作为除掉董卓的突破口。

听到王允的称赞，吕布心里十分舒畅，话语也多了。王允命貂禅前来献酒。经过刻意修饰的貂禅，容貌艳丽，楚楚动人，在侍女的搀扶下，由内室款款走出。吕布一见貂禅不由得两眼发直，心中暗自说："真想不到

天下竟有如此美女！"吕布看得愣住，直到王允和他说话，才发现自己失态，忙掩饰地问道："小姐是府中什么人？"王允漫不经意地回答说："是小女貂禅。"随后让貂禅为吕布敬酒。貂禅为吕布斟满了一杯酒，装出一副羞涩的样子，双手献给吕布。吕布连忙接过酒杯，偷看貂禅，正巧貂禅也在看他，二人的目光碰到一起。王允见状心中暗喜，对貂禅说："你陪将军多喝几杯，让将军尽兴，今后我们还要仰仗将军呢！"然后让貂禅坐在身边。

席间二人眉来眼去，有王允在旁又不便开口说话，吕布显得有些急躁。王允见时机已到，就借故离开。王允一走只剩吕布和貂禅二人，吕布心中高兴，对貂禅问长问短，貂禅都一一回答。这时王允回到席前，暗示貂禅回避，貂禅心领神会，起身告辞吕布走向内室。

吕布按捺不住地问王允说："小姐真是美丽无比，不知何人有此大福，能娶她做夫人？"王允说："小女还不曾许配，我想高攀将军，不知您意下如何？"说完观察吕布的反应。吕布一听大喜过望，急忙向王允参拜说："岳父大人在上，请受小婿一拜。"王允扶起吕布说："将军不必多礼，待选个良辰吉日，就将小女送过府去成亲。"吕布再次拜谢了王允，才满怀高兴地告辞。

第二天，散朝后王允、董卓走在一起，王允邀请董卓去府上喝酒做客，董卓很痛快地答应了。

酒兴越来越浓。王允举手向侍从示意，音乐声徐徐响起，伴随着乐曲走出一队歌女，个个长得国色天香，婀娜多姿，尤其是领队的那位，更是容颜照人，美若天仙，看得董卓欲仙欲醉，就问王允说："这位漂亮的歌女是谁啊？"王允说："是我新买来的歌女，名叫貂禅。"董卓笑道："不但人美，名字也悦耳。"一曲终了，王允叫众人退下，留住貂禅给董卓敬酒。貂禅手捧酒杯缓步上前为董卓敬酒，董卓满脸堆笑问道："今年多大了？"貂禅微笑不语。王允在旁说："今年已经16岁了，您若是喜欢，就带回府去伺候您吧。"

第二章 修身养性的心得：
在一动一静当中体悟人生的真义

吕布得知此事，怒气冲冲找到王允指责道："您既然已将貂禅许配于我，为何又送给董卓？"王允见状四周环顾，见没有人，就压低声音对吕布说："这里不便细说，请将军随我回府。"说完就同吕布一同回到王府。

吕布迫不及待地问道："有人亲眼看见貂禅在太师府中，这难道是假的不成？"王允见吕布怒火中烧，更不急于回答，给吕布让座后，又命人献茶，然后才一副无可奈何的架势说："前几天太师来我府中饮酒，席间说要见见我的女儿，我不好拒绝，就让小女出来给太师敬酒。谁知太师见后，就十分喜爱，说府中缺人侍候，暂时让她过去，待找到合适的人，再送她回来，太师的要求我怎能违抗呢？"

吕布见王允说的合情合理，无可指责，就向王允赔罪，然后离去。

吕布回府后，坐卧不安，夜不能寐，第二天一早就借故来到太师府打探消息。侍卫告诉吕布，太师新得美人，还未起床呢，吕布听后心如刀割，但又不敢过于放肆，急得在大厅中团团转。

过了些时候，董卓来到大厅问吕布是否有事，吕布谎称刚刚听到义父得了美人，特地前来贺喜。董卓听后，称赞吕布有孝心，并让貂禅出来相见。貂禅在吕布面前装出愁眉不展的样子，趁董卓不备时，用手指向自己的心口，然后又指吕布。吕布领会貂禅的示意，心中更加凄苦。董卓见已到上朝的时候，就和吕布一同而行。见过皇帝后，董卓留在朝中处理政务，吕布借机来到太师府找貂禅。

正在二人难舍难分之际，董卓突然从外面进来，见到他们情意绵绵的样子，气得大喝一声直奔过来。吕布见势不妙，扔下貂蝉向外逃走。

第二天，王允将吕布请到府中，吕布满脸愁容，心情沮丧，王允假装不知，问吕布因何事而闷闷不乐，吕布就将昨天在太师府中发生的一幕，详细地告诉了王允。

王允听后，故意气愤地说："想不到董卓已经荒淫霸道到如此地步，连自己儿子的妻子都要强娶，这不但使我无脸见人，还是将军的侮辱啊！"

王允的话音刚落，吕布就拍案而起，手握剑柄，满脸杀气，咬牙说

道："我一定杀了他，报夺妻之仇！"王允见吕布决心已下，又烧了一把火，说："将军如果杀了董卓不但报了仇，重要的是为国家除去一害，可以名留千古啊！"吕布伏地而拜，表示愿意听从王允调遣。

数日之后，董卓在去未央宫的路上死于非命。

一点心得

　　人在病中，会感到人生之虚幻与可悲，到了死地大概只剩求生一念了。所以人平时做事应朝事物的对立面想想，而不是随心所欲，任意胡为。人生在世，宜控制自己的欲望而修些德性，做事勿为欲望丧失本性，否则会自取灭亡。历史的教训是深刻的。声色不忍的害处很大，忍声色则要修其身，固其本；对于人生男女之大欲，要适可而止，不能过于贪求。

第三章
为人处世的心得：以方圆之道求生存

处世为人要讲究一个"度"，恰如其分是处世为人的最高境界。过刚易折，过柔则卑。要做到外圆内方，刚柔相济，进退自如，在纷繁复杂的人际关系中才能周旋有术，游刃有余。《菜根谭》为我们提供了安身立命的忠告，如行舟之桨、解牛之刀，指导我们早日走向成功与和谐，也提醒我们避祸消灾。

对待小人 难于不恶

待小人，不难于严，而难于不恶；待君子，不难于恭，而难于有礼。

对待心术不正的小人，要做到对他们严厉苛刻并不难，难的是不去憎恶他们；对待品德高尚的君子，要做到对他们恭敬并不难，难的是遵循适当的礼节。

杨炎与卢杞在唐德宗时一度同任宰相，卢杞的爷爷是唐玄宗时的宰相卢怀慎，以忠正廉洁而著称，从不以权谋私，清廉方正，是位颇受时人敬重的贤相。他的父亲卢奕也是一位忠烈之士。卢杞在平日里不注意衣着吃用，穿的很朴素，吃的也不讲究，人们都以为他有祖风，没有人知道卢杞是一个善于揣摩上意、很有心计、貌似忠厚、除了巧言善辩别无所长的小人。

与卢杞同为宰相的杨炎，是中国历史上著名的理财能手，他提出的"两税法"对缓解当时中央政府的财政危机立下了汗马功劳。后来的史学家评论他说："后来言财利者，皆莫能及之。"可见杨炎确实是个干练之才，受时人的尊重和推崇。此外，杨炎与卢杞在外表上也有很大不同，杨炎是个美髯公，仪表堂堂，卢杞脸上却有大片的蓝色痣斑，相貌奇丑，形象琐屑。

然而，博学多闻，精通时政，具有卓越政治才能的杨炎，虽然有宰相之能，性格却过于刚直。特别是对卢杞这样的小人，他压根儿就没放在眼里。两人同处一朝，共事一主，但杨炎几乎不与卢杞有丝毫往来。按当时制度，宰相们一同在政事堂办公，一同吃饭，杨炎因为不愿与卢杞同桌而食，便经常找个借口在别处单独吃饭，有人趁机对卢杞挑拨说："杨大人

第三章 为人处世的心得：以方圆之道求生存

看不起你，不愿跟你在一起吃饭。"

因相貌丑陋内心自卑的卢杞自然怀恨在心，便先找杨炎手下亲信官员的过错，并上奏皇帝。杨炎因而愤愤不平，专门找卢杞质问道："我的手下人有什么过错，自有我来处理，如果我不处理，可以一起商量，你为什么瞒着我暗中向皇上打小报告！"弄得卢杞很下不来台。于是，两个人的隔阂越来越深，常常是你提出一条什么建议，明明是对的我也要反对；你要推荐那个人，我就推荐另一些人，总是较着劲、对着干。

卢杞与杨炎结怨后，千方百计谋图报复。他深知自己不是进士出身，又面貌奇丑，才干更是无法与杨炎相比，但他极尽阿谀奉承之能，逐渐取得了唐德宗的信任。

不久，节度使梁崇义背叛朝廷，发动叛乱，德宗皇帝命淮西节度使李希烈前去讨伐，杨炎不同意重用李希烈，认为此人反复无常，对德宗说："李希烈这个人，杀害了对他十分信任的养父而夺其职位，为人凶狠无情，他没有功劳都傲视朝廷，不守法度，若是在平定梁崇义时立了功，以后就更不可控制了。"

然而，德宗已经下定了决心，对杨炎说："这件事你就不要管了！"谁知，刚直的杨炎并不把德宗的不快放在眼里，还是一再表示反对用李希烈，这使本来就对他有点不满的德宗更加生气。

不巧的是，诏命下达之后，赶上连日阴雨，李希烈进军迟缓，德宗又是个急性子，就找卢杞商量。卢杞看到这是扳倒杨炎的绝好时机，便对德宗皇帝说："李希烈之所以拖延徘徊，正是因为听说杨炎反对他的缘故，陛下何必为了保全杨炎的面子而影响平定叛军的大事呢？不如暂时免去杨炎宰相的职位，让李希烈放心。等到叛军平定以后，再重新起用，也没有什么大关系！"

这番话看上去完全是为朝廷考虑，也没有一句伤害杨炎的话。德宗皇帝果然信以为真，就听信了卢杞的话，免去了杨炎的宰相职务。就这样，

只方不圆的杨炎因为不愿与小人同桌就餐而莫名其妙地丢掉了相位。

从此卢杞独掌大权，杨炎可就在他的掌握之中了，他自然不会让杨炎东山再起的，便找茬儿整治杨炎。杨炎在长安曲江池边为祖先建了座祠庙，卢杞便诬奏说："那块地方有帝王之气，早在玄宗时代，宰相萧嵩就曾在那里建立过家庙，因为玄宗皇帝曾到此地巡游，看到此处王气很盛，就让萧嵩把家庙改建在别处了。如今杨炎又在此处建家庙，必定是怀有篡权夺位的谋反野心！近日长安城内到处传言：'因为此处有帝王之气，所以杨炎要据为己有，'这必定是有当帝王的野心。"

什么！杨炎有"谋反篡位"之心？岂能容之！于是，在卢杞的鼓动之下，勃然大怒的德宗皇帝，便以卢杞这番话为借口，将杨炎贬至崖州（今海南省境内）司马，随即下旨于途中将杨炎缢杀。

一点心得

君子不畏流言不畏攻讦，因为他问心无愧。小人看你揭露了他的真面目，为了自保，为了掩饰，他是会对你展开反击的。也许你不怕他们的反击，也许他们也奈何不了你，但你要知道，小人之所以为小人，是因为他们始终在暗处，用的始终是不法的手段，而且不会轻易罢手。别说你不怕他们对你的攻击，看看历史的血迹吧，有几个忠臣抵挡得过奸臣的陷害？

所以，还是不同小人一般见识为好，内方外圆地和他们保持距离，小人毕竟不是敌人，不必过于刚直，嫉恶如仇地和他们划清界线，他们也是需要自尊和面子的。

第三章 为人处世的心得：以方圆之道求生存

心事宜明　才华须韫

君子宅心似天青日白，不可使人不知；君子之才华玉韫珠藏，不可使人易知。

君子有高深修养，他的心地像青天白日一样光明，没有什么不可告人的事；君子的才华应像珍藏的珠宝一样，不应该轻易炫耀让别人知道。

三国时期的杨修，在曹营内任行军主簿，思维敏捷，甚有才名。有一次建造相府里的一所花园，才造好大门的构架，曹操前来察看之后，不置可否，一句话不说，只提笔在门上写了一个"活"字就走了，手下人都不解其意，杨修说："'门'内添'活'字，乃'阔'字也。丞相嫌园门阔耳。"于是再筑围墙，改造完毕又请曹操前往观看。曹操大喜，问是谁解此意，左右回答是杨修，曹操嘴上虽赞美几句，心里却很不舒服。又有一次，塞北送来一盒酥，曹操在盒子上写了"一盒酥"三字。正巧杨修进来，看了盒子上的字，竟不待曹操说话自取来汤匙与众人分而食之。曹操问是何故，杨修说："盒上明书一人一口酥，岂敢违丞相之命乎？"曹操听了，虽然面带笑容，可心里十分厌恶。

杨修这个人，最大的毛病就是不看场合，不分析别人的好恶，只管卖弄自己的小聪明。当然，如果事情仅仅到此为止的话，也还不会有太大的问题，谁想杨修后来竟然渐渐地搅和到曹操的家事里去，这就犯了曹操的大忌。

在封建时代，统治者为自己选择接班人是一件极为严肃的事情，每一个有希望接班的人，不管是兄弟还是叔侄，可说是个个都红了眼，所以这种斗争往往是最凶残、最激烈的。但是，杨修却偏偏在如此重大的问题上

不识时务，又犯了卖弄自己小聪明的老毛病。

　　曹操的长子曹丕、三子曹植，都是曹操准备选择做继承人的对象。曹植能诗赋，善应对，很得曹操欢心。曹操想立他为太子。曹丕知道后，就秘密地请歌长（官名）吴质到府中来商议对策，但害怕曹操知道，就把吴质藏在大竹片箱内抬进府来，对外只说抬的是绸缎布匹。这事被杨修察觉，他不加思考，就直接去向曹操报告，于是曹操派人到曹丕府前进行盘查。曹丕闻知后十分惊慌，赶紧派人报告吴质，并请他快想办法。吴质听后很冷静，让来人转告曹丕说："没关系，明天你只要用大竹片箱装上绸缎布匹抬进府里去就行了。"结果可想而知，曹操因此怀疑杨修想帮助曹植来陷害曹丕，十分气愤，就更加讨厌杨修了。

　　还有，曹操经常要试探曹丕和曹植的才干，每每拿军国大事来征询两人的意见，杨修就替曹植写了十多条答案，曹操一有问题，曹植就根据条文来回答，因为杨修是相府主簿，深知军国内情，曹植按他写的回答当然事事中的，曹操心中难免又产生怀疑。后来，曹丕买通曹植的亲信随从，把杨修写的答案呈送给曹操，曹操当时气得两眼冒火，愤愤地说："匹夫安敢欺我耶！"

　　又有一次，曹操让曹丕、曹植出邺城的城门，却又暗地里告诉门官不要放他们出去。曹丕第一个碰了钉子，只好乖乖回去，曹植闻知后，又向他的智囊杨修问计，杨修很干脆地告诉他："你是奉魏王之命出城的，谁敢拦阻，杀掉就行了。"曹植领计而去，果然杀了门官，走出城去，曹操知道以后，先是惊奇，后来得知事情真相，愈加气恼。

　　曹操性格多疑，深怕有人暗中谋害自己，谎称自己在梦中好杀人，告诫侍从在他睡着时切勿靠近他，并因此而故意杀死了一个替他拾被子的侍从。可是当埋葬这个侍者时，杨修喟然叹道："丞相非在梦中，君乃在梦中耳！"曹操听了之后，心里愈加厌恶杨修，于是开始找岔子要除掉这个不知趣的家伙了。

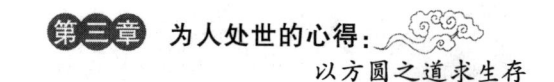

第三章 为人处世的心得：
以方圆之道求生存

不久，机会终于来了！建安24年（公元219年），刘备进军定军山，老将黄忠斩杀了曹操的亲信大将夏侯渊，曹操自率大军迎战刘备于汉中。谁知战事进展很不顺利，双方在汉水一带形成对峙状态，使曹操进退两难，要前进害怕刘备，要撤退又怕遭人耻笑。一天晚上，心情烦闷的曹操正在大帐内想心事，此时恰逢厨子端来一碗鸡汤，曹操见碗中有根鸡肋，心中感慨万千。这时夏侯惇入帐内禀请夜间号令，曹操随口说道："鸡肋！鸡肋！"于是人们便把这句话当作号令传了出去。行军主簿杨修即叫随军收拾行装，准备归程。夏侯惇见了便惊恐万分，把杨修叫到帐内询问详情。杨修解释道："鸡肋鸡肋，弃之可惜，食之无味。今进不能胜，退恐人笑，在此何益？来日魏王必班师矣。"夏侯惇听了非常佩服他说的话，营中各位将士便都打点起行装。曹操得知这种情况，差点气坏心肝肺，大怒道："匹夫怎敢造谣乱我军心！"于是，喝令刀斧手，将杨修推出斩首，并把首级挂在辕门之外，以为不听军令者戒。

一点心得

曹操的"鸡肋"、"一盒酥"及门中的"活"字等都是一种普通的智力测验，是一种文字游戏。他的出发点并不是真为了给大家出题测试，而是为了卖弄自己的超人才智，因此，他主观上并不希望有谁能够点破，只想等人来请教。在这种情况下，哪怕你猜着了，也只能含而不露，甚至还要以某种意义上的"愚笨"去衬托上司的"才智"。但是，杨修却毫不隐讳地屡屡点破了曹操的迷局。在待人处世中，下属千万不可以处处一味表现自己，放任自己，无视上司的自尊心和心理承受能力，锋芒毕露，咄咄逼人，必然会招来上司的忌恨，引火烧身。

污泥不染　知巧不用

势利纷华，不近者为洁。近之而不染者尤洁；智术机巧，知者为高，知之而不用者为尤高。

权利和财富使人眼花，不接近这些的人就清白，接近了而不受其污染那就更清白；权谋诡诈，不知道者算高明，知道了却不使用就更高明了。

屈原是战国时楚国文学家和政治家，忠君爱国，因遭小人的谗言陷害被无罪放逐。他忧心如焚，形容憔悴，徘徊于山泽之间。他抬头质问苍天，呼唤不绝。

有一个退隐江湖之人以打鱼为生，见而问之："您不是三闾大夫吗？何故至此？"屈原回答说："举世皆浊我独清，众人皆醉我独醒，因此被流放。"渔夫说："聪明人要顺应时势，而不固执己见。举世皆浊，你为什么不混淆是非，同流合污？众人皆醉，你为什么不喝他们喝剩下的酒渣，与其一样昏沉？为什么偏要怀瑾握瑜（瑾、瑜皆美玉，喻美德）？"屈原答道："我听说：新沐（洗发）者必掸掉帽子上的灰尘，新浴（洗身）者必抖掉衣服上的污垢，怎能以清白之身遭外物玷污？我宁愿跳到江流，葬身鱼腹，又怎可使高洁心志蒙受世俗尘埃？"渔夫只好微笑着摇头拍桨而去。屈原于是作《怀沙》之赋，抱着石头自投汨罗江而死。

屈原深知报国无门，才华被埋没，但他依然清高傲岸，操守如一，不近势利，不陷俗流，心怀高洁，不耽机巧，泽畔行吟，呵壁问天，把自己的人格尊严和满腔的才情发挥到极致。

第三章 为人处世的心得：以方圆之道求生存

一点心得

有的人遇到有利可图的事，就削尖脑袋往里钻，贪一点便宜；而在有钱有权有势的人周围，天天都有趋炎附势的人聚集一堂，由于都是怀着一个贪字有求而来，所以以利益为驱动的组合不可能有人间真情，出现"富居深山有远亲，贫在闹市无人问"的境况，这种世态炎凉是不足为奇的。为了保持人格的高尚不应为个人利益去争逐。还要看到，智术机巧是从智慧和才干中锻炼而来，假如为了自身利益就去施展权谋术数，反而不如那些不懂得智术机巧憨厚的人显得高尚。尤其是有机会把握权力，掌握金钱，却依然保持高洁，不因权力而贪污，不因金钱而堕落，是非常可贵的。即所谓"富贵不能淫"。权势名利是现实生活中必然遇到的，有人格、有原则的人才可能出污泥而不染；也正为了保持自己的人格，才耻于机巧权谋的运用，而视权势如浮云。

和气致祥　喜气多瑞

疾风怒雨，禽鸟戚戚；霁日光风，草木欣欣。可见一日无和气，人心不可一日无喜神。

在狂风暴雨中，飞禽会感到哀伤忧虑惶惶不安；晴空万里的日子，草木茂盛欣欣向荣。由此可见，天地之间不可以一天没有祥和之气，而人的心中则不可以一天没有喜悦的神思。

天底下有能耐的好人本来就不多，应该想着同心协力为社会多作贡献。不能因为各自的思想方法不同，性格上的差异，甚至微不足道的小过节而互相诋毁，互相仇视，互相看不起。古人说："二虎相争，必有一

伤。"这样做下去,其实谁都不好看。抬头不见低头见,得饶人处且饶人吧!

宋朝的王安石和司马光十分有缘,两人在公元 1019 年与 1021 年相继出生,年轻时,都曾在同一机构担任完全一样的职务。两人互相倾慕,司马光仰慕王安石绝世的文才,王安石尊重司马光谦虚的人品,在同僚们中间,他们俩的友谊简直成了某种典范。

做官好像就是与人的本性相违背,王安石和司马光的官愈做愈大,心胸却慢慢地变得狭窄起来。相互唱和、互相赞美的两位老朋友竟反目成仇。倒不是因为解不开的深仇大恨,人们简直不敢相信,他们是因为互不相让而结怨。两位智者名人,成了两只好斗的公鸡,雄赳赳地傲视对方。有一回,洛阳国色天香的牡丹花开,包拯邀集全体僚属饮酒赏花。席中包拯敬酒,官员们个个善饮,自然毫不推让,只有王安石和司马光酒量极差,待酒杯举到司马光面前时,司马光眉头一皱,仰着脖子把酒喝了,轮到王安石,王执意不喝,全场哗然,酒兴顿扫。司马光大有上当受骗,被人小看的感觉,于是喋喋不休地骂起王安石来。一个满脑子知识智慧的人,一旦动怒,开了骂戒,比一个泼妇更可怕。王安石以牙还牙,祖宗八代地痛骂司马光。自此两人结怨更深,王安石得了一个"拗相公"的称号,而司马光也没给人留下好印象,他忠厚宽容的形象大打折扣,以至于苏轼都骂他,给他取了个绰号叫"司马牛"。

到了晚年,王安石和司马光对他们早年的行为都有所后悔,大概是人到老年,与世无争,心境平和,世事洞明,可以消除一切拗性与牛脾气。王安石曾对侄子说,以前交的许多朋友,都得罪了,其实司马光这个人是个忠厚长者。司马光也称赞王安石,夸他文章好,品德高,功劳大于过错,仿佛是又有一种约定似的,两人在同一年的五个月之内相继归天,天国是美丽的,"拗相公"和"司马牛"尽可以在那里和和气气地做朋友,吟诗唱和了,什么政治斗争、利益冲突、性格相违,已经变得毫无意义了。

第三章 为人处世的心得：
以方圆之道求生存

一点心得

朋友之间相处，需要用"和气"来化解彼此之间的矛盾。人和人都是不同的，对于性格、见解、习惯等方面的相异，要以和为重，若"疾风暴雨、迅雷闪电"会影响朋友之间的关系，甚至导致友谊破裂，反目成仇；而若和气面对彼此的不同，进而欣赏对方的优点，则对方也会对你加以赞美。这样一来，你们的"祥"和"瑞"也就更多了。

心地放宽　恩泽流长

面前的田地要放得宽，使人无不平之叹；身后的惠泽要流得久，使人有不匮之思。

一个人待人处事的心胸要宽厚，使你身边的人不会有不平的牢骚；死后留给子孙与世人的恩泽要流得长远，才会使子孙有不断的思念。

东汉时，班超一行在西域联络了很多国家与汉朝和好，但龟兹恃强不从。

班超便去结交乌孙国。乌孙国王派使者到长安来访问，受到汉朝友好的接待。使者告别返回，汉帝派卫侯李邑携带不少礼品同行护送。

李邑等人经天山南麓来到于阗，传来龟兹攻打疏勒的消息。李邑害怕，不敢前进，于是上书朝廷，中伤班超只顾在外享福，拥妻抱子，不思中原，还说班超联络乌孙，牵制龟兹的计划根本行不通。

班超知道了李邑从中作梗，叹息说："我不是曾参，被人家说了坏话，恐怕难免见疑。"他便给朝廷上书申明情由。

汉章帝相信班超的忠诚，下诏责备李邑说："即使班超拥妻抱子，不

思中原，难道跟随他的一千多人都不想回家吗？"诏书命令李邑与班超会合，并受班超的节制。汉章帝又诏令班超收留李邑，与他共事。

李邑接到诏书，无可奈何地去疏勒见了班超。

班超不计前嫌，很好地接待李邑。他改派别人护送乌孙的使者回国，还劝乌孙王派王子去洛阳朝见汉帝。乌孙国王子启程时，班超打算派李邑陪同前往。

有人对班超说："过去李邑毁谤将军，破坏将军的名誉。这时正可以奉诏把他留下，另派别人执行护送任务，您怎么反倒放他回去呢？"

班超说："如果把李邑扣下的话，那就气量太小了。正因为他曾经说过我的坏话，所以让他回去。只要一心为朝廷出力，就不怕人说坏话。如果为了自己一时痛快，公报私仇，把他扣留，那就不是忠臣的行为。"

李邑知道后，对班超十分感激，从此再也不诽谤他人。

一点心得

人生在世究竟该怎样做人？从古至今是人们争论的一个话题。是"争一世而不争一时"，还是"争一时也要争千秋"，是只顾个人私利不管他人"瓦上霜"，还是为人类做有益的事，作些贡献？这实际上是两种世界观的较量。生活中，一个心胸狭窄的人，凡事都跟人斤斤计较，如此必然招致他人的不满。人在世时宽以待人，善以待人，多做好事，遗爱人间必为后人怀念，所谓"人死留名，虎死留皮"，爱心永在，善举永存。而恩泽要遗惠长远，则应该多做在人心和社会上长久留存的善举。只有为别人多想，心底无私，眼界才会广阔，胸怀才能宽厚。

第三章 为人处世的心得：
以方圆之道求生存

侠心交友　素心做人

交友须带三分侠气，做人要存一点素心。

交朋友要有几分侠肝义胆的气概，为人处世要保存一种赤子的情怀。

很久很久以前，有一个名叫柱子的年轻人触犯了国王。柱子被判绞刑，在某个法定的日子要被无辜处死。

柱子是个孝子，在临死之前，他希望能与远在百里之外的母亲见最后一面。国王感其诚孝，决定让柱子回家与母亲相见，但条件是必须找到一个人来替他坐牢。

这是一个看似简单其实近乎不可能实现的条件。有谁肯冒着被杀头的危险替别人坐牢，这岂不是自寻死路。但，茫茫人海，就有人不怕死，而且真的愿意替别人坐牢，他就是柱子的朋友阿蒙。

阿蒙住进牢房以后，柱子回家与母亲诀别。人们都静静地看着事态的发展。日子如水，柱子一去不回头。眼看刑期在即，柱子也没有回来的迹象。人们一时间议论纷纷，都说阿蒙上了柱子的当。

行刑日是个雨天，当阿蒙被押赴刑场之时，围观的人都在笑他的愚蠢，那真叫愚不可及，幸灾乐祸的人大有人在。但，刑车上的阿蒙，不但面无惧色，反而有一种慷慨赴死的豪情。追魂炮被点燃了，鬼头刀也已经挂压在阿蒙的脖子上。有胆小的人吓得紧闭了双眼，他们在内心深处为阿蒙深深地惋惜，并痛恨那个出卖朋友的小人柱子。

但是，就在这千钧一发之际，在淋漓的风雨中，柱子飞奔而来，他高喊着：我回来了！我回来了！

这真正是人世间最感人的一幕，大多数的人都以为自己在梦中，但事

实不容怀疑。这个消息宛如长了翅膀,很快便传到了国王的耳中。

国王亲自赶到刑场,他要亲眼看一看自己优秀的子民。最终,国王万分喜悦地为柱子松了绑,并亲口赦免了他的死刑。

一点心得

《菜根谭》所说"交友须带三分侠气,做人要存一点素心",其主旨在"忠肝义胆,正义无私"这八个字上。"侠"是中国传统文化的一个方面,实质上可以用"忠肝义胆走江湖"概括之,"侠"是尊崇坦荡无私、患难与共的精神的,就是要勇于奉献自己,为朋友共赴险难,共渡艰危。这里所谓的"素心"是朴实无华、纯净无私的境地。

让步为高 宽人是福

处世让一步为高,退步即进步的张本;待人宽一分是福,利人实利己的根基。

为人处世能够做到忍让是很高明的方法,因为退让一步往往是更好地进步的阶梯;对待他人宽容大度就是有福之人,因为在便利别人的同时也为方便自己奠定了基础。

齐国相国田婴门下,有个食客叫齐貌辩,他生活不拘细节,我行我素,常常犯些小毛病。门客中有个士尉劝田婴不要与这样的人打交道,田婴不听,那士尉便辞别田婴另投他处了。为这事门客们愤愤不平,田婴却不以为然。田婴的儿子孟尝君便私下里劝父亲说:"齐貌辩实在讨厌,你不赶他走,倒让士尉走了,大家对此都议论纷纷。"

田婴一听,大发雷霆,吼道:"我看我们家里没有谁比得上齐貌辩。"

第三章 为人处世的心得：
以方圆之道求生存

这一吼，吓得孟尝君和门客们再也不敢吱声了。而田婴对他却更客气了，住处吃用都是上等的，并派长子伺奉他，给他以特别的款待。

过了几年，齐威王去世了，齐宣王继位。宣王喜欢事必躬亲，觉得田婴管得太多，权势太重，怕他对自己的王位有威胁，因而不喜欢他。田婴被迫离开国都，回到了自己的封地薛（今山东省藤县南）。其他的门客见田婴没有了权势，都离开他，各自寻找自己的新主人去了，只有齐貌辩跟他一起回到了薛地。回来后没过多久，齐貌辩便要到国都去拜见宣王。田婴劝阻他说："现在宣王很不喜欢我，你这一去，不是去找死吗？"

齐貌辩说："我本来就没想要活着回来，您就让我去吧！"

田婴无可奈何，只好由他去了。

宣王听说齐貌辩要见他，憋了一肚子怒气等着他。一见齐貌辩就说："你不就是田婴很信从、很喜欢的齐貌辩吗？"

"我是齐貌辩。"齐貌辩回答说，"靖郭君（田婴）喜欢我倒是真的，说他信从我的话，可没这回事。当大王您还是太子的时候，我曾劝过靖郭君，说：'太子的长相不好，脸颊那么长，眼睛又没有神采，不是什么尊贵高雅的面目。像这种脸相的人是不讲情义，不讲道理的，不如废掉太子，另外立卫姬的儿子郊师为太子。'可靖郭君听了，哭哭啼啼地说：'这不行，我不忍心这么做。'如果他当时听了我的话，就不会像今天这样被赶出国都了。"

"还有，靖郭君回到薛地以后，楚国的相国昭阳要求用大几倍的地盘来换薛这块地方。我劝靖郭君答应，而他却说：'我接受了先王的封地，虽然现在大王对我不好，可我这样做对不起先王呀！更何况，先王的宗庙就在薛地，我怎能为了多得些地方而把先王的宗庙给楚国呢？'他终于不肯听从我的劝告而拒绝了昭阳，至今守着那一小块地方。就凭这些，大王您看靖郭君是不是信从我呢？"

宣王听了这番话，很受感动，叹了口气说："靖郭君待我如此忠诚，

我年轻,丝毫不了解这些情况。你愿意替我去把他请来吗?我马上任命田婴为相国。"

田婴待人宽和,终因此而复相位。

一点心得

为人处世,忍让为本。但律己宽人同样是种福修德的好根由。为人在世,谁也保证不了不犯错误,谁也难免得罪人,但能得到人家的宽容,你自然会感激无尽。当然,人家也会冲撞于你,冒犯于你,若你能宽容待之,人家就会认为你坦诚无私,胸襟广阔,人格高尚,于是你的身边会挚友云集,为你赴汤蹈火。

责毋太严 教毋过高

攻人之恶,毋太严,要思其堪受;教人以善,毋过高,当使其可从。

批评别人的过错不要太严厉,要顾及到别人是否能够承受;教人家做善事,也不要要求过高,要考虑对方是否能够做到,不要使其感到太困难。

汉武帝的大将军卫青出兵定襄,部将苏健、赵信两军共三千多骑兵,单独与匈奴单于的部队遭遇,激战一日,几乎全军覆灭。赵信投降了单于,苏健只身回到卫青军中。卫青帐下的议郎周霸说:"自从大将军出兵以来,还未曾斩过部将,今天苏健丢了部队一个人逃回,应该将他斩首,以显示将军的威严。"军中有个叫安的长史说:"不能这样做!苏健以几千兵力抵抗数万敌军,奋力苦战一天,士卒都不敢有二心,全军战死。现在他自己死里逃生,反而被斩,这是告诉后来的人,谁要是战败了,就不要

第三章 为人处世的心得：以方圆之道求生存

再回来，不如投降的好。所以不能斩他。"卫青说："我卫青将真心诚意对待他，让他待罪留在军中，我不怕会因此没有威望。周霸劝我以斩部将的行为来显示威严，太不符合我的意愿。再说，虽然大将军出使在外可以斩部将，但以我的尊严和宠幸，也不敢在京城之外，擅自诛杀部将。将他送到皇上那里去吧，让皇上亲自裁决这件事。以此形成做大臣的不敢专权独断的风气，不也很好吗？"于是将苏健囚禁起来送到皇上那里，汉武帝果然赦免了他的罪，没有诛杀他。

一点心得

在处理人际关系中应当有些儒家思想。儒家在人际关系上最讲究"恕"的观念，"恕"就是宽恕、原谅。在现实中，有的人责备别人的过失惟恐不全，抓住别人的缺点，便当把柄，处理起来不讲方法不讲效果而图一时之快。不考虑实际效果，这是责人时所不足取的。

知退一步　须让三分

人情反复，世路崎岖。行不去处，须知退一步之法；行得去处，务加让三分之功。

人间世情变化不定，人生之路曲折艰难，充满坎坷。在人生之路走不通的地方，要知道退让一步、让人先行的道理；在走得过去的地方，也一定要给予人家三分的便利，这样才能逢凶化吉，一帆风顺。

明朝年间，有一位姓尤的老翁开了个当铺，有好多年了，生意一直不错，某年年关将近，有一天尤翁忽然听见铺堂上人声嘈杂，走出来一看，原来是站柜台的伙计同一个邻居吵了起来。伙计连忙上前对尤翁说："这

人前些时典当了些东西,今天空手来取典当之物,不给就破口大骂,一点道理都不讲。"那人见了尤翁,仍然骂骂咧咧,不认情面。尤翁却笑脸相迎,好言好语地对他说:"我晓得你的意思,不过是为了度过年关。街坊邻居,区区小事,还用得着争吵吗?"于是叫伙计找出他典当的东西,共有四五件。尤翁指着棉袄说:"这是过冬不可少的衣服。"又指着长袍说:"这件给你拜年用。其他东西现在不急用,不如暂放这里,棉袄、长袍先拿回去穿吧!"

那人拿了两件衣服,一声不响地走了。当天夜里,他竟突然死在另一人家里。为此,死者的亲属同那人打了一年多官司,害得别人花了不少冤枉钱。

这个邻人欠了人家很多债,无法偿还,走投无路,事先已经服毒,知道尤家殷实,想用死来敲诈一笔钱财,结果只得了两件衣服。他只好到另一家去扯皮,那家人不肯相让,结果就死在那里了。

后来有人问尤翁说:"你怎么能有先见之明,容忍这种人呢?"尤翁回答说:"凡是横蛮无理来挑衅的人,他一定是有所恃而来的。如果在小事上不稍加退让,那么灾祸就可能接踵而至。"人们听了这一席话,无不佩服尤翁的见识。

一点心得

中国有句格言:"忍一时风平浪静,退一步海阔天空。"不少人将它抄下来贴在墙上,奉为处世的座右铭。这句话与当今商品经济下的竞争观念似乎不大合拍,事实上,"争"与"让"并非总是不相容,反倒经常互补。在生意场上也好,在外交场合也好,在个人之间、集团之间,也不是一个劲"争"到底,退让、妥协、牺牲有时也很有必要。而为个人修养和处世之道,让则不仅是一种美好的德性,而且也是一种宝贵的智慧。

第三章 为人处世的心得：
以方圆之道求生存

高步立身　退而处世

立身不高一步立，如尘里振衣，泥中濯足，如何超达？处世不退一步处，如飞蛾投烛，羝羊触藩，如何安乐？

立身如果不能站在更高的境界，就如同在灰尘中抖衣服，在泥水中洗脚一样，怎么能够做到超凡脱俗呢？为人处世如果不退一步着想，就像飞蛾投入烛火中，公羊用角去抵藩篱一样，怎么会有安乐的生活呢？

卓茂是西汉时宛县人，他的祖父和父亲都当过郡守一级的地方官，自幼他就生活在书香门第中。汉元帝时，卓茂来到首都长安求学，拜在朝廷任博士的江生为师。在老师指点下，他熟读《诗经》、《礼记》和各种历法、数学著作，对人文、地理、天文、历算都很精通。此后，他又对老师江生的思想细加揣摩，在微言大义上下苦功，终于成为一位儒雅的学者。在他所熟悉的师友学弟中，他的性情仁厚是出了名的。他对师长，礼让恭谦；对同乡同窗好友，不论其品行能力如何，都能和睦相处，敬待如宾。

卓茂的学识和人品备受称赞，丞相府得知后，特来征召，让他侍奉身居高位的孔光，可见其影响之大。

有一次卓茂赶马出门，迎面走来一人，那人指着卓茂的马说，这就是他丢失的。卓茂问道："你的马是何时丢失的？"那人答道："有一个多月了。"卓茂心想，这马跟着我已好几年了，那人一定搞错。尽管如此，卓茂还是笑着解开缰绳把马给了那人，自己拉着车走了。走了几步，又回头对那人说："如果这不是你的马，希望到丞相府把马还给我。"

过了几天，那人从别的地方找到了他丢失的马，便到丞相府，把卓茂的马还给他，并叩头道歉。

一点心得

一个人要做到像卓茂那样，的确是不容易的。这种胸怀，不是一时一事所能造就的，它是在长期的熏陶、磨练中逐渐形成的。俗话说，退一步不为低。能够退得起的人，才能做到不计个人得失，才能站在更高的境界，才能与人和睦相处。

宽严互用　恩威并施

处治世宜方，处乱世当圆，处叔季之世当方圆并用；待善人宜宽，待恶人当严，待庸众之人当宽严互存。

生活在太平盛世，为人处世应当严正刚直；生活在动荡不安的时代，为人处世应当圆滑老练；生活在衰乱将亡的时代，为人处世就要方圆并用。对待心地善良的人，应当更多一些宽容；对待凶恶的人，应当更加严厉；对待那些庸碌平凡的众生，则应当根据具体情况，宽容和严厉互用，恩威并施。

汉代的朱博是一介武生，他后来调任地方文官，利用恩威并施的手段，顺利地制服了地方上的恶势力，被人们传为美谈。

在长陵一带，有个大户人家出身的名叫尚方禁的人，年轻时曾强奸邻居人家的妻子，被人用刀砍伤了面颊。如此恶棍，本应重重惩治，只因他大大地贿赂了官府的功曹，而没有被革职查办，最后还被调升为负责治安的守尉。

朱博上任后，有人向他告发了此事。朱博觉得真是岂有此理！就马上把尚方禁找来。尚方禁心中七上八下，只好硬着头皮来见朱博。朱博仔细

第三章 为人处世的心得：以方圆之道求生存

看了看尚方禁的脸，果然发现有疤痕。就将左右退开，假装十分关心地询问究竟。

尚方禁作贼心虚，知道朱博已经了解了他的情况，就像小鸡啄米似的接连给朱博叩头，如实地讲了事情的经过。头也不敢抬，只是一个劲地哀求道："请大人恕罪，小人今后再也不干那种伤天害理的事了。"

"哈哈哈……"没想到朱博突然大笑道："男子汉大丈夫，难免会发生这种事情的。本官想为你雪耻，给你个立功的机会，你能好好干吗？"这时的尚方禁哪里还敢说半个不字。

于是，朱博就命令尚方禁不得向任何人泄露今天的谈话情况，要他有机会就记录一些其他官员的言论，并且及时向朱博报告。听到这里，尚方禁心里的石头才算落了地，他赶紧表态说一定好好干。从此之后，尚方禁便成了朱博的亲信和耳目。

自从被朱博宽释重用之后，尚方禁对朱博的大恩大德时刻铭记在心，所以，干起事来就特别地卖命。不久，就破获了许多盗窃、杀人、强奸等犯罪案件，使地方治安情况大为改观。朱博遂提升他为连守县县令。

又过了相当一段时期，朱博突然召见那个当年受了尚方禁贿赂的功曹，对他单独进行了严厉训斥，并拿出纸和笔，要那位功曹把自己受贿一个钱以上的事通通写下来，不能有丝毫隐瞒。

那位功曹早已吓得筛糠一般，只好提起笔，写下自己的斑斑劣迹。由于朱博早已从尚方禁那里知道了这位功曹贪污受贿，为奸为贼的事，所以，看了功曹写的交待材料，觉得大致不差，就对他说："你先回去好好反省反省，听候本官裁决。从今以后，一定要改过自新，不许再胡作非为！"说完就拔出刀来。

那功曹一见朱博拔刀，立时吓得两腿发软跪在地下，嘴里不住地喊："大人饶命！大人饶命！"只见朱博将刀晃了一下，一把抓起那位功曹写下的罪状材料，三两下，就将其撕成纸屑，扔到纸篓里去了。自此以后，那

位功曹整天如履薄冰、战战兢兢，做起事来尽心尽责，不敢有丝毫懈怠。

一点心得

无规矩不成方圆，为人处世，当宽则宽，当严则严，这才合乎做人的本性。同样，对于一个将军来说，"哀兵必胜"和"慈不掌兵"同样重要。在工作时是上下级领导关系，在平时则是同志战友关系。"团结紧张，严肃活泼"，强调了军队恩威并施、宽严并用的统领之道。

施之不求　求之无功

施恩者，内不见己，外不见人，则斗粟可当万钟之惠；利物者，计己之施，贵人之报，虽百镒难成一文之功。

一个布施恩惠于人的人，不应总将此事记挂在内心，也不应对外宣扬，那么即使是一斗粟的恩惠也可以得到万斗的回报；以财物帮助别人的人，总在计较对他人的施舍，而要求别人予以报答，那么即使是付出万两黄金，也难有一文钱的功德。

隋朝李士谦把几千石粮食借给了同乡的人。刚巧这年粮食没有丰收，借粮的人家无法偿还。李士谦把所有的借粮人请来，摆下酒食招待他们，并当着他们的面把债券都烧了，说："债务了结了。"第二年粮食大丰收，借了粮食的人都争着来还债，李士谦一概拒绝不受。有人对他说："你积了很多阴德。"李士谦说："做了人们不知道的好事才叫阴德。而我现在的行为，都是你知道的。怎么算阴德呢？"

焚券了债，在历史上亦有所闻，战国时齐国的冯谖为孟尝君"市义"，笼络了人心，使孟尝君的根基稳固，大业遂成。

第三章 为人处世的心得：以方圆之道求生存

李士谦没有乘人之危，逼债逞狂，而是慈怜为本，以爱心示人，一焚券了债，二拒人还债，有恩于人不居恩自擂，确能得到人们的爱戴，他死后百姓恸哭不已就是明证。拔一毛而利天下可为，自产利他人亦可为，施者不寄望于厚报，然公道自在人心，他会得到无价的回报的。

一点心得

人应有助人为乐的精神，助人并以之为乐就上升为一种高尚的道德情操。施恩惠于人而不求回报，"为善不欲人知"，是一种发自内心的真诚。所谓"有心为善虽善不赏，无心为恶虽恶不罚"，假如抱着沽名钓誉的心态来行善，即使已经行了善也不会得到任何回报，出于至诚的同情心付出的可能不多，受者却足可感到人间真情。所以，施之无所求，有所求反而会没有功效。

福不强求　去怨避祸

福不可徼，养喜神，以为召福之本而已；祸不可避，去杀机，以为远祸之方而已。

福分不可强求，只有保持愉快的心境，才是追求人生幸福的根本态度；祸患不可逃避，只有排除怨恨的心绪，才是作为远离祸患的办法。

范雎，战国时期政治舞台上一位十分著名的政治家、外交家。

他原是魏国人，早年有意效力于魏王，由于出身贫贱，无缘直达魏王，便投靠在中大夫须贾的门下。

有一年，他随须贾出使齐国，齐襄王知范雎之贤，馈以重金及牛酒等物，范雎辞谢没有接受。须贾得知此事后，以为范雎一定向齐国泄露了魏

国的秘密，非常生气，回国以后，便将此事报告了魏的相国魏齐。魏齐不问青红皂白，令人将范雎一阵毒打，直打得范雎肋断骨折，范雎装死，被用破席卷裹，丢弃在茅厕中。须贾目睹了这一幕，却不置一词，还随同那些醉酒的宾客一起至茅厕中，往范雎的身上撒尿。

范雎待众人走后，从破席中伸出头对看守茅厕的人说："公公若能将我救出，我以后定当重谢公公。"守厕人便去请求魏齐允许将厕中的尸体运出。喝得醉熏熏的魏齐答应了。范雎算是逃出了条活命。

范雎历经千辛万苦，来到了秦国都城咸阳，并改名换姓为张禄。此时的秦国正是秦昭王当政，而实际上控制大权的，却是秦昭王之母宣太后以及宣太后之弟穰侯、华阳君和她的另外两个儿子泾阳君、高陵君。这些人以权谋私，内政外交政策多有失误，秦昭王完全被蒙在鼓里，形同傀儡。

但范雎看出，在当时列国纷争的大舞台上，秦国是最具实力的国家，秦昭王也不是一个无所作为的国君，他更相信，在这里，他的抱负一定能够得以施展，于是，他几经周折，终于见到了秦昭王。他以其出色的辩才、超人的谋略向昭王指出秦国内政外交政策的失误及秦昭王的处境，并提出了自己的政治见解。

秦昭王悚然而惊，立即采取果断措施，废太后，驱逐穰侯、高陵、华阳、泾阳四人于关外，将大权收归己有，并拜范雎为相。

范雎所提出的外交政策，便是闻名于后世的"远交近攻"，而他所要进攻的第一个目标，便是他的故国魏国。

秦军兵临城下，魏国大恐，派出了使臣来向秦求和，这个使臣，便是范雎原来的主人须贾。不过，须贾只知道秦的相国叫张禄，而不知就是范雎，他还以为范雎早已死了哩。

范雎得知须贾到来，便换了一身破旧衣服，也不带随从，独自一人来到须贾的住处。须贾一见大惊，问道："范叔别来还好吗？"范雎道："勉强活着吧！"须贾又问："范叔想游说于秦国吗？"范雎道："没有。我自

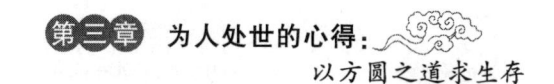

第三章 为人处世的心得：以方圆之道求生存

得罪魏的相国以后，逃亡至此，哪里还敢游说。"须贾问："你现在干什么呢？"范睢道："给别人帮工。"须贾不由起了一丝怜悯之情，便留下范睢吃饭，说道："没想到范叔贫寒至此！"同时送给他一件丝袍。

席间，须贾问："秦的相国张君，你认识吗？我听说如今天下之事，皆取决于这位张相国，我此行的成败也取决于他，你有什么朋友与这位相国认识吗？"范睢道："我的主人同他很熟，我倒也见过他，我可以设法让你见到相国。"须贾说："我的马病了，车轴也断了，没有大车驷马，我可是不能出门。"范睢说："我可以向我家主人借一辆车。"

第二天，范睢赶来一辆驷马大车，并亲自当驭手，将须贾送往相国府。进入相府时，所有的人都避开，须贾觉得十分奇怪。到了相府大堂前，范睢说："你等一下，我先进去替你通报一声。"

须贾在门外等了好久，也不见有人出来，便问守门人道："这位范先生怎么这么半天也不出来？"守门人说："没有什么范先生。"须贾说："就是刚才拉我进来的那个人呀！"守门人答道："那是张相国。"

须贾大惊失色，明白自己上当了，于是脱衣袒背，一副罪人的打扮，请守门人带他进去请罪。范睢雄踞堂上，身旁侍从如云。须贾膝行至范睢座前，叩头道："小人没能料到大人能致身于如此的高位，小人从此再也不敢称自己是读书有识之士，再也不敢与闻天下之事。小人有必死之罪，请将我放逐到荒远之地，是死是活都由大人安排！"范睢问："你有几罪？"须贾说："小人之罪多于小人之发。"范睢道："你有三大罪：我生于魏，长于魏，至今祖先坟茔还在魏，我心向魏国，而你却诬我心向齐国，并诬告于魏齐，这是你的第一大罪。当魏齐在厕中羞辱我时，你不加阻止，这是你的第二大罪。不只如此，你还乘醉向我身上撒尿，这是你的第三大罪。我今天之所以不处死你，是因为你昨天送了我一件丝袍，看来你还没忘旧情。我可以放你回去，不过你替我转告魏王，赶快将魏齐的脑袋送来！要不然，我就要发兵血洗魏都大梁城！"

此时的秦国，威行天下，无人敢与争锋；此时的范雎，位高权重，言出令随。魏齐吓得仓惶出逃至他国，可赵、楚等国，畏于秦国的兵威，谁也不敢收留他，魏齐终于被迫自杀。

魏齐死后，范雎也不再追究须贾的责任，时任秦国相国的范雎和须贾淡然处之。

一点心得

人生在世，应该多交朋友少树敌。常言道："冤家宜解不宜结。"多个朋友就多一条路，少了一个仇人便少了一堵墙。得罪一个人，就为自己堵住了条去路，而得罪了一个小人，可能就为自己埋下了颗不定时的炸弹。尤其是在权力场中，最忌四面树敌，无端惹是生非。纵是仇家，为避祸计，也该主动认错示好，免其陷害。要知时势有变化，宦海有沉浮，少一个对头，便多一分平安。

不怕小人　怕伪君子

君子而诈善，无异小人之肆恶；君子而改节，不及小人之自新。

那些道貌岸然的君子如果以欺诈行为博取善名，那么他们的行为与邪恶的小人作恶多端没有什么两样，一个正人君子如果放弃自己的志节落入浊流，那还不如一个改过自新的小人。

王安石在变法的过程中，视吕惠卿为自己最得力的助手和最知心的朋友，一再向神宗皇帝推荐，并予以重用，朝中之事，无论巨细，全都与吕惠卿商量之后才实施，所有变法的具体内容，都是根据王安石的想法，由吕惠卿事先书写成文及实施细则，再交付朝廷颁发推行。

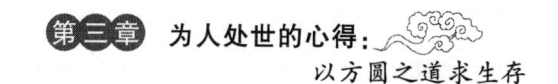

第三章 为人处世的心得：以方圆之道求生存

当时，变法所遇到的阻力极大，尽管有神宗的支持，但能否成功仍是未知数，在这种情况下，王安石认为，变法的成败关系到两人的身家性命，并一厢情愿地把吕惠卿当成了自己推行变法的主要助手，是可以同甘苦共患难的"同志"。然而，吕惠卿千方百计讨好王安石，并且积极地投身于变法，却有自己的小九九，他不过是想通过变法来为自己捞取个人的好处罢了。对于这一点，当时一些有眼光、有远见的大臣早已洞若观火。司马光曾当面对宋神宗说："吕惠卿可算不了什么人才，将来使王安石遭到天下人反对的，一定都是吕惠卿干的！"又说："王安石的确是一名贤相，但他不应该信任吕惠卿。吕惠卿是一个地道的奸邪之辈，他给王安石出谋划策，王安石出面去执行，这样一来，天下之人将王安石和他都看成奸邪了。"后来，司马光被吕惠卿排挤出朝廷，临离京前，一连数次给王安石写信，提醒说："吕惠卿之类的谄谀小人，现在都依附于你，想借变法为名，作为自己向上爬的资本，在你当政之时，他们对你自然百依百顺。一旦你失势，他们必然又会以出卖你而作为新的进身之阶。"

吕惠卿的伪君子手段果然是大见其效，王安石对这些话半点也听不进去，他已完全把吕惠卿当成了同舟共济、志同道合的变法同伴，甚至在吕惠卿暗中捣鬼使他被迫辞去宰相职务时，王安石仍然觉得吕惠卿对自己如同儿子对父亲一般地忠顺，真正能够坚持变法不动摇的，莫过于吕惠卿，便大力推荐吕惠卿担任副宰相职务。

王安石一失势，吕惠卿的小人嘴脸马上浮上台面。不仅立刻背叛了王安石，而且为了取王安石的宰相之位而代之，担心王安石还会重新还朝执政，便立即对王安石进行打击陷害，先是将王安石的两个弟弟贬至偏远的外郡，然后便将攻击的矛头直接指向了王安石。

吕惠卿真是一个伪君子，当年王安石视他为左膀右臂时，对他无话不谈，一次在讨论一件政事时，因还没有最后拿定主意，便写信嘱咐吕惠卿："这件事先不要让皇上知道。"就在当年"同舟"之时，吕惠卿便有

预谋地将这封信留了下来。此时，便以此为把柄，将信交给了皇帝，告王安石一个欺君之罪，他要借皇上的刀，为自己除掉心腹大患。在封建时代，欺君可是一个天大的罪名，轻则贬官削职，重则坐牢杀头。吕惠卿就是希望彻底断送王安石。虽然说最后因宋神宗对王安石还顾念旧情，而没有追究他的"欺君"之罪，但毕竟已被吕惠卿的"软刀子"刺得伤痕累累。

为人处世中，不乏这样的人，当你得势时，他恭维你、追随你，仿佛愿意为你赴汤蹈火；但同时也在暗中窥伺你、算计你，搜寻和积累着你的失言、失行，作为有朝一日打击你、陷害你并取而代之的秘密武器。公开的、明显的对手，你可以防备他，像这种以心腹、密友的面目出现的伪君子，实在令人防不胜防。

一点心得

俗话说，明枪易躲，暗箭难防。但生活中的暗箭却是防不胜防。许多道貌岸然的人貌似忠厚的君子，其实肚子里净是阴谋诡计男盗女娼。像这种伪君子理应受到社会唾弃。但在现实生活中，这些披着道德外衣的人往往还能得逞于一时，欺世盗名。由于披上了一层伪装，识别起来更难。

春风解冻　和气消冰

家人有过，不宜暴怒，不宜轻弃。此事难言，借他事隐讽之；今日不悟，俟来日再警之。如春风解冻，如和气消冰，才是家庭的典范。

家里有人犯了过错，不应该大发脾气，也不应该轻易地放弃不管。如果这件事不好直接说，可以借其他的事来提醒暗示，使他知错改正，今天

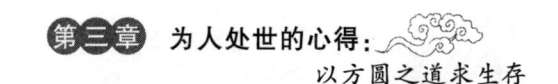

第三章 为人处世的心得：以方圆之道求生存

不能使他醒悟，可以过一些时候再耐心劝告。这就像温暖的春风化解大地的冻土，暖和的气候使坚冰消融一样，是处理家庭琐事的典范。

为了造就维新变法的新人，梁启超曾亲自任湖南时务学堂教习。梁办时务学堂也是成功的，有再造民国之功的蔡锷就是他的高足。梁启超在治家方面也有一套成功的经验，他有九个子女，他们都各有自己的成就。他不仅是孩子们的慈父，还是孩子们的朋友。他很注意引导孩子们对知识的兴趣，又十分尊重他们的个性和志愿，他非常细微地掌握每个孩子的特点，因材施教，为每个子女的前途都有周到的考虑和安排。但又不强迫他们一定按照自己的意图去办，而是反复地征求孩子们的意见，直到他们满意为止。

他对子女们非常慈爱，从1923年起到1929年去世，先后共有五个孩子到国外求学或工作。他非常想念他们，为了培养子女成才，他又很能控制自己的痛苦，鼓励他们向上。在1925年给女儿梁思顺及梁思庄的一封信中说："宝贝思顺，小宝贝庄庄，你们走后我很寂寞……思顺离我多次了，所以倒不觉得怎样，庄庄这几个月来天天挨着我，一旦远行，我心里着实有点难过。但为你成就学业起见，不能不忍耐几年……但日子过得很快，你看你三哥（梁思永）转眼已经回来了，再过三年你便成为一个学者回来，帮助爹爹工作，多快活呀！"

他教育子女做学问不要只注意专精，还要注意广博。梁思成在国外求学之时，他在信中说："思成所学太专门了，我愿意你趁毕业后一两年，分出点光阴多学些常识，尤其是人文科学中之某部门，多用点工夫。我怕你因所学太专门之故，把生活也弄成近于单调，太单调的生活容易厌倦，厌倦即为苦恼，乃至堕落之根源。"又说："凡做学问要'猛火熬'和'慢火炖'两种工作，循环交互着用去。思成你已经熬过三年了，这一年正该用炖的工夫，不独于你身子有益，即为你的学业计，亦仆如此不能得益，你务要听爹爹苦口良言。"这些话恐怕也是他自己读书、治学的经验

和总结。

他还不断地鼓励指导子女战胜学业上的困难，重视培养子女的实践能力，具体指导他们加强外围知识。他给梁思成的信中说："莫问收获，但问耕耘……一面不可骄盈自满，一面又不可怯弱自馁，尽自己能力去做，做到哪里是哪里。如此则可以无入而不自得，而对社会亦总有贡献。"当梁思成在美国取得建筑硕士学位之后，又在1927年12月18日信中说："我替你们打算，到美国后折往瑞典、挪威一行，因北欧极有特色，市容亦极严整有新意（新造之市，建筑上最有意思者为南美诸国，可惜力量不能供此游，次则北欧特可观，必须一往。由是入德国，除几个都市外，莱茵河畔著名堡垒最好能参观一天。回头折入瑞士看些天然美，再入意大利，多耽搁些日子，把文艺复兴时期的美彻底研究了解。最后能回到法国）在马赛上船（到西班牙也好……中世及近世初期的欧洲文化实以西班牙为中心）。中间最好能腾出点时间和金钱到土耳其一行，看看回教的建筑和美术，附带看看土耳其革命后的政治。"为自己子女事业想得多么细致、周到，看了这封信，不能不令人感动。

一点心得

怎样治家，古人有许多专门的论述。现代社会里，家庭问题引起了方方面面的关注。尤其是子女教育问题，每个家庭方法不一。有的家庭望子成龙心切，家长对于子女的管教特别严格，每当子女犯了过错，就立刻暴跳如雷非打即骂；有的家长对子女的学业和事业漠不关心，放任不管。这种粗暴和冷漠的教育方式都会对子女的人格发展产生不良影响。处理家庭关系同样要讲究方式，那种家长式的作风早已成为过去，许多家庭矛盾往往要假以时日消除或者婉转一下才能沟通。家庭和社会不一样，家人总是朝夕相处，因此和睦的家庭，融洽的气氛就成了事业成功的基础。

第三章 为人处世的心得：以方圆之道求生存

忠恕待人　养德远害

不责人小过，不发人阴私，不念人旧恶。三者可以养德可以远害。

做人的基本原则，就是不要责难别人轻微的过错，不要随便揭发个人生活中的隐私，更不可对他人过去的坏处耿耿于怀久久不肯忘掉。做到这三点，不但可以培养自己的品德，也可以避免遭受意外灾祸。

西汉初年，天下已定，各位功臣翘首以待，总希望能有个好结果，有的已等待不及，早就在那儿争论功劳大小了。刘邦觉得，也该到了封赏之时了。

封赏结果，文臣优于武将。那些功臣多为武将，对此颇为不服，其中尤其对萧何封侯地位最高、食邑最多，最为不满。于是，他们不约而同找到刘邦对此提出质疑："臣等披坚执锐，亲临战场，多则百余战，少则数十战，九死一生，才得受赏赐。而萧何并无汗马功劳，徒弄文墨，安坐议论，为何还封赏最多？"

刘邦打了个形象的比喻，说："诸位总知道打猎吧！追杀猎物，要靠猎狗，给狗下指示的是猎人。诸位攻城克敌，却与猎狗相似，萧何却能给猎狗发指示，正与猎人相当。更何况萧何是整个家族都跟我起兵，诸位跟从我的能有几个族人？所以我要重赏萧何，诸位不要再疑神疑鬼。"

众功臣私下的议论当然免不了，但毕竟与萧何无仇，对此事再不满也就算了。

一天，刘邦在洛阳南宫边走边观望，只见一群人在宫内不远的水池边，有的坐着，有的站着，一个个看去都是武将打扮，在交头接耳，像是在议论着什么。刘邦好生奇怪，便把张良找来问道："你知道他们在干

什么？"

张良毫不迟疑地答道："这是要聚众谋反呢！"

刘邦一惊："为何要谋反？"

张良却很平静："陛下从一个布衣百姓起兵，与众将共取天下，现在所封的都是以前的老朋友和自家的亲族，所诛杀的是平生自己最恨的人，这怎么不令人望而生畏呢？今日不得受封，以后难免被杀，朝不保夕，患得患失，当然要头脑发热，聚众谋反了。"

刘邦紧张起来："那怎么办呢？"

张良想了半晌，才提出一个问题："陛下平日在众将中有没有造成过对谁最恨的印象呢？"

刘邦说："我最恨的就是雍齿。我起兵时，他无故降魏，以后又自魏降赵，再自赵降张耳。张耳投我时，才收容了他。现在灭楚不久，我又不便无故杀他，想来实在可恨。"

张良一听，立即说："好！立即把他封为侯，才可解除眼下的人心浮动。"

刘邦对张良是极端信任的，他对张良的话没有提出任何疑义，他相信张良的话是有道理的。

几天后，刘邦在南宫设酒宴招待群臣。在宴席快散时，传出诏令："封雍齿为甚邡侯。"

雍齿真不敢相信自己的耳朵。当他确信无疑真有其事后，才上前拜谢。雍齿封为侯，非同小可。那些未被封侯的将吏和雍齿一样高兴，一个个都喜出望外："雍齿都能封侯，我们还有什么可顾虑的呢？"

事情真被张良言中了，矛盾也就这么化解了。

一点心得

做人应当宽宏大量，不要紧紧抓住别人的错误或缺点不放，若行为后者，

第三章 为人处世的心得：以方圆之道求生存

只能证明自己人品的卑劣，而且也表现了自己狭隘的胸襟。能宽容待人，能容许人家犯错误，同样能造福于自己和别人，从而避免祸害。

藏巧于拙　以屈为伸

藏巧于拙，用晦而明，寓清于浊，以屈为伸，真涉世之一壶、藏身之三窟也。

一个人再聪明也不宜锋芒毕露，不妨装得笨拙一点；即使非常清楚明白也不宜过于表现，宁可用谦虚来收敛自己。志节很高也不要孤芳自赏，宁可随和一点；在有能力时也不宜过于激进，宁可以退为进，这才是真正安身立命、高枕无忧的处世法宝。

南朝刘宋王朝的开国皇帝宋武帝刘裕临死托孤给司空徐羡之、中书令傅亮、领军将军谢晦、镇北将军檀道济。并告诫太子刘义符，在这些人中，最难驾驭的是谢晦，应对他加以小心。

刘裕是个有作为有识见的开国皇帝。但不幸的是，一没选好继承人，二没有完全正确估计这几位顾命大臣。

刘裕死后，其长子刘义符即皇帝位，史称营阳王。

刘裕的次子名义真，官南豫州刺史，封庐陵王。

刘裕的第三个儿子名义隆，封宜都王。即后来的南朝宋文帝。

刘义符做上皇帝后，不遵礼法，行为荒诞得令人啼笑皆非。

徐羡之在刘义符即位两年后，准备废掉刘义符另立皇帝。按刘义符的行为，废掉他是理所应当的。但徐羡之等人因为怀有私心，贪权恋位，谋权保位，竟把事情做绝，伏下了杀身之祸。

要废掉刘义符，就得有别人来接替皇帝的班。按顺序该是刘义真，但刘义真和谢灵运等人交好，谢灵运则是徐羡之的政敌。为了不让刘义真当

上皇帝，徐羡之等人挖空心思，先借刘义符的手，将刘义真废为庶人。接着，徐羡之、傅亮、谢晦、檀道济、王弘五人合力，发动武装政变，废掉了刘义符，以皇太后的名义封刘义符为营阳王。

更糟糕的是，还没等新皇帝即位，徐羡之和谢晦竟主谋分别将刘义符、义真先后杀死。

他们拥立的新皇帝是刘义隆。刘义隆面临的是控制朝廷大权的、杀死自己两个哥哥的几个主凶。

新皇帝当时正在江陵郡（治所在今湖北江陵）。徐羡之派傅亮等人前往迎驾。徐羡之这时又藏了个心眼，恐怕新皇帝即位后将镇守荆州重镇的官位给他人，赶紧以朝廷名义任命谢晦做荆州刺史、行都督荆湘七州诸军事，想用谢晦做自己的外援，将精兵旧将全都分配给了谢晦。

刘义隆面临着是否回京城做皇帝的选择。听到营阳王、庐陵王被杀的消息，刘义隆的部下不少人劝他不要回到吉凶莫测的京城。只有他的司马王华精辟中肯分析了当时的形势，认为徐羡之、谢晦等人不会马上造反，只不过怕庐陵王为人精明严苛，将来算旧账才将他杀死。现在他们以礼来相迎，正是为了讨您欢心。况且徐羡之等五人同功并位，谁也不肯让谁，就是有谁心怀不轨，也因其他人掣肘而不敢付诸行动。殿下只管放心前往做皇帝吧！

于是刘义隆带着自己的属官和卫兵出发前往建康，果然顺利做上了皇帝，但朝廷实权仍在徐羡之等人手中。

刘义隆先升徐羡之等人的官，徐羡之进位司徒；王弘进位司空；傅亮加"开府仪同三司"，即享受和徐羡之、王弘相同的待遇；谢晦进号卫将军；檀道济进号征北将军。

同时认可徐羡之任命的谢晦做荆州刺史。谢晦还害怕刘义隆不让他离京赴任。但刘义隆若无其事地放他出京赴荆州。谢晦离开建康时，以为从此算是没有危险了，回望石头城说："今得脱危矣。"

第三章 为人处世的心得：
以方圆之道求生存

刘义隆当然也不动声色地安排了自己的亲信，官位虽不高，但侍中、将军、领将军等要职都由他的亲信充任，从而稳定自己皇帝的地位。

第二年，即宋文帝元亮二年（公元425年）正月，徐羡之、傅亮上表归政，即将朝政大事交由宋文帝刘义隆处理。徐羡之本人走了一下请求离开官场回府养老的形式，但几位朝臣认为，这样不妥，徐羡之又留下了。后人评论认为这几位主张挽留徐羡之继续做官的人，实际上加速了徐羡之的死亡。

当初发动政变的五个人中，王弘一直表示自己没有资格做司空，推让了一年时间，刘义隆才准许他不做司空，只做车骑大将军、开府仪同三司。

直到这一年年底，宋文帝刘义隆才准备铲除徐羡之等人。因惧怕在荆州拥兵的谢晦造反，先声言准备北伐魏国，调兵遣将。在朝中的傅亮察觉出事情不对头，写信给谢晦通风报信。

宋文帝元嘉三年（公元426年）正月，刘义隆在动手之前，先通报情况给王弘，又召回檀道济，认为这两个人当初虽附和过徐羡之，但没有参与杀害刘义符、刘义真的事，应区别对待，并要利用檀道济带兵去征讨准备在荆州叛乱的谢晦。

正月丙寅（公元426年2月8日），刘义隆在准备就绪后，发布诏书，治徐羡之、傅亮擅杀两位皇兄之罪。同时宣布对付可能叛乱的谢晦的军事措施。

就在这一天，徐羡之逃到建康城外二十里的叫新林的地方，在一陶窑中自缢而死。傅亮也被捉住杀死。

谢晦举兵造反，先小胜而后大败，逃亡路上被活捉，后被杀死。

至此，宋文帝刘义隆由藩王而进京做上皇帝，由有名位无实权到做上名副其实的皇帝，最后顺利除掉杀"二王"的一伙权臣。

一点心得

做人不必过于暴露锋芒，要善于潜藏，要善于韬光养晦，男子汉大丈夫能屈能伸，方能成就大业。以守为攻，以退为进，同样能把主动权掌握在手里，胜券在握，潜藏不露才是人生的真正智慧。

奇者乏识 独者非恒

惊奇喜异者，无远大之识；苦节独行者，无恒久之操。

一个人如果过于标新立异，行为怪诞不群，必然不会有高深的学问和卓越的见识；一个人如果只知道苦苦去潜修名节，特立独行，也必然没有长久不变的操守。

小丽最近在办公室处于四面楚歌的困境。往日对她放任自流的吴姓上司突然对她说"你不许这样"、"不要那样"，对小丽的态度由春暖花开突然变成数九寒天，让小丽"很受伤"。

小丽是在一次酒会上认识吴的，两人真是"一见钟情"，然后一拍即合——小丽第二天就向原公司老板打了辞职报告，第三天就来到吴所在的广告公司上班，并且立即成为广告公司的骨干人物。

但是好景不长。

小丽所在的办公室的职员集体向吴递交了辞呈，原因是他们无法忍受领导对某人的偏爱，更无法忍受小丽的"不拘小节"，其中小丽的"奇装异服"（小丽身材丰满且爱穿紧身、吊带装）被列入几大罪状之一。而更严重的是，吴的太太听到风言风语后居然找到了公司门上，小丽的处境可想而知。

第三章 为人处世的心得：以方圆之道求生存

小丽的悲剧在于她触到了办公室的"雷区"，比如：

穿着过于性感。衣着和外表也是一种交流的形式。如果一位职业女性脚穿高跟鞋，身着短衫和迷你裙并化浓妆，那么她表示的是性挑逗而不是职业上的交流。所以要想在工作中取得成绩，女性的穿着应该符合她的身份，不要穿得过于招摇。

与老板关系过密。老板永远是老板，是你的上级，千万别因为老板赏识你而得寸进尺，忽略了你们之间的距离。老板一般时候也许可以维护你，但当发生情况的时候，你一定只是他手中一个棋子而已。

大声说话。打电话是件小事，但却关系到你的形象。小丽经常在办公室中大声打电话，而且眉飞色舞。在一句话末尾突然提高音调，给人的感觉好像是要提出什么问题以表现出自己对此事的不相信。办公室里打电话一定要顾及同事的感受，不可怪诞狂傲。

一点心得

人活在世上，首先是个常人。至少要心淡如水，顺其自然，率性而为。不必去矫揉造作，哗众取宠，不用去标新立异，怪诞狂傲。故意去标新立异，与大众不同，总是俗世之物，会招人嫌恶的。

己所不欲　勿施于人

人之短处，要曲为弥缝，如暴而扬之，是以短攻短；人有顽固，要善为化诲，如忿而疾之，是以顽济顽。

对于他人的不足之处，要想办法为人家遮掩弥补，故意暴露宣扬，那就是用自己的毛病去攻击人家的毛病；对于别人的执拗，要善于诱导教诲

劝解，因为他的固执而愤怒或讨厌他，不仅不能使他改变固执，还等于用自己的固执来强化别人的固执。

有一天，孔子的学生子贡问老师："有没有一个字可以作为终生奉行不渝的法则呢？"孔子回答："其恕乎！己所不欲，勿施于人。"这里的恕是凡事替别人着想的意思。其意是，自己不喜欢的事，不要加在别人身上。这句话可视做待人处事的基本修养，如能做到这一点，就可以建立良好的人际关系。

战国时，梁国与楚国交界，两国在边境上各设界亭，亭卒们也都在各自的地界里种了西瓜。梁亭的亭卒勤劳，锄草浇水，瓜秧长势极好，而楚亭的亭卒懒惰，不事瓜事，瓜秧又瘦又蔫，与，对面瓜田的长势简直不能相比。楚亭的人觉得失了面子，有一天乘夜无月色，偷跑过去把梁亭的瓜秧全给扯断了。梁亭的人第二天发现后，气愤难平，报告给边县的县令宋就，说："我们也过去把他们的瓜秧扯断好了！"宋就回答说："楚国人这样做当然是很卑鄙的，可是，我们明明不愿他们扯断我们的瓜秧，那么为什么再反过去扯断人家的瓜秧？别人不对，我们再跟着学，那就太狭隘了。你们听我的话，从今天起，每天晚上给他们的瓜秧浇水，让他们的瓜秧长得好，而且，你们这样做，一定不可以让他们知道。"梁亭的人听了宋就的话后觉得有道理，于是就照办了。楚亭的人发现自己的瓜秧长势一天好似一天，仔细观察，发现每天早上地都被人浇过了，而且是梁亭的人在黑夜里悄悄为他们浇的。楚国的边县县令听到亭卒们的报告后，感到十分惭愧又十分敬佩，于是把这件事报告了楚王。楚王听说后，有感于梁国人修睦边邻的诚心，特备重礼送梁王，既示自责，亦示酬谢，结果这一对敌国成了友好的邻邦。

一点心得

从这个故事可以看出，"己所不欲，勿施于人"的核心是用以己度人、

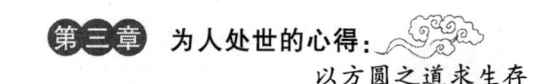

推己及人的方式处理问题。这样可以造成重大局、尚信义、不计前嫌、不报私仇的氛围，以及双方宽广而又仁爱的胸怀。所以，不妨就按照"己所不欲，勿施于人"的原则，反求诸己，推己及人，则往往会有皆大欢喜的结果。反求诸己，易入情，由情入理，自然生羞恶之心而知义，辞让之心而知礼，是非之心而知耻。有些人不懂推己及人的道理，往往毫无顾忌地把苦恼转嫁到旁人身上。以这种方式处世，走到哪里，被人骂到哪里，真正是既损人又损己。

阴者勿交　悻者防口

遇沉沉不语之士，且莫输心；见悻悻自好之人，应须防口。

遇到表情阴沉不说话的人，暂时不要急着和他交心谈心；遇到高傲自大、愤愤不平的人，要谨慎自己的言谈。

某机关一位姓王的局长，心直口快，大概是5年前，他们局分配来一个名牌大学毕业的大学生，王局长是个非常爱才的人，便对他另眼相看，那大学生也对王局长极尽奉承巴结和讨好。两人几乎成了推心置腹的朋友。王局长什么事都不瞒他，甚至连自己和副局长之间的不和也和盘托出。

后来王局长渐渐感到，副局长与自己的矛盾日益加深，关系越来越僵，甚至时常当面出语顶撞，眼看两人实在无法共事，上级只好把二人调开完事。

本来，两个人的矛盾就是因工作而起，既然不在同一个部门工作了，矛盾自然就少了许多。日子一长，两人渐渐消除旧怨，重新搭话，王局长意外地发现副局长当初对他敌意陡增、态度突变，全是因为那个大学生在

中间传话捣的鬼。他把局长批评副局长的话全都一五一十地告诉了副局长，还附带说了许多批评王局长的话。

王局长如梦初醒，大呼上当，愤然去找那位大学生。谁知，大学生却说道："我既没有造谣，也没有诽谤。我是人，总有表达我自己观点的权力吧？你可以想想，我在你面前是否说过副局长的坏话，如果没有，那就不是挑拨离间。"王局长哑然无语。

一点心得

一个人生存在社会上，必须处处多加提防，在接人待物时有把合适的尺子。不然一旦遇到心地险恶的人，就会深受其害。俗话说："逢人只说三分话，莫要全抛一片心。"不经过一段时间的观察，是看不出一个人品行好坏的，也就很难决定交往的程度、说话的深浅。对人没有心理评判，只凭观察外表有时是不够的。

趋炎附势　人情通患

饥则附，饱则扬，燠则趋，败则弃，人情通患也。

饥饿潦倒时就去投靠人家，富裕饱足时就远走高飞，遇到富贵人家时就去巴结，当人家衰败贫穷时就掉头而去，这是一般人都会有的通病。

北宋时的张咏，曾先后两次出任益州知府，历任枢密直学士、吏部侍郎、工部尚书、安抚使等多种官职。张咏有个同学叫傅霖。在张咏为官的30多年中，傅霖从不与他来往。张咏很佩服这位同学的人品才学，多方打听他的下落，但总是找不到他。

张咏晚年得了"脑疡"，被朝廷派人星夜"驰驿代还"。

第三章 为人处世的心得：以方圆之道求生存

因为有病不能面见皇上，张咏就以书面形式给皇帝上奏章，陈说他对朝政的意见。其中有些话极刺耳，惹得皇上大怒，当时又把他派到了陈州去做知府。

谁知这次傅霖却像从地下冒出来的一样，主动前来见这位老同学了。

傅霖来到张府时，看门的通报说："傅霖请见！"

张咏立刻斥责道："傅先生乃是天下知名的贤士，我和他是早年的同学，到处寻访了多年，想求他做朋友而不可得。你是个什么人物，居然大呼小叫地喊出他的名字来！"

傅霖已经走了进来，笑着劝道："算了吧，这么多年了，你还是那老脾气呀？他一个看门的怎么知道人世间有我傅霖这号人呀！"

张咏见到傅霖，高兴得不得了，忙问他，"从前我多方找你，你怎么就不露面，现在怎么又不请自到了呢？"

傅霖说："从前你是高官，我不好来攀高枝。如今嘛，我知道你的日子不多了，作为老同学特意来看看你！"

张咏猛吃一惊，叹了一口气道："我自己也是明白的。"

傅霖说："你明白就好啊！"

结果，傅霖在张咏那里只呆了一天便又告辞了。傅霖走后一个月，张咏真的死了。傅霖的生平事迹已无可考证，但他与张咏的交往同"天下贤士"的称号倒是相符的。因此，他便作为一种人格的典型而留在了史册上。

一点心得

从古而今，嫌贫爱富附势趋炎，人之常情，世之通病。好像经济杠杆也成了人际交往的法则，以至在《史记》中有"一贫一富乃知世态，一贵一贱交情乃见"的感慨，俗谚有"贫居闹市无人问，富在深山有远亲"的叹息。这样的事例太多了。但这并不说明人们对此的认可。这一现实和人

们的交往需要、感情交流是相悖的，因为在金钱驱动下的人际关系是难有真情流露的。人们在无奈中盼望一种真诚，首先要求君子能甘于淡泊，以使社会不全处在感情的沙漠中。从另一个角度看，在社会上择友交人是必须的，古语"君子之交淡如水"，正和上述语录相对应，而成为人际交往的警语。

操履严明　不犯蜂虿

士君子处权门要路，操履要严明，心气要和易，毋少随而近腥膻之党，亦毋过激而犯蜂虿之毒。

有学识的人处于有权势的重要地位时，节操品德要刚正清明，心地气度要平易随和，不要放松自己的原则，与结党营私的奸邪之人接近，也不要过于激烈地触犯那些阴险之人而遭其谋害。

汉元帝懦弱无能，宠信宦官石显，一切唯石显是听。朝中有个郎官，名京房，字君明，东郡顿丘人。他精通易学，擅长以自然灾变附会人事兴衰。鉴于石显专权，吏治腐败，京房制定了一套考课吏法，以约束各级官吏。元帝对这套方法很欣赏，下令群臣与京房讨论施行办法。但朝廷内外多是石显羽翼下的贪官污吏，考核吏法，就是要惩治和约束这些人，他们怎能同意推行呢？京房心里明白，不除掉石显，腐败的吏治不能改变。于是他借一次元帝宴见的机会，向元帝一连提出七个问题，历举史实，提醒元帝认清石显的面目，除掉身边的奸贼。可事与愿违，语重心长的劝谏并没有使元帝醒悟，丝毫没有动摇元帝对石显的信任。

既然考核吏法不能普遍推行，元帝就令京房推荐熟知此法的弟子做试点。京房推荐了中郎任良、姚平二人去任刺史，自己要求留在朝中坐镇，

第三章 为人处世的心得：以方圆之道求生存

代为奏事，以防石显从中作梗。石显早就把京房视为眼中钉，正寻找机会将他赶出朝廷。于是，趁机提出让京房做郡守，以便推行考核吏法。元帝不知石显用心，任京房为魏郡太守，在那里试行考核吏法。郡守的官阶虽然高于刺史，但没有回朝奏事的权力，还要接受刺史监察。京房请魏郡太守不隶属刺史监察之下和享有回京奏事的特权，元帝应允。京房还是不放心，在赴任途中三上密章，提醒元帝辨明忠奸，揭露石显等人阴谋诡计，又一再请求回朝奏事。元帝还是听不进京房的苦心忠谏。一个多月后，石显诬告京房与其岳父张博通谋，诽谤朝政，归恶天子，并牵连诸侯王，京房无罪而被下狱处死。

京房死后，朝中能与石显抗衡的惟有前御史大夫陈万年之子陈咸。此时陈咸为御史中丞，总领州郡奏事，负责考核诸州官吏。他既是监察官，又是执法官，可谓大权在握。况且陈咸正年轻气盛，无所畏惧，才能超群，刚正不阿，曾多次上书揭露石显奸恶行为，石显及其党羽皆对他恨之入骨。在石显指使下，群奸到处寻找陈咸过失，要乘机除掉他。

陈咸有一好友朱云，是当世经学名流。有一次，石显同党少府五鹿设坛讲《易》，仗着元帝的宠幸和尊显的地位，没有人敢与他抗衡。有人推荐朱云。朱云因此出名，被元帝召见，拜为博士，不久出任杜陵令，后又调任槐里令。他看到朝中石显专权，陈咸势孤，丞相韦玄成阿谀逢迎，但求自保。朱云便上书弹劾韦玄成懦怯无能，不胜任丞相之职。石显将此事告知韦玄成，从此韦与朱结下仇恨。后来官吏考察朱云时，有人告发他讥讽官吏，妄杀无辜。元帝询问丞相，韦玄成当即说朱云为政暴虐，毫无治绩。此时陈咸恰好在旁，便密告朱云，并代替他写好奏章，让朱云上书申诉，请求呈交御史中丞查办。

然而，石显及其党羽早已控制中书机构，朱云奏章被仇家看见并将其交给石显。石显批交丞相查办。丞相管辖的官吏定朱云杀人罪，并派官缉捕。陈咸闻知，又密告朱云。朱云逃到京师陈咸家中，与之商议脱险之计。石显密探查知，马上报告丞相。韦玄成便以执法犯法等罪名上奏元

帝，终将陈、朱二人拘捕下狱，判处服苦役修城墙的刑罚，除掉了两个心腹大患。

一点心得

阴险之人，每个地方都有，这种人常常是一个团体纷扰之所在，他们的造谣生事、挑拨离间、兴风作浪很令人讨厌，所以有些人对这种人不但敬而远之，甚至还抱着仇视的态度。仇视小人固然能表现出你的正义，但这并不是保身之道，反而凸显了你的正义的不切实际。

毋媚小人　宁责君子

宁为小人所忌毁，毋为小人所媚悦；宁为君子所责备，毋为君子所包容。

做人做事宁可被小人猜忌毁谤，也不要被小人的甜言蜜语迷惑；做人做事宁可被君子责难训斥，也不要被君子的宽宏雅量所包容。

明朝有个人，名叫徐均，担任过阳春（今属广东）主簿。阳春地处偏僻，山高皇帝远，当地的土豪劣绅盘踞那里，肆无忌惮地干尽坏事。以往阳春的长官一到任，土豪就送给他很多财物行贿巴结，从而互相勾结，上行下效把持邑里。徐均到任后，邑吏告诉他按惯例应当去拜访莫大老。因为莫大老在当地很有势力。徐均说："这人不也是朝廷的属民吗？不服管就用王法来制裁他。"于是拿出朝廷赐的两把剑给人看。莫大老害怕了，赶紧到官府拜见请罪。徐均查清他的各种违法行为，把他逮捕入狱。第二天一早，莫大老家的人想送给他两个瓜和几个石榴，实际上里面全是黄金珠宝。徐均连看都不看，就命人把送东西的人抓起来关到府里。府官因受

第三章 为人处世的心得：
以方圆之道求生存

了贿赂而私自把那个人放了回去，那个人又给徐均送来先前馈赠的礼物。徐均大为生气，要把他逮捕治罪，可是还没来得及执行，府里就又下公文调徐均去治理阳江（今属广东）。阳江在他的治理下，社会治安同样非常安定。徐均执法公正廉明，他根本不在乎被小人忌恨，也不在乎受权势打击。只要为人正直无私，那小人的伎俩又奈我何。

一点心得

甜言蜜语对你的人往往有所求，来搅是非的人都有是非心。关于"宁为小人所毁"一语，见于《论语·子路》。篇中说，子贡问曰："乡人皆好之，何如？"子曰："未可也。""乡人皆恶，之何如？"子曰："未可也。不如乡人之善者好之，其不善者恶之。"人的是非标准，善恶观念是需要锤炼的，自己心中无标准，做人就不会有原则，没有原则，就喜欢关心别人对自己的评论，关心别人说自己些什么，有时还为此忧心忡忡，何苦来哉？

同流合污　英名尽毁

处世不宜与俗同，亦不宜与俗异；做事不宜令人厌，亦不宜令人喜。

为人处世既不要同流合污陷于庸俗，也不故作清高、标新立异；做事情不应该使人产生厌恶，也不应该故意迎合讨人欢心。

李斯在历史上似乎一直是正面人物。一是他在辅助秦始皇建立千古第一大帝国方面起了巨大作用，对秦王朝和整个历史而言，他是有功的。二是后来他一家人死于赵高之手，人们总是同情弱者的。但在大秦帝国的掘墓人中，赵高固然是始作俑者，李斯却也难逃干系。

李斯是楚国上蔡人，年轻时，托关系在郡里从事抄抄写写的工作。有一天，李斯蹲在厕所里方便，发现生活在厕所里的老鼠们只能吃粪便，而一旦有人来或狗进来，就吓得惊慌失措四处逃窜。一会儿后他恰好到官仓办事，发现生活在官仓里的老鼠一个个悠然自在地吃着上等的粮食，既没有狗来咬它们，人来了也无动于衷。李斯因而感慨万分：大家同为老鼠，只是由于所处的环境不一样，命运真是天壤之别呀。一个人成为别人羡慕的成功人士或是被人讥笑的失败者，也和老鼠们原是一个道理。

这位年轻的后生决定要做一只官仓里的成功老鼠。他当即向长官辞职，因为他深知，在这种科员的位置上哪怕干上八辈子也是没有前途的。

李斯弃吏为学，投奔了当时全中国最负名气的大学者荀子，学习帝王治国之术。

学成之后，李斯审时度势地看到，楚国虽是自己的父母之邦，却早已江河日下，其他几个国家也不足与之谋，惟有西边的秦国正如日中天，于是打起背包就投到了秦相吕不韦门下。

在秦国，李斯果然一步一个脚印，慢慢就从吕不韦门下混碗稀饭的舍人，混到了最高法院大法官（廷尉）。随着东方六国一个个烟消云散，李斯也升到了一人之下万人之上的位置——首相（丞相）。

秦始皇在旅行途中突然去世，这是帝国最大的变故和最重要的机密。李斯以行政第一长官的身份认为，现在銮驾还在回咸阳的途中，皇上已去世，太子却没有即位，如果一旦将这个消息散发出去，必然会引起一小撮别有用心的人的骚动。于是，秦始皇去世的消息只限于包括李斯、赵高和胡亥等五六个人知道的范围内。

秦始皇的尸体被放置在他一直乘坐的温凉车上，为了掩盖尸体可能发出的臭味，秦始皇的坐驾后面紧跟了一辆装满咸带鱼和鲍鱼之类水产的车。秦始皇每天要吃的饭，也照常由侍者送入车内，再由胡亥等人趁人不注意时拿出来倒掉。文武百官要上奏的，照例由李斯在一旁代为处理。

赵高在说动了胡亥动手政变后，下一个必须说服的人就是李斯。没有

第三章 为人处世的心得：以方圆之道求生存

李斯的援手，一切都只是镜中花水中月。

赵高真不愧是一流的鼓动家，天生就具有煽动性。他对李斯说："您知道，皇上去世前，写了一封遗书给长子扶苏，要他回咸阳主持丧事，继位为君。但这封信还没有送走，皇上就去世了，除了我以外，还没有任何人知道这件事情。现在，这封信和皇上的印章都在我手里，让谁当太子继承皇位，也就是你我二人的事了。您觉得我们该怎么办呢？"

李斯政治觉悟还是有一些的，不然也不可能爬上那么高的位置。他当即正色道："你哪里来的这种亡国之言？这种事是我们当臣子的人可以讨论的吗？"

赵高这位演说家和鼓动家，最善于干的事就是捏住别人的软肋做思想工作，他不慌不忙地向李斯说："丞相啊，你还是自我掂量一下吧。论才能，你能与蒙恬相提并论吗？论功劳，你能与蒙恬不分高下吗？论谋略，你能与蒙恬一比高低吗？论得民心，你能与蒙恬并驾齐驱吗？论和即将继位的扶苏的关系，你能赶得上蒙恬吗？"

这五个问题也是李斯经常为之苦恼的，蒙恬作为名将和皇长子扶苏的心腹的存在，必定是他心中难以抹掉的阴影。李斯回答："这五者我都不如蒙恬。"

赵高进一步说："我在内宫之中管事二十多年了，从没见到过有哪位丞相级别的高级官员得到过善终，一朝天子一朝臣，都没有能经历过两代的。皇上有二十多个儿子，长子扶苏为人刚毅正直，深得人心，一旦他真的成为天子，肯定会起用和他私交甚好关系很铁的蒙恬代替你。你只能告老还乡，郁郁而终罢了。而皇上幼子胡亥是我的学生，此人礼贤下士，轻财重义，完全有人君的风范，要是你肯在关键时刻帮他一把。他难道不知恩图报？"

李斯虽然内心有着太多的阴影，毕竟还是一位恪尽职守的好公仆，可能此前从来就没有想到过要背弃秦始皇遗诏另立新君。他引述历史，想反过来说服赵高："我听说晋国因废立太子之故，造成国家三代不得安宁；

齐桓公兄弟争夺继承权，闹得祸起萧墙；商纣王杀兄屠叔，弄得国破家亡。这三者都是前车之鉴，我李某如何敢违背先帝的旨意，参与这种非人臣所为之事呢？"

赵高可不吃这一套以古喻今的说法，他厉声道："当今的大权即将操作在胡亥手里，你如果识时务的话，自然免不了继续荣华富贵，泽被子孙；反之，完全可能落个家破人亡的结局。"

李斯知道赵高的这番话可不是威胁，呆了，"仰天而叹，垂泪太息"，说："天啊，我李斯生逢乱世，既然不能以死来报答先帝，我的命运又将托付到哪里呢？"

其实，在李斯这声愧对先帝的叹息中，他已经与赵高和幕后的胡亥同流合污，结成了秦帝国的掘墓同盟。而大秦帝国的朗朗乾坤，也蒙上了越积越重的阴霾。

一点心得

把握处世行事的尺度是很难的，因为这既需要良好的道德修养，还要有丰富的人生历炼的经验作基础。不同流合污是对的，但还要尽量避免小人的打击排挤和威逼利诱。不与小人同流合污，就像是浪和水的关系，同是一个性质，但表现形态不同，在相容的情况下，保持各自的样子。

守口应密　防意当严

口乃心之门，守口不密，泄尽真机；意乃心之足，防意不严，走尽邪蹊。

口是心灵的大门，假如大门防守不严，内中机密就会全部泄露；意志是心的双脚，意志不坚定，就可能会像跛脚一般走入邪路。

第三章 为人处世的心得：
以方圆之道求生存

这一天，职员小葛被总经理叫到办公室。"把门带上！"总经理指了指门，又指了指椅子："你坐！"

小葛的心开始狂跳，没有任何迹象，自己又做得很好，不会有什么不幸的事要发生吧。可是，总经理为什么这么严肃的样子呢？想起刚才离开办公室的时候，秘书王小姐也用很奇怪的眼神盯着自己。

小葛想，如果不是有什么大事，总经理怎么会突然叫我上来呢？

正想着，总经理转过身，清了清喉咙，问道：

"你有没有注意到，最近公司十楼，正在重新装修？"

"是的！是的！"

"因为公司要成立一个新的研究发展部门，表面看，跟你现在负责的部门平行，实际要高一层，甚至可以说，在未来可能成为决策单位。"

"是的！是的！"

"也可以说这个部门要直接对我负责，也直接由我管。"总经理站起身，看着窗外："我一直没有对外说，连董事长都没讲。"突然转身，眼睛射出两道光："我觉得你不错，信得过，打算把你调过去负责。也可以说，以后你就是我的耳目，你要把公司的一切状况汇集了，向我报告。我想，你了解我的意思，在我下达人事命令之前，不能对任何人说，连我的秘书，都不知道。更甭说我妻子了，她如果告诉董事长，就轮不到你了。"

"是的！是的！"

小葛临出门，总经理还用食指在嘴上比了个手势。

"这下子，我成红人了！"电梯往下降，小葛的心却往上升。想想总经理身边，全是他妻子娘家的人，现在开始有好戏看了。

"而这好戏的主角之一，竟是我！"小葛笑了起来。

不过走进自己办公室时，小葛还是把脸板下。王秘书虽然追着问，小葛只摇摇头。

当天下班，他没走，清了清抽屉，把不用的东西全扔了。

"在那个大办公室里，怎么能摆这样的小东西呢？"

提到大办公室，小葛兴奋得再也坐不住。看办公室人都走光，溜进电梯，直按十楼。

十楼还是灯光通明，几个工人正在油漆，总务室姜主任也在场。

"大兴土木，要做什么用啊？"小葛故意问。

"不知道！总经理交待的。"姜主任摊摊手，又一笑："您该知道吧？听说今天他找您上去过？"

小葛心里一惊，忙说："没什么大事！"就匆匆下楼了。

第二天一早，小葛就把王秘书叫来训了顿。

"是不是你说的？为什么连姜主任都知道总经理找我？"

"姜主任？"秘书愣了一下。

"总务室姜主任！"小葛沉声说："昨天他在十楼问我。"

"十楼？"

"不要提了！"小葛把秘书赶出去，又叫了进来："记住！什么人问，都不要说，就说你不知道。你如果想跟着我，就嘴紧一点，吃不了亏！"

大概为了表现，王秘书下班也没走，先帮小葛复印几份重要的文件，又收捡了自己的抽屉。

"你收拾东西干什么？"小葛经过时，笑嘻嘻地问。

"您不是也收拾东西吗？"王秘书歪着头笑笑。小葛第一次发觉，这个近四十的女人，居然还有点媚。

"要不要到十楼看看？"小葛指指上面。

"好哇！"王秘书高兴得跳了起来。

电梯在十楼停下，门打开，吓一跳，正碰见董事长，笑呵呵地进来，后面跟着总经理，还有总经理夫人。

又隔一个礼拜，小葛的"资料"已经准备齐全了，他知道这些报表，都是将来分析公司发展状况的利器，他要好好为总经理争一片江山。

人事命令发布了——公司新成立研究发展部，由原业务部方经理接任，即日起生效。

第三章 为人处世的心得：以方圆之道求生存

小葛为什么空欢喜一场？是谁破坏了他的"好事"？

当然是董事长！

董事长原来不是不知道吗？是谁走漏了风声？

小葛没说、王秘书没说，总经理更不会说，是谁说的呢？

世上的情形就这么妙。你会发现人们似乎有一种特殊的第六感，把那些蛛丝马迹设法联系在一起，开始猜、开始问，并且由对方的反应中归纳，最后得到结论。

所以，你再细看看前面的故事，就会发现，小葛确实什么都没说，但他用行动说了。他干嘛收拾东西？又何必上十楼？就算董事长没由姜主任那里听说，而出面阻止，只怕总经理看到这种情形，也不会再用小葛的。

一点心得

世上有许多事都隐含着机密，做不到守口如瓶，就难免招惹是非。即使有百分之百的把握，也不能在言谈或任何行动上表现出来。做事必须注意"隔墙有耳，守口如瓶"。守口是需要意志来磨练的，因为用说话来表达思想、表现才能本是人的一种需求，由好说到守口如瓶，没有控制自己的坚强意志的能力很难做到。

一念一言　切勿犯忌

有一念而犯鬼神之禁，一言而伤天地之和，一事而酿子孙之祸者，最宜切戒。

如果有一个念头容易触犯鬼神的禁忌，说一句话会伤害人间的祥和之气，做一件事会造成子孙后代的祸患，那么这便是我们要切记并引以为戒的。

明太祖朱元璋出身贫寒，做了皇帝后自然少不了有昔日的穷哥们儿到

京城找他。这些人满以为朱元璋会念在昔日共同受罪的情分上,给他们封个一官半职,谁知朱元璋最忌讳别人揭他的老底,以为那样会有损自己的威信,因此对来访者大都拒而不见。

有位朱元璋儿时一块光屁股长大的好友,千里迢迢从老家凤阳赶到南京,几经周折总算进了皇宫。一见面,这位老兄便当着文武百官大叫大嚷起来:"哎呀,朱老四,你当了皇帝可真威风呀!还认得我吗?当年咱俩可是一块儿光着屁股玩耍,你干了坏事总是让我替你挨打。记得有一次咱俩一块偷豆子吃,背着大人用破瓦罐煮。豆还没煮熟你就先抢起来,结果把瓦罐都打烂了,豆子撒了一地。你吃得太急,豆子卡在嗓子眼儿还是我帮你弄出来的。怎么,不记得啦!"

这位老兄还在那喋喋不休唠叨个没完,宝座上的朱元璋再也坐不住了,心想此人太不知趣,居然当着文武百官的面揭我的短处,让我这个当皇帝的脸往哪儿搁。盛怒之下,朱元璋下令把这个穷哥们儿杀了。

一点心得

在为人处世中,场面话谁都能说,但并不是谁都会说,一不小心,也许你就踏进了言语的"雷区",触到了对方的隐私和短处,犯了对方的忌,对听话者造成一定的伤害。其实,每个人都有所长,亦有所短,为人处世的成功,一个很重要的因素就是善于发现对方身上的优点,夸奖对方的长处,而不要抓住别人的隐私、痛处和缺点,大作文章。切记:揭人之短,伤人自尊!

第三章 为人处世的心得：以方圆之道求生存

文以拙进　道以拙成

文以拙进，道以拙成，一拙字有无限意味。如桃源犬吠，桑间鸡鸣，何等淳庞。至于寒潭之月，枯木之鸦，工巧中便觉有衰飒气象矣。

文章讲究质朴实在才能有长进，道义讲究真诚自然才能有修成，一个"拙"字蕴含着说不尽的意味。像桃花源中的狗叫，又如桑林间的鸡鸣，是多么淳朴有余味啊！至于清冷潭水中映照的月影，枯老树木上的乌鸦，虽然工巧，却给人一种衰败气象。

一个五音不全的先生，竟能以唱歌大受欢迎。每逢大家聚会时，他必然会被众多掌声请上台。他完全无法拒绝大家的热情，只好每次都唱首歌，他就是被同事们昵称为"阿滨"的李强。

每当别人要求他唱歌时，他总会认真而真诚地唱起那首《五月的天空》。不可思议的是，只要阿滨的这首歌一唱出来，其他的美妙旋律都因而失色，完全不能与阿滨的歌声抗衡。

同事们在要求他唱歌时，一定会很整齐地用一首广告歌的旋律唱着：

"五音不全的李强，唱首歌吧！

虽然唱得很烂，让人听了头痛，

还是请你唱首歌吧！"

千呼万唤之后，阿滨终于带着一脸的笑容走出来了。他用右手中指推推那落伍的大黑眼镜后，以立正的姿势，开口唱出：

"五月的天空，太阳又上升……"

他总是那么认真，正正经经地唱着这首一成不变的歌，不管走到哪里都是这首，而且总是固定地慢半拍。当他开始唱"五月的……"时，速度

还算正常，等唱到"天空……"就很奇妙地慢了下来。阿滨既不害羞，也不恐惧，仍然以他那认真的表情，继续唱下去。

听他唱歌的人，几乎都笑弯了腰，有的女同事眼中还流出激动的眼泪，无法停止。

在大家笑得快喘不过气来的时候，阿滨仍然继续唱着：

"太阳……又上升……"

大家听到这里，更忍不住笑得前仰后合！

不过，大家的笑声中，绝没有一丝轻蔑，因为个性温和真诚质朴的阿滨，缓和了会场中稍嫌僵硬的气氛。

一点心得

并不是任何时候都巧胜于拙，很多时候，"拙"是一种质朴，一种真诚，而质朴和真诚是最能打动别人的。作文章、唱歌曲是这样，我们为人处世也是如此。我们每个人总会有这样或那样的"不足"，那些似乎是"拙"的东西，很多情况下未必是什么大的缺点，只要我们出于真，出于诚，出于自然和质朴，可能会营造出更为和谐的人际关系。

冷眼观物　热诚有度

君子直净拭冷眼，慎勿轻易动刚肠。

君子不论遇到什么情况，都应注意保持冷静态度细心观察，切忌随便表现自己耿直的性格以免坏事。

天荣早就知道好友志冬有大手大脚、不拘小节的毛病，天荣一直认为这是男子汉粗犷豪放的体现，甚至因此埋怨自己什么事都算计，节俭得有

第三章 为人处世的心得：以方圆之道求生存

点对自己苛刻。

因为要照顾得病的父亲，天荣通过志冬调到了他们的单位，两个好朋友一下子形影不离了，聊天、游泳、喝酒，出则成双，入则成对，志冬也经常帮助天荣照顾父亲。

不久，天荣厌倦了这种生活，并开始讨厌志冬粗犷豪放的性格，每次吃饭，志冬都会要上满满的一桌菜，有时吃完饭，一抹嘴起身便走，留下天荣"买单"。一向节俭的天荣劝了志冬多少次，志冬也不听。一次吃饭，上述情况再一次出现，这一次天荣非常恼火，付完钱告诉志冬，我有父亲需要照顾，以后吃饭不要叫我了，志冬吃了一惊，也非常生气，多年的老朋友这算什么呢？何必当真。

不该发生的事在一对令人羡慕的朋友之间出现了，真让人感到遗憾。

因此，交友不要过从甚密，一则影响着双方的工作、学习和家庭，再则会影响感情的持久。交友应重在以心相交，来往有节。

林颖把王怡看成比一日三餐还重要的朋友，两人同在一个合资公司做公关小姐，由于工作纪律非常严格，交谈机会很少。但她们总能找到空闲时间聊上几句。

下班回到家，林颖的第一个任务就是给王怡打电话，一聊起来能达到饭不吃，觉不睡的地步，两家的父母都表示反对。

星期天，林颖总有理由把王怡叫出来，陪她去买菜、购物、逛公园。王怡每次也能勉强同意。林颖可不在乎这些，每次都兴高采烈，不玩一整天是不回家的。

王怡是个有心计的姑娘，她想在事业上有所发展，就偷偷地利用业余时间学习电脑。星期天，王怡刚背起书包要出门，林颖打来电话要她陪自己去裁缝那里做衣服，王怡解释了大半天，林颖才同意王怡去上电脑班。可是王怡赶到培训班，已迟到了15分钟，王怡心里好大的不痛快。

第二个星期天，林颖说有人给她介绍了个男朋友，非逼着王怡一起去相看相看，王怡说："不行，我得去学习。"林颖怕王怡偷偷溜走，大清早

就赶到王怡家死缠活磨，王怡没上成电脑班。最终王怡郑重声明，以后星期天要学习，不再参加林颖的各种活动。

林颖一如既往，满不在乎，她认为好朋友就应该天天在一起。有时星期天照样来找王怡，王怡为此躲到亲戚家去住。这下林颖可不高兴了，她认为王怡是有意疏远她。林颖说："我很伤心，她是我生活中最重要的人，可她一点儿也觉察不到。"

林颖的错误在于，首先是她没有觉察到朋友的感觉和想法，过密过热的交往几乎剥夺了王怡的自由，使王怡的心情烦躁，不能合理地安排自己的生活。

之后，林颖不像以前那么热了，与王怡聚会少了，可是她惊奇地发现，她们的友谊反而更加深厚了。

一点心得

直率的人一般都待人热诚，所谓古道热肠；遇事正直，所谓胸怀坦荡。但为人处世要讲究方法，待人热诚当然是对的，但热情过度，往往造成主观愿望与客观效果相悖，因为太热情往往就过于主观。为此可能招致人家怨尤；因一时的热情而轻举妄动，或许还会铸成大错。遇事坦诚直率当然没错，但要看对象能否接受，不能因为自己直率妨碍了别人，甚至破坏了友谊。

热心助人　其福必厚

天地之气，暖则生，寒则杀。故性气清冷者，受享亦凉薄。惟和气热心之人，其福亦厚，其泽亦长。

自然界的规律是，气候温暖的时候就会催发万物生长，气候寒冷的时

第三章 为人处世的心得：以方圆之道求生存

候就会使万物萧条沉寂。所以一个人如果心气孤傲冷漠，只会受到同样冷漠的回报。只有那些充满生命热情而又乐于助人的人，他所得到的回报才会深厚，福祉也才会绵长久远。

胡雪岩，名光墉，字雪岩。1823年出生于徽州绩溪。徽州多商，徽商遍布各地。受经商之风的影响，胡雪岩在父死家贫的窘境中，12岁那年，便告别寡母，只身去杭州信和钱庄里当起了学徒。

开始时，胡雪岩和其他伙计一样在店里站柜台，后来东家和"大伙"都觉得这个小伙计顺眼，就派他出去收账，胡雪岩认真操办，从来不曾出过纰漏，深得东家赏识。

有年夏天，胡雪岩在一家名叫"梅花碑"的茶店里跟一个叫王有龄的攀谈，知道他是一名候补盐大吏，打算北上"投供"加捐。

清代捐官不外乎两种，一种是做生意发了财，富而不贵，美中不足，捐个功名好提高身价，像扬州的盐商，个个都是花几千两银子捐来的道台，那么一来便可以与地方官称兄道弟，平起平坐，否则就不算"缙绅先生"，有事上公堂，要跪着回话。再有一种，本是官员家的子弟，书也读得不错，就是运气不好，3年大比，次次名落孙山，年纪大了，家计也艰窘了，总得想个谋生之道，走的就是"做官"的这条路，改行也无从改起，只好卖田卖地，托亲拜友，凑一笔钱去捐个官做。

王有龄就是属于后者，他的父亲是候补道，没有奉委过什么好差事，分发浙江，在杭州一住数年。老病浸夺，心情抑郁，死在异乡。身后没有留下多少钱，运灵柩回福州，要很大一笔盘缠，而且家乡也没有什么可以投靠的亲友，王有龄就只好奉母寄居在异地了。

境况不好，且又举目无亲，王有龄穷困潦倒，每天在茶馆里穷泡，消磨时光。虽然捐了官却无钱去"投供"。

在清代，捐官只是捐了一个虚衔，凭一张吏部所发的"执照"，取得某一类官员的资格，如果要想补缺，必得到吏部报到，称为"投供"，然

后抽签分发到某一省候补。王有龄尚未"投供",更谈不上补缺了。

胡雪岩认定眼前这个落泊潦倒的王有龄必定会翻转过来,大富大贵,只是火候未到,还缺一位帮他的贵人罢了。胡雪岩年龄尚轻,20出头,正处于多梦时代,他想象自己正是刚肠侠胆、救人危难的豪爽之士,虽算不上"贵人",但手里尚握重金——那五百两未交给老板的银子,亦是助人成就大业的本钱。

王有龄却不知胡雪岩的心思,他心不在焉地呷口茶,冲胡雪岩拱拱手,然后起身告退。

"老哥不忙走,请看一样东西,"胡雪岩从衣兜里掏出布包,一层层理开,露出一张500两的银票,原来老板当初交待胡雪岩去讨一笔倒账,并无十分把握,即使讨不回来,也并不怪罪他。故而胡雪岩未把银票交回钱庄,他寻思把这钱作本钱,做一桩大生意的投资,如今瞅准了王有龄,正好在他身上下功夫。胡雪岩见识高明,他认定以钱赚钱算不得本事,以人赚钱才是真功夫,倘若选人得当,大树底下好乘凉,今生发迹才有靠山。这思想一直左右胡雪岩终生,使他成为一代大贾巨富。

当时,王有龄一下惊呆了,盯住银票入定一般,半天回不过神来。当他听胡雪岩说这些银票要送给他进京"投供"时,他双手乱摇不肯接受。这么大一笔钱,没有人敢替他作保,他实在还不起!

然而当他感知胡雪岩是真心实意,决非儿戏时,顿时又感动万分,热泪滚滚,倒头便要下拜。胡雪岩慌忙扶住他,两人互换帖子,结拜为弟兄。胡雪岩重又唤来酒菜,举杯庆贺,预祝王有龄马到成功、衣锦荣归。两人如同亲弟兄一般,说不完的知心话,道不尽的手足情。

第二天,王有龄买舟启程北上,胡雪岩到码头相送,两人依依惜别。秋风鼓动白帆,客船飞快远去,运河水面百舸争流,千帆竞发。胡雪岩站在码头上,望着此情景,忽然生出念头:运河犹如大赌局,不知王有龄能赢否?

但有一点胡雪岩不会怀疑,那就是王有龄一旦发迹是绝不会忘记

第三章 为人处世的心得：以方圆之道求生存

他的。

　　胡雪岩资助王有龄的这笔款子原是吃了"倒账"的，就钱庄而言，已经作为收不上来的"死账"处理了，如果能够收到，完全是意外收入。

　　欠债的人背后有个绿营的营官撑腰，钱庄怕麻烦，也知惹不起他，只好自认倒霉。但巧的是此人偏偏跟胡雪岩有缘，两人很谈得来。他欠的债别人收不来，可胡雪岩一开口就另当别论了。而此人最近又发了财，当胡雪岩登门说明来意后，他二话没说，把钱如数交到了胡雪岩手中。

　　胡雪岩当时心想，反正这笔款子钱庄已当无法收回处理，转借给困境中的王有龄，将来能还更好，万一不能还，钱庄也没有损失。

　　如果胡雪岩把这事悄悄办了也不会出问题，可事情坏就坏在他把事情和盘托出了，而且自己写了一张王有龄出面的借据送到总管店务的"大伙"手里。

　　钱庄老板震怒于胡雪岩的自作主张，把店里的钱拿去做人情，不仅给钱庄带来了经济损失，而且在店员中树起了一个恶例。尽管胡雪岩坦言相告，但并不能保证其他店员不跟胡雪岩学这类似的转手把戏，长此下去，还不把钱庄给砸了？

　　同行和熟人那里，也有人私下议论，绝不相信以胡雪岩的精明，会做出损己利人的事。所以对胡雪岩的坦言不但不信，而且觉得大可从这种交待上怀疑开去。保不准是狂嫖滥赌，欠下一屁股债，现在没办法了，就挪用款项，然后编造出一个"英雄赠金"的故事来。

　　归在一起，就是不能用这种人了。不但原店不能用，而且同行也不能用，同业中虽都知他是一把好手，但恶名一传，别人想用也不敢用。胡雪岩在杭州无法立足，最后只好离开杭州，流落到上海。

　　胡雪岩到上海后，生计窘迫，只好去做苦力，每日以烧饼白开水充饥，艰难时只得把自己的袍子也送进了当铺。

　　他一度求职无门，最后回到杭州托人介绍他到妓院去给别人扫地挑水。

这是一段茫无尽头的苦日子。因为胡雪岩只是把钱赠给了王有龄，但是王有龄是否能捐官成功，何时能捐官成功，他心里都没有底儿。他只能在心里默默念道："王有龄啊王有龄，但愿你一帆风顺，如愿以偿，我胡雪岩才有出头之日！"

王有龄花银子加捐为候补知县，分发浙江，拿了一张簇新的"部照"和交银收据，打点回程，到杭州候补。

没几天，被委为浙江海运局坐办，主管海上运粮事宜，是个很有油水的差事。

王有龄到"海运局"上任后的第一件事就是帮胡雪岩重新把丢了的饭碗找回来。

王有龄有意到钱庄摆一摆官派头，替胡雪岩出一口恶气，但胡雪岩不同意这么做，不同意让钱庄的"大伙"难为情。胡雪岩很细心地考虑到他那些昔日老同事的关系、境遇、爱好，花了整整一上午的时间，替每人备了一份礼，然后雇了一个挑夫，担着这一担礼物跟着他去了钱庄。

钱庄上下人等都知道以前错怪了胡雪岩，现在胡雪岩有王大人撑腰，这次胡雪岩重回钱庄他们准没好果子吃，大家惴惴不安地等着胡雪岩的到来。

可他们万万没想到胡雪岩满脸微笑，好像从前的事从没发生过似的，更让钱庄伙计们想不到的是胡雪岩竟还给每个人备了份礼。众人收下礼物后在背后不住地摇头叹息："嗨！咱当初是怎么对待人家的呀，这……嗨！"

就这一下子，胡雪岩就把众人给收服了。人人都有这样一个感觉：胡雪岩倒霉时，不会找朋友的麻烦，他得意时，一定会照应朋友。

胡雪岩的所作所为，让王有龄大加赞叹，对他这位莫逆之交愈发敬重，大事小事总要先向胡雪岩请教之后才去办理。

胡雪岩有了王有龄这个靠山，从此才得以出人头地，平步青云。

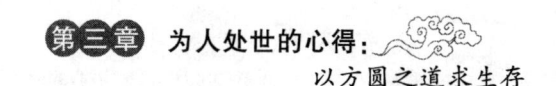

第三章 为人处世的心得：以方圆之道求生存

❀ 一点心得 ❀

对待别人应当像春天一样热情，而不应当像秋风扫落叶那么无情，和气待人、予人帮助，给困难之人以援手，历来都是中国人所尊崇的。待人热情，首先不孤独，乐于助人，显然能得到人们的帮助，渡过生活的难关。胡雪岩的"好运自然来"，说到底是他乐于助人的结果。

无害人意　存防人心

害人之心不可有，防人之心不可无，此戒疏于虑也；宁受人之欺，勿逆人之诈，此警惕于察也。二语并存，精明而浑厚矣。

不可存有害人的念头，也不可没有防人的心思，这是用来告诫那些思虑不周的人；宁可受到别人的欺负，也不预料别人的狡诈之心，这是用来警惕那些过分小心提防的人。能够做到这两点，便能够思虑精明且心地浑厚了。

有一个骗子，自己先搞了一个非法的冒牌公司，自任总经理，同时还私刻了公章，印了名片。偶然一次结识了一个个体户，名片上的头衔一下把对方给唬住了。于是二人很快决定以个体户的名义在当地联合办一个分公司，然后到处张贴广告招聘工作人员，几天时间，应聘的就有三十多人，仅报名费就有一千多元。之后，这个冒牌经理乘机将一千多元现款装进了自己的考克箱逃走。个体户吃了个哑巴亏，因为，三十多名上当受骗者只有找他来算账了。

胡伟原是某厂的翻砂工，曾因赌博、走私文物多次被公安机关处以罚款、拘押和强制劳动改造。1986年去香港探亲未归，打工度日。1990年

由别人出资，他以一万元港币作为注册资金，成立了"香港中行（中国）投资有限公司"，自任总经理。然后，他以这个身份回大陆进行诈骗活动。他身穿名贵的法国"皮尔卡丹"服装，手戴劳力士手表和大钻戒，手持"大哥大"，坐奔驰500豪华轿车，长期包租高级宾馆房间，挥金如土，赞助港台歌星演唱会一出手就是数万元，以此造成一个大老板的外表来迷惑人。他还与一家同政法机关有关系的公司拉上了关系，借以吹嘘自己有"政治背景"云云。他以这副派头十足的姿态招摇过市，骗取了许多人的信任，以投资为名，使许多急于引进外资的善良人中了圈套。他刚来大陆投资开办第一家合资企业时，囊空如洗，就以一份虚假的坯布供销合同，并用行贿手段，骗取了一家贸易公司的70万元贷款，再到广州炒卖，换成100万元港币，又将100万元港币汇至香港一家银行，最后由香港汇入他的"合资企业"充抵外汇投资。以这笔投资为基础，他凭着他的派头招摇撞骗，在一年多的时间里，骗取银行贷款1 900余万元，开办了五家"合资企业"。最后携巨额外汇潜逃境外，身后留下的是叫苦不迭的五家合资企业，有的没开张就告夭折，有的从盈利走向亏损。像胡伟这样一个两手空空、劣迹累累、连写信都是错字连篇的家伙，为什么能如此财运亨通、设计骗局且能连连得手呢？主要原因是我们的一些人被他派头十足的外表、行为和冠冕堂皇的头衔所迷惑，放松了警惕性，盲目信任。如果这些人能够保持较高的警惕性，对他的资信情况和来龙去脉做一番调查，是不难认清其真实面目的，也就不会上当受骗了。

一点心得

害人之心不可有，防人之心不可无，这其实是辩证的。同样，可以不欺人，但不可不防人之诈，正反相成，才能使人精明、思虑周到、世事调和。这也是人情练达的表现。现实社会是复杂的，人不能在任何情况下都相信别人。虽然说人们不一定非得虚伪不可，但绝对应当有防人之心。

第四章

求学问道的心得:辨真识假才能步入学与用的境界

劝学的人常以名誉利禄诱惑人,劝善的人常以幸福吉祥来诱惑人,这种学是假学,是假善假道;学习是为了增长知识,提高道德,修德是为了提高自己的素质,此为真学,为真道,并不是为了装点门面,附庸风雅。心平气和去读书,书中自有人生道理,为虚名去读书,到头来一场空,求名不成反误其身。

修德忘名　读书深心

学者要收拾精神，并归一路。如修德而留意于事功名誉，必无实诣；读书而寄兴于吟咏风雅，定不深心。

做学问就要集中精神，一心一意致力于研究。如果在修养道德的时候仍不忘记成败与名誉，必定不会有真正的造诣；如果读书的时候只喜欢附庸风雅，吟诗咏文，必定难以深入内心，有所收获。

三株药业集团总裁吴炳新，出身贫寒，面对残酷的人生，吴炳新过早地挑起生活的重担，下地捡粪、除草、灭虫、挖地、挑水等体力活一年干到头，从不空闲。直到11岁时，大哥决定，再穷也要让炳新上学读书，苦难的生活使炳新朦胧地懂得，穷人的孩子要想有出头之日，自古以来就是要靠读书。这样才能自己养活自己，才能有立足之地。

吴炳新十分珍惜这来之不易的学习机会，拼命地学习，争分夺秒地往前赶课程。没有书，就用手抄；没有纸，用石板代替；没有笔，用石块划。夏天的晚上，别人乘凉神侃的时候，他趴在油灯下苦读；冬天双手冻得通红僵硬，他照旧写字做算术。放学后，他跟大哥去干农活也随身带上一本书，休息时，不是大声朗读课文就是用树枝写写划划。这样，悟性很高的吴炳新仅用4年时间就学完了6年的高小课程。这时，贫穷中断了他的学校生活。不能在学校学习，吴炳新就开始借书读，只要谁家有书，他就去借，别人不肯借，他就硬赖在别人家里看。

每个人的道路不同，有的人是在干中学习的，也获得了成功，而对于吴炳新来说，由于年龄已大，起步晚，就必须更早地做好准备，等机遇出

第四章 求学问道的心得：
辨真识假才能步入学与用的境界

现时，才可能及时抓住。

1954年，全国普遍成立了初级社，16岁的吴炳新自告奋勇当了村初级社会计。由于他的运算能力过人，加之讲起话来滔滔不绝，头头是道，乡亲们就给他取了两个绰号"铁算子"和"铜嘴子"，后来他又成了11个高级社的总会计。1958年，吴炳新被乡亲们推选去支援包钢建设，包头矿务局把他招收为国家正式职工。由于他忠实可靠，工作出色，不久就担任了主管会计，后来又被提升为销售科长。面对这些吴炳新并不满足，他感觉到自己的能量没有完全发挥出来，与老同志比，与知识分子比，与矿上一些有文化的人比，差距很大，尽管自己努力工作，可总是赶不上人家。经过一段时间的思考，他发现自己最大的弱点是知识不够，理论功底不坚实。为此，他发誓要补上这一课。

他夜夜攻读，心无旁骛，对政治、经济、历史、文学广泛涉猎。

他成了一个学习狂，什么都学，没有目的没有边际。要不是改革开放年代到来，他会这么一直学下去。

当吴炳新在学习的汪洋大海中载沉载浮时，1978年党的十一届三中全会胜利召开了。吴炳新凭着自己的学识经历，强烈地意识到，党的中心工作转向经济建设，意味着一个新时期的来临。这对于个人来说，既是机遇，也是挑战，吴炳新在一次又一次的反省、剖析自己的过程中深刻地认识到，在经济社会中要有所作为，特别是要有大的作为，非要进一步充实自己的经济理论不可。在吴炳新的知识结构中，经济理论比较薄弱，尤其是商品经济理论更为薄弱。于是他又一次给自己制定了一个完整的学习计划，以求能大展宏图。

吴炳新尽自己一切力量在包头搜集他能搜集到的一切经济学著作。他白天工作，晚上经常学习到深夜。这样，他系统地学习了欧洲的工业史，尤其是对资本以及由资本所带来的一切社会变迁进行了认真的探讨研究。然后他又研读了大量的经济学理论，从英国的大卫·李嘉图的古典经济学

理论开始，到马克思、列宁、毛泽东的经济理论，吴炳新付出了大量的心血。他最不能忘记的是读马克思的《资本论》的日子，一天晚上，他和一位教师，后在三株辉煌时期担任过三株公司下属的研究所所长的王龙卿讨论积累趋势的时候，情激之处，两个人开始大声地辩论起来，老伴还误认为吴炳新和王龙卿在吵架，马上赶来劝阻他们。一直讨论到下半夜，两个人饥肠辘辘，吴炳新才找来一碟花生米和半瓶散装老白干。三杯酒下肚后，两人又进入激烈的讨论状态。

吴炳新在这段时间里，不仅研读了大量的经济学著作，而且还写下了数十万字的经济学论文。这些颇有独到见解的论文，虽然是十多年之后才得以面世，但它仍在经济学界、社会学界、文化界、金融界、新闻界、政界、商界引起了巨大反响。

一点心得

历来做学问讲究个勤字，勤中苦，苦中乐，本来就没捷径可寻，所谓"读书之乐无窍门，不在聪明只在勤"，有一分耕耘才能有一分收获。课堂上所学只是师傅领进了门，要想有高深造诣全靠自己下苦功。读书只知道吟风弄月讲求风雅，寻章摘句不务实学不求甚解也不深思，这种人永远不可能求到真才实学。

心地干净　方可读学

心地干净，方可读书学古。不然，见一善行，窃以济私，闻一善言，假以覆短，是又藉寇兵而济盗粮矣。

心中有一方净土，能够做到纯洁无瑕的人，才能够研读诗书，学习圣

第四章 求学问道的心得：
辨真识假才能步入学与用的境界

贤的美德。如果不是这样的话，看见一个好的行为就偷偷地用来满足自己的私欲，听到一句好话就借以来掩盖自己的缺点，这种行为便成了向敌人资助武器和向盗贼赠送粮食了。

金圣叹是明末清初的一位大文人，他满腹才学，却无心功名八股，安心做个靠教书评书养家糊口的"六等秀才"。在独尊儒术，崇尚理学的时风中，他偏偏钟爱为正统文人所不齿的稗官野史，被人称为"狂士""怪杰"，他对此全不在意，终日纵酒著书，我行我素，不求闻达，不修边幅。当时人记载，说他常常饮酒谐谑，谈禅说道，能三四昼夜不醉，仙仙然有出尘之致。

清顺治十八年二月，清世祖驾崩，哀诏发到金圣叹家乡苏州，苏州书生百余人借哭灵为由，哭于庙，为民请命，请求驱逐贪官县令任维初，这就是震惊朝野的"哭庙案"。清廷暴怒，捉拿此案首犯18人，均处斩首。金圣叹是为首者之一，自然也难逃灾厄，但他毫不在乎，临难时的《绝命词》，没有一个字提到生死，只念念不忘胸前的几本书，赴死之时，从容不迫，口赋七绝。《清稗类钞》记载，他在被杀当天，写家书一封托狱卒转给妻子，家书中也只写有："字付大儿看，盐菜与黄豆同吃，大有胡桃滋味，此法一传，吾无遗憾矣。"

一点心得

读书修学，在于安于贫寒心地安宁。美文佳作，却是人间真情。心地无瑕，犹如璞玉，不用雕琢，而性情如水，不用矫饰，却馥郁芬芳。读书寂寞，文章贫寒，不用人家夸赞溢美，却尽得天机妙味，体理自然。

学以致用　注重实际

读书不见圣贤，如铅椠庸；居官不爱子民，如衣冠盗；讲学不尚躬行，如口头禅；立业不思种德，如眼前花。

研读诗书却不洞察古代圣贤的思想精髓，只会成为一个写字匠；当官却不爱护黎民百姓，就像一个穿着官服、戴着官帽的强盗；讲习学问却不身体力行，就像一个只会口头念经却不通佛理的和尚；创立事业却不考虑积累功德，就像眼前昙花一样会马上凋谢。

春秋末年，战国初年，在我国出了一位举世闻名的医学家——扁鹊。

扁鹊的医术很高明，有许多动人的医疗故事。

有一次，他和他的两个徒弟路过虢国。恰好虢国的太子"死"了。京城里闹闹嚷嚷，有的人在祈祷，有的人忙着奔丧。

扁鹊找到了太子的从属官中庶子，详细地询问了太子发病的情况和"死亡"的时间，便说："我觉得太子还可以活过来。"

中庶子说："你这话说得太离奇了吧！死了的人怎么还能复活呢？这恐怕连一两岁的小孩子也是不会相信的。"

扁鹊说："既然您不相信，那就让事实说话吧——请您向国君报告一下，就说有一个名叫扁鹊的人，能救太子的命。现在等候在宫外，听候国君的吩咐。"

中庶子既然不相信这话，自然也就不愿意为他报告。后来，经过扁鹊的再三说服，中庶子才把扁鹊的话报告了国君。国君一听说扁鹊能把死去的太子治活，赶快跑出来迎接。

经过扁鹊的诊断，认为是"尸厥症"，也就是我们现在说的"休克"

第四章 求学问道的心得：
辨真识假才能步入学与用的境界

或"假死"。扁鹊师徒三人，赶快抢救。不一会儿，太子果然活了，接着又进行热敷，还让他吃了二十天的汤药，虢太子完全恢复了健康。

从这以后，天下人都盛传扁鹊有起死回生之术。扁鹊听了，却实事求是地说："我怎么能把死人治活呢！太子的这种病，只是表面静如死状，实际并没真死；我只是用适当的治疗方法，把他从垂死中挽救过来罢了。"

又有一次，扁鹊经过齐国。齐国的国君用接待宾客的礼节招待他。不料，他见到国君就说："您有病了。现在还在肤浅的部位，如不赶快治疗，会向严重的方向发展。"

国君说："我没病。"

扁鹊听了这话就走开了。扁鹊走后，国君对他左右的大臣们说："当医生的就是见钱眼开，想要靠给没病的人治病，来显示自己的医术高明，博取名利。"

过了五天，扁鹊又来见国君，说："您的病已经发展到血脉里了，如不治疗，还会往深处发展。"

国君又说："我没病。"脸上显出很不高兴的样子。

又过了五天，扁鹊又来了，说："您的病已经发展到肠胃里，如不赶快治疗，还会更严重。"

国君连理也没理他，扁鹊只好又走了。又过了五天，扁鹊又来了，他看了看齐侯的脸色，扭头就往回走。这一走，国君却慌了神了，赶忙叫人问扁鹊是怎么回事。扁鹊说："国君的病已经发展到骨髓里了，我已经无能为力了。"

果然不几天，齐国的国君便呜乎哀哉了。

扁鹊这样的医疗故事还很多，是一时说不完的。

扁鹊把他所学的医术运用到实践，为祖国医学作出了巨大贡献，他首先确立了"望、闻、问、切"的诊断方法。所谓"望"就是观病人的气色，看病人的舌苔；所谓"闻"，就是听病人的呼吸和说话声音；所谓

"问",就是问病人的发病经过,自我感觉;所谓"切",就是按脉搏,诊断心、肝、肺、胃、脾、肾等处有什么毛病。他在实践中所总结的这些诊断技术,成了历来中医的传统诊断方法,至今还被采用。此外,他还注意常见病、多发病的预防和治疗,会运用汤药之外的针灸、石砭、热敷、按摩等多种治疗方法。并具有一定的朴素的唯物主义思想,提出了不给"信巫不信医","骄恣不论于量"等人治病的"六不治"之说。这些都是非常可贵的。

一点心得

我们提倡走出书斋,读无字之书,这样的读书才会读出成就,读出思想,读出创造。跳出小书斋,走向人生社会的广阔天地,这才是真正的课堂。但是许多读书人并不真正明白这个道理,往往满足于对现成书本的注释,满足于小小书斋中的安逸和宁静。我们这样讲并不是说不该去读书本的知识,并不是看不到书本知识的重要性,恰恰是看到了书本知识的作用,充分看到了它的作用和局限性,才喊出了这样的口号:走出书斋,走向生活。

花铺好色　人为好事

春至时和,花尚铺一段好色,鸟且啭几句好音。士君子幸列头角,复遇温饱,不思立好言,行好事,虽是在世百年,恰似未生一日。

春天到来时,风和日丽,花草树木都会争奇斗艳,为大自然增添一道美丽的风景,林间的鸟儿也会婉转啼鸣出美妙的乐章。读书人通过努力出人头地,过上丰衣足食的生活,如果不思考写下不朽的篇章,为世间多做

第四章　求学问道的心得：
辨真识假才能步入学与用的境界

几件善事，那么他即使能活到百岁，也等于没有在世上活一天一样。

杨逸从小努力读书，勤学好问，29岁时就被魏庄帝授任为吏部郎中、平西将军、南秦州刺吏、散骑常侍。以他这样的年龄而被委以如此重任，还从未有过先例。此后，又被调任平东将军、光州刺吏。

杨逸在任光州刺史时，为治理光州，他费尽心思，不辞劳苦。当时战争频繁，兵荒马乱，民不聊生，杨逸集中精力处理事关百姓生计的大事，以求定安民心，稳定秩序。最难得的是他能放下刺史的官架子，时常到百姓中视察抚慰。为办理公务，夜不安寝，食不甘味，倚仗年轻，常常不分昼夜。他懂得，要想天下太平，必须争取民心，而要想获得民心，必须问民疾苦，从点滴做起。因此，每当州中有人被征招从军，他一定要亲自送行，有时风吹日晒，有时雪飘雨狂，许多人都坚持不住，他却毫无倦意。治政、治军要讲究宽猛相济、恩威并施，杨逸也熟谙此道。他仁爱百姓，又法令严明，恶徒狂贼都不敢在州中惹是生非，全州境内，上下肃然。他最恨那些豪强奸诈之徒，在州中四处布下耳目，随时监督，稍有动静就立即剪除。他以严格的纪律约束部属，手下的官吏士兵到下面办事，都自带口粮。如有人摆下饭菜招待，即使在密室，也不敢答应，问其缘由，都说杨逸有千里眼，明察秋毫，哪个做了错事能瞒得过？

杨逸非常关心百姓疾苦。当时因连年灾荒，粮食奇缺，饿死很多人，杨逸见状，心急如焚，决定开仓放粮赈灾，救百姓于水火之中，可管粮的官吏惧怕私自动用国库存粮会招致大祸，执意不肯。杨逸也明白，不经上奏批准，擅自发粮，如果朝廷怪罪，将有生命之虞。可是要按常规具文请奏，等待批答，文书往来，颇费时日，不知又要饿死多少百姓，宁可获罪，也要放粮，他坚决地对手下人说："国以民为本，民以食为天，百姓不足，君王岂能有足。开仓放粮由我而定，责任亦由我一人担当，即使获罪，我也心甘情愿，死而无憾，与他人无涉！"随即果断下令开仓，将粟米发给了饱受饥饿煎熬的百姓。然后，杨逸马上写好奏章，向朝廷申说

详情。

奏章送到朝中,庄帝与群臣议事,以右仆射元罗为首的大臣认为国库储粮不可轻易动用,杨逸之请,应予驳回。尚书令、临淮王元或则认为形势紧急,应贷粮两万。最后庄帝恩准两万。

杨逸放粮后,还有为数不少的老幼病残者仍难活命,他便派人在州府门口摆上了大锅煮粥,施舍给这些人,使之不致饿死。杨逸之举,无异雪中送炭,解民于倒悬,那些即将饿死而因杨逸及时赈济终于活了下来的百姓竟然数以万计,庄帝闻听事情本末,也以为处置得宜,连连称赞。

后来,杨逸惨遭家祸,朱仲远派人到光州将其杀害,年仅32岁。全州上下,士吏百姓,听到凶讯后,如同失去了自己的亲人一般悲哀,城镇村落都摆斋设祭,追悼这位年轻仁爱的刺史,竟然一个月始终没有断绝。

一点心得

"春至时和"与"君子幸列头角",乃是生活中最值得欢乐的事,但同时学成之后,为官为吏更该做一些善事、布些德政。既然得意风光,为何不造化于民、布福于众呢?乐善好施,经常救济别人,如融融春日鸟啭好音、花铺好色一样,赢得万众称颂,终是快乐的事。

磨练福久　疑参知真

一苦一乐相磨练,练枫而成福者,其福始久;一疑一信相参勘,勘极而成知者,其知始真。

在人生路上经过艰难困苦的磨练,磨练到极致就会获得幸福,这样的幸福才会长久;对知识的学习和怀疑,交替验证探索研究,探索到最后而

第四章 求学问道的心得：辨真识假才能步入学与用的境界

获得的知识，才是千真万确的真理。

陆九渊，字子静，号存斋，又称象山先生，南宋江西抚州金溪县青田人。其八世祖曾任唐昭宗之宰相，其六世祖于五代末避乱徙居，遂成金溪陆氏。

陆九渊自幼颖悟，性若天成。三四岁时，经常服侍父亲，极善发问。一日，忽然问道："天地何所穷际？"其父笑而不答，他则"深思至忘寝食"；其父呵之，便姑置不想，而胸中疑团不散。5岁读书，6岁受《礼经》，8岁读《论语》、《孟子》，尤善察辨。闻人诵程颐语录，便说："伊川之言，奚为与孔子孟子之言不类？"从此对程颐的理学发生怀疑。11岁时，常于夜间起来秉烛检书，其读书不苟简，而勤考索。13岁时，与其兄复斋共读《论语》，忽发议论说："夫子之言简易，有子之言支离。"一日，复斋（时年二十）于窗下读《伊川易传》，读到《艮》卦，对程颐的解释反复诵读，适逢陆九渊经过，便问："汝看程正叔此段如何？"陆九渊答道："终是不直截明白。'艮其背，不获其身'，无我。'行其，不见其人'，无物。"如此透辟的解说，在他却似信口道来。又一日，读书至古人对"宇宙"二字的注解："四方上下曰宇，往古来今曰宙"时，恍然大悟道："原来无穷！人与天地万物，皆在无穷中者也。"终于解开了十年前百思不得其解的难题。于是，他进一步开阐说："宇宙便是吾心，吾心即是宇宙。东海有圣人出焉，此心同也，此理同也；西海有圣人出焉，此心同也，此理同也；南海北海有圣人出焉，此心此理，亦莫不同也。"陆九渊心学之大端，于此尽显无遗。后来，门人詹阜民问："先生之学亦有所受乎？"陆九渊说："因读《孟子》而自得之。"这正是陆九渊与理学家的不同之处。

53岁时，奉命守荆门军，此处乃古今征战之所，宋金边界重地，素无城壁。早有人欲意修筑，却惮费重不敢轻举。陆九渊仔细研究后，只用三万即告完成。平日他常常检阅士卒习射，中者受赏，郡民亦可参与。料理

一年，兵容大振，周丞相称赞说："荆门之政，可以验躬行之效。"充分肯定了心学的修身应事之功。

陆九渊很早就开始探究"天地何所穷际"这个宇宙的大秘密。陆九渊说："人心非血气，非形体，广大无际，变通无方。倏焉而视，倏焉而听，倏焉而言，又倏焉而动，倏焉而至千里之外，又倏焉而究九霄之上。'不疾而速，不行而至'，非神乎！不与天地同乎？"又说："心，只是一个心。某之，吾友之心，上而千百载圣贤之心，下而千百载复有一圣贤，其心亦如此。心之体甚大，若能尽我之心，便与天同。"所以，当他看到"四方上下曰宇，往古来今曰宙"这句古文时，便不禁要发出感慨：原来无穷！天地无穷，我心亦无穷。"万物森然于方寸之间，满心而发，充塞宇宙，无非此理"。因而，"宇宙便是吾心，吾心即是宇宙"。"宇宙内事，是己分内事；己分内事是宇宙内事"。所以，他要人"收拾精神，自作主宰"，不崇拜古人，不迷信先儒，做顶天立地的超人。

一点心得

在艰苦中磨练而得的幸福足以珍惜而长久，在温室中的花朵是经不起风吹雨打的。求知也是同样的道理。一个人一生的知识很多是从书中得来，不过也要听取人们的言论，观察周围事态的变化，因为仅仅靠书本上得来的知识是不够用的，更不要说书中知识还会有偏差和错误，当一个人学识肤浅时疑问也少，学问越是高深疑问也就越多，因此古人才有"学无止境"的说法。不论求幸福，还是求知识，都需要经过个人的努力，经过反复锤炼才会得到，才会牢靠。

第四章 求学问道的心得：
辨真识假才能步入学与用的境界

身居逆境　砥节砺行

居逆境中，周身皆针砭药石，砥节砺行而不觉；处顺境内，眼前尽兵刃戈矛，销膏靡骨而不知。

人处在逆境中，仿佛置身于治病用的针砭药石之中，可时时自觉纠正自己的过失，陶冶自己的性情；处在顺境中，眼前就像布满了看不见的刀枪戈矛，人的意志逐渐消磨也浑然不觉。

秦孝公任用商鞅变法后，秦国越来越强大。面对着这种趋势，其他六国不免恐慌起来。有的主张六国联合起来，共同抵抗秦，这种主张被叫做合纵；有的主张六国中的任何一国联合秦国，来攻击其他国家，这种主张被叫做连横。在这场"合纵连横"活动中出现了许多能言善辩、靠游说获得禄、进仕途的游士、说客。苏秦就是一个突出的代表。

苏秦出身于农民家庭，家里很穷，他读书时，生活非常艰苦，饿极了就把自己的长发剪下去卖点钱，还常常帮人抄写书简，这样既可以换饭吃，又在抄书简的同时学到很多知识。这时，苏秦以为自己的学识已差不多了，就外出游说。他想见周天子，当面陈述自己的政见、对时势的看法，但没有人为他引荐。他来到西方的秦国，求见秦惠文王，向他献计怎样兼并六国，实现统一。秦惠文王客气地拒绝了他的意见，说："你的意见很好，只是我现在还不能做到啊！"苏秦想，建议不被采纳，能给个一官半职也好嘛，可是他什么也没有得到。他在秦国耐着性子等了一年多，家里带来的盘缠都花光了，皮袄穿破了，生活非常困难，无可奈何，只好长途跋涉回家去。

苏秦回到家里，一副狼狈的样子，一家人很不高兴，都不理他，父母

不与他说话，妻子坐在织机上只顾织布，看也不看他。他放下行李，又累又饿，求嫂嫂给他弄点饭吃，嫂嫂不仅不弄，还奚落他一顿。在一家人的责怪下，苏秦非常难过。他想：我就这么没出息吗？出外游说，宣传我的主张，人家为什么不接受呢？那一定是自己没有把书读透，没有把道理讲清楚。他感到很惭愧，但是他没有灰心。他暗暗下决心，要把兵法研习好。

有了决心，行动也跟上来了。白天，他跟兄弟一起劳动，晚上就刻苦学习，直到深夜。夜深人静时，他读着读着就疲倦了，总想睡觉，眼皮粘到一块儿怎么也睁不开。他气极了，骂自己没出息。他想，瞌睡是一个大魔鬼，我一定要想法治治它！他想的是什么法子呢？他找来一把锥子，当困劲上来的时候，就用锥子往大腿上一刺，血流出来了。这样虽然很疼，但这一疼就把瞌睡冲走了。精神振作起来，他又继续读书。

苏秦就这样苦苦地读了一年多，掌握了姜太公的兵法，他还研究了各诸侯国的特点，以及它们之间的利害冲突，他又研究了诸侯的心理，以便于游说他们的时候，自己的意见、主张能被采纳。这时苏秦觉得已有成功的条件，他再次出家，风尘仆仆地踏上了游说之路。

这次苏秦获得了很大的成功。公元前333年，六国诸侯正式订立合纵的盟约，大家一致推苏秦为"纵约长"，把六国的相印都交给他，让他专门管理联盟的事。

受挫自省，不怨天尤人；刺股律己，终成大器。苏秦的这条成才之路，给后人留下了养成良好德行的许多启示。

一点心得

看待人生的起落顺逆应该有辩证的观点。居逆境固然是痛苦压抑的，但对一个有作为、能自省的人来讲，在各种磨砺中可以锻炼自己的意志，修正自己的不足，一旦有了机会，就可能由逆向顺。居顺当然是好事，但

第四章 求学问道的心得：
辨真识假才能步入学与用的境界

对于一个没有良好的品质和远大追求的人来讲，优裕环境中往往容易堕落腐败，这和在清苦环境中的容易发奋上进道理一样。一个人生活一优裕，就容易游手好闲不肯奋斗；反之如果处在艰苦穷困的环境中，"穷则变，变则通"。所以贫与富不是绝对不变的，顺与逆也是可以相互转化的。

勿夸所有　可为学问

前人云："抛却自家无尽藏，沿门持钵效贫儿。"又云："暴富贫儿休说梦，谁家灶里火无烟？"一箴自昧所有，一箴自夸所有，可为学问切戒。

古人说过："有人把自家无尽的财富放在一边不用，却仿效一无所有的穷人拿着钵子沿门沿户去讨饭。"又说："突然暴富的穷人不要信口开河，哪家的炉灶烟囱不冒烟呢？"前一句话告诫人们不要妄自菲薄，后一句话是告诫人们不要自我夸耀，这两种情况都应该作为做学问的鉴戒。

唐初贞观二年，太宗谓侍臣曰："人言作天子则得自尊崇，无所畏惧。朕则以为正合自守谦恭，常怀畏惧。昔舜诫禹曰：'汝惟不矜，天下莫与汝能争；汝惟不伐，天下莫与汝争功。'又《易》曰：'人道恶盈而好谦。'（按：实为《易·谦》卦《彖辞》）凡为天子，若惟自尊崇，不守谦恭者，自身倘有不是之事，谁敢犯颜谏奏？朕每思出一言，行一事，必上畏皇天，下惧群臣。天高听卑，何得不畏？群公卿士，皆见瞻仰，何得不惧？以此思之，但知常谦常惧，犹恐不称天心及百姓意也。"

魏征曰："古人云：'靡不有初，鲜克有终。'（按：见《诗经·大雅·荡》）愿陛下守此常谦常惧之道，日慎一日，则宗社永固，无倾覆矣。唐虞所以太平，实用此法。"

曾国藩去世后，江苏巡抚何璟首论其功，其中谈到："臣昔在军中，

每闻谈及安庆收复之事，辄推功于胡林翼之筹谋，多隆阿之苦战。其后金陵克复，则又推功诸将，而无一语及其弟国荃。谈及僧亲王剿捻之时，习苦耐劳，辄自谓十分不及一二。谈及李鸿章、左宗棠一时辈流，非言自问不及，则曰谋略不如，往往形之奏牍见之函札，非臣一人之私言也。"

从时代背景上看，处于乱世而谦抑，不失为一个明智的自保之道。但人是一种对名利极其感兴趣的动物，有时甚至为了名而不要命。曾国藩能像东汉光武手下的"大树将军"冯异那样将功劳让给别人，实在是难能可贵。正如他自己所言："贵谦恭，貌恭则不招人之侮，心虚可受人之益。吾人用功，力除傲气，力戒自满，毋为人所冷笑，乃有进步也。居今之世，要以言逊为直。有过人之行而口不自明，有高世之功而心不居，乃为君子自厚之道。"

一点心得

谦虚的人往往能得到更快的进步。因为谦虚，可以学到很多东西。谦虚谨慎是一种美德，更是每个人走好人生之旅的必备之具。只有谦虚，才会不断要求上进，才会善采人之长而补己之短，才会严格要求自己，才会使自己学有所成。

以苦为乐　苦尽甘来

世人以心肯处为乐，却被乐心引在苦处；达士以心拂处为乐，终为苦心换得乐来。

世人都认为能满足心愿就是快乐，可这种愿望常常被快乐引诱到痛苦中；达士平日能忍受各种横逆不如意的折磨，在各种磨练中享受奋斗抗争之乐，最终换来真快乐。

第四章 求学问道的心得：
辨真识假才能步入学与用的境界

《中国青年》曾经刊载了徐世鼎读书的感人故事。报道说，13岁的徐世鼎向国家上缴粮食100公斤，税款26元，成为共和国最年轻的纳税人。同年，由于交不起40元学费，几乎被乡中学拒于门外。三年后，他又因拖欠学费，险些被取消中考资格。但是所有的这些，都没有将他的读书梦打断。

徐世鼎是一个普通的山村孩子，父母离异，他跟了父亲。当他考上中学，并向父亲表示想上学时，冷漠的父亲无情地拒绝了他。为了上学，他向父亲下跪，但父亲不为所动。无奈，他向自己的大姐借钱，大姐只有10元，而学费需要50元。他又去找哥哥，哥哥没有钱，只能陪他一起到学校苦苦哀求，暂时欠着。学校同意了，但父亲却常常逼他退学。徐世鼎利用自己所有的空余时间做了家里所有的活，但这并未能使他的父亲感动。半个学期过去了，学校催交学费，可父亲照样分文不给。徐毅然决定和父亲分家。在生产队主持下，一亩三分田，一间泥巴小屋，100多元的欠款和两袋稻谷就成了他全部的家产。年仅13岁的他心如刀绞般痛。读书！一切只为读书！亲情割断，父子分离，生活自理。

农闲时，他每天5点钟起床，做完家务，6点赶到学校上课。赶着在放学后到田里去做活；农忙季节，他请假在家打谷施肥；假期里，他外出打工、扛木头、拉竹子、运砖。虽然劳累了一天，但到了晚上，他还是会就着一盏油灯翻开课本。靠着自己一双手，他成为乡里一名合格的纳税人，每年依法向国家上缴公粮和农业税。在学校，他是成绩名列前茅的好学生。生活的艰辛，让一个年仅13岁的孩子体会得尤其深刻。三年的中学生活，尽管他节衣缩食，但还是欠下学校近400元学费。初中就要毕业了，学校说不补交齐欠款，不发中考准考证。没有办法，他只有四处借债。一个月后，他接到了市重点高中的通知书。

可是，学校报名通知书上写着的150元学费让他望而却步。他只有扛起行李来到离家50里的一个山区水电站工地，去做最廉价的小工。干活最卖力的他只要有一点空闲，就抓紧自学高一课程。同学和老师从工地上

找到他，学校免了他的学费，同学也向他伸出友谊之手。第一学期，他的学习成绩排全班第三，当年底，他被市里命名为"克服艰难困苦，勤奋学习的优秀共青团员"。正是凭着刻苦学习的精神，他获得了新的生活方式，也逐步走向了不凡的阶梯。

一点心得

一个人的成功，可以从恶劣环境中奋发而来，所谓"十年寒窗无人问，一举成名天下知"，苦尽而甘来，足以享受成功的喜悦。逆境中条件艰难，需要不气馁；顺境中谨防止步不前，需要不自满。为志向而奋发，才会有抗争之乐。

闲中学习 忙时受用

闲中不放过，忙处有受用；静中不落空，动处有受用；暗中不欺隐，明处有受用。

在闲暇的时候不要轻易放过宝贵的时光，要利用空闲做些事情，等到忙碌紧张时就会有受益不尽之感；当安闲的时候也不要忘记充实自己的精神生活，等到大批量的工作一旦到来才会有从中得力之感；当你一个人静静地在无人处，却能保持你光明磊落的胸怀，既不生邪念也不做坏事，那你在众人面前、在社会、在工作中就会受到人们的尊重。

刘可，瘦小的身材，身着一套极普通的便装，脚上踏的是一双已难分辨出是什么牌子的旅游鞋，肩上背着一个大行囊，手里还提着一个印着某公司名称的重重的大纸袋。如果不理会她总是肩背手提的负重样子，单从她梳着的一条随意的"马尾刷"和那张总是带着两个笑窝的稚气的脸上，

第四章 求学问道的心得：
辨真识假才能步入学与用的境界

你可能会认为这是一个最多上高中的女孩子。

但是，你也许不相信，这个貌不惊人、谦和的女孩子竟然是一家较有名气的外资企业的总经理的秘书。更让人不能相信的是，这个只有高中文化水平的女孩子，竟敢于面对两位不同国籍的老板——一位英国籍老板，一位法国籍老板。她不仅让他们承认了她，而且有时还能听命于她的"发号施令"。

一年多前，她踏进了目前就职的这家公司。尽管好朋友曾劝告她，在外企就职，对于她这样一个只有高中文化水平的女孩子，本来就很艰难了，又要面对两个不同国籍、有着不同文化背景的外国老板，工作难度简直不敢想象。

刚进公司那段日子是最难熬的。总经理们只把她当成个干杂事的小职员，不停地派些零七八碎的事情让她做，同事们也当她是个毛孩子，刘可委屈得不知流了多少泪水。但她忍耐着，她不断地学习，以此寻找着让别人认识自己的机会。

除了把工作做得周到细致外，她还把自己所能见到的各种文件，全部都抢到自己的工作台上，只要有空就去认真翻阅琢磨，学习公司的业务。对于外文文件的文字障碍，就不厌其烦地去翻看她的那两本无声老师——英文字典、法文字典。时间久了，她对公司的业务可以说了如指掌，为自己进入通畅的良性工作循环状况做了坚实的准备。

外文水平在与日俱进，这种速度令她自己都吃惊不小——业务方面的外文文件看起来盲区少多了。两位老板对她刮目相看，不久就让她做了秘书。实际上，在这个公司，她相当于副总，公司的日常事务都由她来管。

作为一个大公司的职员，没有足够的现代知识武装头脑，失去生存机遇的可能性就是百分之百。所以，她给自己制定了严格的学习计划——学习外语，学习计算机。在她的时间表里，休息日的概念早已模糊。

在正常的五天工作日，坚守工作岗位，而身为老板的身边工作人员，又需要她为老板的活动做好一切安排。她要把老总们所要做的一切安排得井井有条，以便老总们眼到明白，手到事情就能处理。为此，她常常都要加班，时间在她那儿已被挤压得没有什么空隙，经常是别人都快下课了，她才急匆匆地赶到，抱歉地向老师打个招呼，就全神贯注地进入了学习状况，有时又是留恋地不得已提前退出了课堂。就是这样，她还是风雨无阻地坚持着。她常说，等我有了钱，我会给自己营造一个安稳的、理想的学习环境。

一点心得

用知识来充实自己不是一朝一夕就能功德圆满、学有所成的。平时不抓紧时间积累知识，平时不注意时刻为自己充电，指望临时抱佛脚不可能有长久的效果。这就说明"闲中不放过，静中不落空"的功用，"临阵磨枪"，"临渴掘井"，是不能从容应付的。所以一个有作为的人必须注意平时的磨练、积累，才会工作有一定之规，做事有一定见识。

道要常悟　学贵有恒

凭意兴作为者，随作则随止，岂是不退之轮？从情识解悟者，有悟则有迷，终非常明之灯。

凭一时感情冲动和兴致去做事的人，等到热度和兴致一过事情也就跟着停顿下来，这哪里是能坚持长久奋发上进的做法呢？从情感出发去领悟真理的人，有能领悟的地方也会有被感情所迷惑的地方，这样始终无法成为一盏永久光亮的灵智明灯。

第四章 求学问道的心得：
辨真识假才能步入学与用的境界

康熙是一个十分好学的皇帝，他的御书房里，摆满了各种古今书籍，其中有不少还是他亲自主持编纂的，如《数理精蕴》、《康熙字典》、《律旨正义》等等。正如他在《庭训格言》所言："朕自幼好看书，今虽年高，犹手不释卷。诚天下事繁，日有万机，为君一身处九重之内，所知岂能尽乎！时常看书，知古人事，靡可以寡过。"他读书的目的不是为了附庸风雅，炫耀知识，而是"……于典谟训诰之中，体会古帝王孜孜求治之意，即欲使古昔治化，实现于今。"身为一国之君，为求治国之道，使自己少犯过错，常以古今义理自悦，数十年如一日，不知疲倦。

三藩叛乱期间，康熙军政事务十分繁忙，累得生病吐血。养病期间，他仍是手不释卷。辅导他学习的大臣们都劝他休息几天，康熙坚决不同意。他说："读书就得吃苦。这是一种花苦功的事。只有功夫不断，学习方能长进。如果停学多日，必将荒废学业，前功尽弃。军务虽忙，总有空闲，可以挤时间进讲。"

在战争年代如此，在和平时期更是孜孜不倦，惜时如金。公元1864年（康熙二十三年），他到南方巡视，船泊南京燕子矶，已是夜深人静，万籁俱寂。三更过后，康熙座船上依然灯火通明，他此时还在与高士奇兴致勃勃地谈经论文呢！高士奇怕皇上劳累过度，要起身告辞，康熙却笑了笑说："这个问题今天不弄明白，我也睡不着呀。我从五岁读书，每天睡晚一点已养成习惯。读书可以陶冶人的性情，增长知识，其乐无穷，就是稍有倦意，也被赶跑了。"巡视期间，不论是官员还是老百姓，只要有学问，他都愿意与他们一起研讨，并因此而发现了不少人才。

康熙的读书兴趣非常广泛，除经、史、子、集外，天文、地理、历法、数学、军事、美术无不涉及。如他主持编纂的《数理精蕴》就是在天文和数学方面，保持我国传统成果、吸收西洋精华的一本高水平学术著作。

康熙是我国历史上一位功业卓著的政治家，文韬武略，运筹帷幄。在

统一祖国，发展生产，加强民族团结和抗击沙俄侵略中作出过重大贡献。他开创了中国历史上又一个昌盛的时代——"康乾之治"。他的勤奋好学，持之以恒，不仅给了他文治武功的能力，而且陶冶了他的情操。

一点心得

从做学问的角度来看，不退之轮，就是佛经里所说的法轮，如来说法时，经常运用佛法摧毁众生的执迷邪恶，使众生恍然大悟之后转成正果，这种道理很像车轮轧过的地方一切邪见都被摧毁。有时也叫"不退转轮"。"不退之轮"，是说进德修业的心永不停止。

从求学问道的角度来看，做学问的方法是多种多样的，也是无穷无尽的，但集中起来说却又离不开"有恒"二字，若要持恒，就必然使学习时间长，就要处理好读书和做事的关系。能否完成并做到持恒的关键在于你是否善于挤时间学习。

金须百炼　轻发无功

磨励当如百炼之金，急就者，非邃养；施为宜似千钧之弩，轻发者，无宏功。

磨励自己的意志应当像炼金一样，反复锻炼才能成功，急于成功的人，没有高深的修养；做事就像使用千钧之力的弓弩一样，要有的放矢，如果轻易施为，不会建立宏大的功业。

三国时，东吴有位名将叫吕蒙。吕蒙打起仗来非常勇敢，但是他不喜欢读书，文化水平低，影响了才干的增长。

有一次，孙权和吕蒙一同讨论打仗的方案。吕蒙说不出多少自己的见

第四章 求学问道的心得：
辨真识假才能步入学与用的境界

解。孙权因此而受到启发，他认为：这些打仗勇敢的将领应该提高文化，增长才能才是。

于是，孙权对吕蒙说："你现在掌握了军权，身上的担子很重，应该多读点书，努力提高自己的水平。"

吕蒙不以为然地回答道："军队里的事务工作已经够忙的了，哪里还有时间读书啊！"

孙权说："如果说忙，难道你们比我还忙吗？我小时候读过《诗经》、《礼记》、《左传》、《国语》，管理国家大事以后，又读了许多历史书和兵法之类的书籍，都觉得受益匪浅。我希望你多学点历史知识，可以读读《孙子》、《六韬》、《左传》、《国语》等书。像你们这样天资聪颖的人，又加上有多年的战争经验，只要抓紧时间学，就会有收获的。"

吕蒙说："我怕自己年龄大了，学习起来会有困难。"

孙权说："学习不只是年轻人的事，从前光武帝在打仗的时候都手不释卷。还有曹操，年纪愈大愈好学。你又有什么顾虑呢？"吕蒙听了孙权的教导，就开始读书学习。开始读书时常打瞌睡，提不起兴趣。但他仍坚持住不懈怠。学了一段时间觉得有些收获，决心就更大了。就这样，天长日久学习了各种书籍，使吕蒙成为一个知识渊博、有智有谋的人了。

有一次，鲁肃执行任务，经过吕蒙的驻地，就顺便去看望吕蒙。俩人谈起关羽，说这个人很厉害，不可轻视。当时鲁肃把守的战区正好与关羽是互相邻接的。

吕蒙问鲁肃："你现在离关羽的驻地这么近，责任重大啊！不知有什么防止事变的策略？"鲁肃原本认为吕蒙是个武将，心里并不怎样看得起他，因此，就随口回答："到时候再说吧！"

吕蒙听了鲁肃这样漫不经心的回答，就批评他说："你可不能如此大意啊！关羽是个智勇双全的大将。我还听别人说，他特别好学，尤其对《左传》研究得更为深透。现在东吴和西蜀表面上好像很友好，但我们还

是要提高警惕，防止不测。跟关羽这种人打交道，没有准备是要吃亏的啊！"

鲁肃问道："那你有什么好办法吗？"

吕蒙见鲁肃征求自己的意见，就献上了三条计策，讲得有理有据。

鲁肃一听大为惊讶，没有想到吕蒙会有这样高的水平。他连连点头，极为赞赏地拍着吕蒙的肩膀说："老弟啊！我原来只知道你是个武将。谁知道如今你的学识已有这样高的水平，再也不是从前的吕蒙了！"

吕蒙也高兴地说："士别三日，就当刮目相看嘛！"

后来鲁肃把这件事告诉了孙权，孙权很高兴，感叹地说："像吕蒙这样的武将，读书学习之后，有这样大的进步，实在是没有想到的啊！"

鲁肃说："吕蒙能听从您的教导，刻苦学习，虚心求教，确实是一件令人高兴的事情！"

后来，孙权以吕蒙为榜样，鼓励其他将士也要多读点书，抽时间坚持学习，以提高自身的水平。

吕蒙受了孙权的教育，读书学习，持之以恒，最终取得显著的进步。

一点心得

人生经历，求知问道，身心修养等，须经百炼才能成钢，勤苦方能见效。害怕艰苦、浅尝辄止的人，终不能为以后的人生之路打下厚实的基础。不论做人还是做事，都应有这种厚实的历炼做基础，这样，遇事待人，言语行动才不会轻浮。

第四章 求学问道的心得：
辨真识假才能步入学与用的境界

心领神会　融于事物

善读书者，要读到手舞足蹈处，方不落筌蹄；善观物者，要观到心融神洽时，方不泥迹象。

善于读书的人，要读到心领神会而忘形地手舞足蹈时，才不会掉入文字的陷阱；善于观察事物的人，要观察到全神贯注与事物融为一体时，才能不拘泥于表面现象而了解了事物的本质。

北魏孝文帝，以从汉俗进行民族融合而著名，是一位了不起的少数民族政治家。这位皇帝有一个突出的爱好，喜欢咏诗作赋。史家对他这一爱好不知所由，认为他生在北疆、5岁登基，不可能受过老师的严格训练，却能有较深的文学造诣，是一般理论解释不了的。

对于魏孝文帝这样的有名君王，史书自然不乏溢美之词，但很多史实并非虚构。比如说："手不释卷，在舆据鞍，不忘讲道。""帝善属文，多马上口占，既成，不更一字。""不更一字"恐怕有些夸张，但口授成文恐怕不会假。史书上还具体描写了孝文帝咏诗作赋的场面。

孝文帝率兵攻打悬瓠，在和众大臣饮酒时互相以诗助兴，应酬答对。孝文帝率先作诗说："白日光天兮无不曜，江左一隅独未照。"彭城王勰紧接着说："愿以圣明兮登衡会，万国驰诚混日外"。郑懿说："去雷大振兮天门辟，率士来宾一正历。"在众臣应对后，孝文帝又咏诗道："遵彼汝坟兮昔化贞，未若今日道风明。"

魏孝文帝把对文学的爱好化作辛勤的创作活动，他把自己的文集赠给大臣刘昶作纪念，并且说："虽然这里面的文章有很多是不符合文理要求的，但浓厚的兴趣又不能使我因无知而停止写作，所以这本书赠给你，暂

且作为你茶余饭后的笑料吧。"大臣崔挺从外地来到孝文帝居住的地方，孝文帝对他说："从和你分别到现在，眨眼之间两年已经过去了。我所写的文章已经汇成了一个小集子，现在把副本送给你。"

魏孝文帝又把卓越的文学才能施展于政治斗争之中，从太和十年后的14年间他亲自起草了全部治册，为统一北方增强民族团结作出了贡献。

一点心得

读书做学问，其心智需要既独立于身边的万物，又要使自己全身心地投入其中，并与自然万物及社会万事融为一体。做到心神融洽不泥迹象，你会很快进入一个新境界，不仅会得到妙悟，你的事业也会豁然开朗。

幼不定基　难成大器

子弟者，大人之胚胎，秀才者，士大夫之胚胎。此时若火力不到，陶铸不纯，他日涉世立朝，终难成个大器。

小孩是大人的前身，学生是官吏的前身，假如在这个阶段学习不多，磨练不够，将来踏入社会，很难成为一个有用之才。

孟子名轲，儒学的奠基人之一，中国古代杰出的思想家。他受业于孔子孙儿子思门下，游说于齐、梁之间，上继孔子，兼倡仁义、仁政，主性善，尚气节，重修养，对中国古代的道德传统的形成和发展具有深刻的影响，著有《孟子》一书，传于后世。孟子之所以能够成就一番事业，成为儒家的代表人物，是和其母的教育分不开的。

贤良的孟母深谙邻里之道，为此，不惜几迁其居。一开始孟子的家居住在墓地附近，儿时的孟子还不太懂事，不知什么是该学的什么是不该学

第四章 求学问道的心得：
辨真识假才能步入学与用的境界

的。看到邻居们都以替人办丧事谋生，他也觉得有趣，每日里和一群小孩子在一起，嬉戏玩闹，也学着吹吹打打，打幡送丧，挖坑埋棺。孟母看在眼里，急在心里，她知道不能责怪邻里，他们就以此为生，但如果长久住在这样的环境之中，孩子能学到什么呢？长大了又能有什么作为呢？她深深地感到，自己想让儿子增长知识长大有所作为这里绝非是合适的地方，于是就搬家住到一个集市旁边。

集市之中每天都热闹非凡，各种叫卖之声不绝于耳，小小的孟子又开始学着大人的样子玩沿街叫卖的游戏。孟母看到眼里，急在心中。她深知环境对人的影响是很大的，不能让自己的儿子从小就在这种地方成长。她叹息道："这里也不是我理想中要让孩子住的地方。"于是她又一次带着孟子搬了家。这一次搬到了一所学校旁边住了下来，孩子们则学着大人的样子，学习效法各种礼仪，孟母这才长舒了口气，觉得这次的选择才是对儿子教育的选择，从此在这里居住下来，尔后又多加教诲，才使孟轲成才。

一点心得

一个辅国经世的人才，在于从小的教育，父母就是孩子的第一任教师，一言一行都得顺应规范，否则等孩子大起来改造他，已经太难了。所谓"幼而学，壮而行"、"玉不琢不成器，人不学不知义"、"少年不努力，老大徒伤悲"，都说明了这个道理。千里之行始于足下，一个人的学习锻炼是从年少时开始的。国家社会的未来在下一代人身上，教育学习，培养品德，锻炼意志，下一代人将来才会有所作为，成为有用之才。

浓夭淡久　大器晚成

桃李虽艳，何如松苍柏翠之坚贞？梨杏虽甘，何如橙黄桔绿宅馨冽？信乎，浓夭不及淡久，早秀不如晚成也。

桃李的花朵虽然鲜艳，但怎么比得上苍松翠柏的坚强不屈；梨杏果实虽然甘甜，但怎么能比得上黄橙绿桔蕴含的芬芳？确实如此，浓烈却消逝得快还不如清淡而维持得长久，少年得志还不如大器晚成。

戴震（公元1723—1777年），字慎修，又字东原，安徽休宁隆阜（今屯溪市）人。他是我国18世纪杰出的大学问家、思想家和教育家，尤长于考据、训诂、音韵，为清代考据学派的重要代表人物。

戴震的祖父和父亲，都是大字不识的小贩，而且他们的生意本小，赚钱难以供家人糊口。戴震稍长时，在乡从塾师学习。有了学习机会，他十分珍惜，在学习时十分刻苦，并且勤学好问，善于独立思考。

戴震青少年时，由于家庭生活困难，他不得不放弃上学机会，肩挑小货担，出外做些小买卖。在做小商贩的行途中，他一有机会就拿起书本边走边看，边看边诵，边诵边记。往往出门做一回生意，他就要背诵数页书。就这样，他对《十三经注疏》了如指掌。

戴震过着相当艰苦的生活，但总忘不了读书。后来，他随父做生意客居南丰，在这里他开始"课学童于邵武"。他一边教童蒙学馆以维持生活，一边努力读书，研究学问，故经学日益长进。20岁时，他结识了当时著名的学者江永，即受学于江氏门下。近40岁时，他才参加乡试并中举。从此，生活才安顿了些。

尽管戴震成了举人，但在后十余年里，却屡试不第，只好以教书为

第四章 求学问道的心得：
辨真识假才能步入学与用的境界

业。50岁时曾主讲于浙东金华书院，被钱大昕称为"天下奇才"，推荐给尚书秦蕙田协助修《五经通考》。后会试不第，应直隶总督方观承之聘，修《直隶河渠志》。尔后又游山西，讲学于寿阳书院，修《汾州府志》和《汾阳县志》。乾隆三十八年（公元1699年），清政府开四库馆，由《四库全书》总编纪昀等人引荐，奉诏入四库馆为纂修官。乾隆四十年，戴震已53岁，奉命与当年贡士同赴殿试，赐同进士出身，授翰林院庶吉士。他在馆五年间，主要工作是校书，除《仪礼集释》、《大戴礼记》外，还校有《九章算术》、《海岛算经》、《孙子算经》、《五曹算经》、《夏侯阳算经》等，对于中国古算学的恢复与发展作出了贡献。55岁时，因积劳过度而病逝。

一点心得

"岁寒尔后知松柏之苍劲"。人到晚年固然有夕阳黄昏之叹，但"老当益壮"、"老骥伏枥"之雄心更显得辉煌。人的一生，没有精神追求，即使是正当少年，但颓靡自堕，又有何用？有精神追求和理想抱负，即使在老年却生机勃勃，又何来"徒伤悲"之叹呢？

出世涉世　了心尽心

出世之道，即在涉世中，不必绝人以逃世；了心之功，即在尽心内，不必绝欲以灰心。

超脱凡尘俗世的方法，应在人世间的磨练中，根本不必离群索居与世隔绝；要想完全明了智慧的功用，应在贡献智慧的时刻去领悟，根本不必断绝一切欲望，使心情犹如死灰一般寂然不动。

明朝人王澄,仁和人,字天碧,号雪村,虽然他是农民,但从小专攻写诗作书,他的书法中透露出赵孟頫书法的气势。里甲把他的名字呈报为吏员,布政使却很生气,让王澄到修建阁楼库房处服役。这是冷僻边远的差使,王澄不得已只能接受。一天,他写一首咏马诗:"一日行千里,曾施汗马劳。不知天厩外,谁是九方皋。"他把诗写在府门屏风间。太守见到便问是谁所写,大家答道:"小吏王澄所写。"于是王澄被召见,王澄回答说:"不是,我只是一个农民。"太守十分惊讶,出"南山晴雪"的题目考他,王澄提笔马上写好呈上。诗曰:"雪霁南山正坐衙,莹然相对两无瑕,瑞光晓布三千里,和气春生百万家。未可拥炉倾竹叶,且须呵笔咏梅花。丰年有象皆侯德,五拷歌谣遍海涯。"太守看了他写的诗,心中十分高兴,也十分欣赏王澄的学识和才能,于是便召集官员子弟拜王澄为老师,王澄的差役由别人代替。由此,王澄的名声更大了。等到王澄服役期满回杭州后,有官员请他当幕僚代笔,王澄坚决推辞,无心为官了,只愿在湖山间吟咏诗篇,最后终老湖山之中。

王澄写咏马的诗,本身就是渴望自己是匹千里马,希望能得到伯乐慧眼所识,说到底是入世的;同样,他作南山晴雪的诗,同样是充满人间烟火气息的,恰恰因为他入世,最后他出世避仕,是深有体味的,倒也合乎自然。

一点心得

不要以为穿上袈裟就能成佛,不要以为披上道袍就能成仙。同理,披上件蓑衣,戴上顶斗笠未必是渔夫,支根山藤坐在松竹边饮酒吟诗也未必一定是隐士高人。追求形式的本身未必不是在沽名钓誉。就像想明白自己的心性灵智,不在于自己苦思冥想或者如死灰般时才知道。所以,人生的要义,既在于出世,也在于入世。不必绝人以逃世,不必绝欲以灰心。应学以致用,把自己的才学发挥出来,做想做的,做该做的。

第四章 求学问道的心得：
辨真识假才能步入学与用的境界

绳锯木断　水滴石穿

绳锯木断，水滴石穿；学道者须加力索；水到渠成，瓜熟蒂落，得道者一任天机。

把绳索当锯子磨擦久了可锯断木头；水滴落在石头上时间一久就可穿透坚石，同理做学问的人也要努力用功才能有所成就；各方细水汇集在一起自然能形成一道细流，瓜果成熟之后自然会脱离枝蔓而掉落，同理修行学道的人也要听任自然才能获得正果。

明代伟大小说家吴承恩在其不朽的长篇神话小说《西游记》里，写了唐僧师徒一行西天取经的故事。《西游记》里所写的孙悟空等人物都是作者虚构的，那些降妖除怪的故事也都是作者虚构的。但在历史上，唐僧确有其人，取经也确有其事。

唐僧，就是玄奘，因他精通印度佛学中的《经藏》、《律藏》和《论藏》，而被誉为三藏法师，所以又称唐三藏。

玄奘出身于一个官吏家庭，全家都是虔诚的佛教徒。隋朝政府在洛阳考选和尚，他在13岁时便被破格录取而出家当了和尚了。唐朝初年，他去四川研究佛经，发现汉文佛经译得不完全、不准确，越研究感到疑问越多，便学习了梵文，决心到佛教发源地——天竺去求取真经。

为此，他又来到了长安，邀约了同伴。本来准备启程了，可是，由于当时唐朝初建，突厥贵族经常骚扰边境，朝廷便严禁私人出境，出国申请未被官府批准，原来约好的伙伴都不愿意去了。但这却丝毫也动摇不了他西天取经的决心。公元629年（唐太宗贞观三年）8月，他从长安出发，混在返回西域的客商里，过了玉门关后，然后便孤身西行。

可是，他刚到达凉州（今甘肃武威县），便被都督李大亮看管了起来，硬逼着他沿原路返回。后来，好不容易，在一位好心的和尚的帮助下，才连夜逃出了凉州。

当快到玉门关时，他骑的马也累死了。玄奘过了五座烽火台后，便进入了荒无人烟的莫贺延碛（qì 碛）沙漠，这就是号称八百里流沙的大戈壁滩。

他艰难地走了100多里路后，实在口渴难捱，停下来喝口水时，一不小心，皮囊里的水竟全都泼光了。极目所见，茫茫沙漠，一望无际，哪里还找得到一滴水呢？他咬着牙，又极度艰难地走了五天以后，感到天旋地转，昏倒了。到半夜，刺骨的寒风才把他给吹醒。天亮了，他突然看到前面不远的地方就有一块绿洲，便踉踉跄跄地奔了过去。果然有嫩绿的青草，清清的泉水。"阿弥陀佛"，终于得救了！

经过半个多月的苦难历程，玄奘才走出了浩瀚的沙海，来到了高昌国（在今新疆境内）。高昌国王听说唐僧到达，不仅派了使臣去迎接他，而且还请他讲经说法。

玄奘告别了高昌国王以后，继续沿着丝绸之路前进。他从天山南路穿过新疆，又从葱岭北隅翻过终年积雪的凌山（今天山穆索尔岭），再经大清池（前苏联境内侵塞克湖），到达西突厥叶护可汗王廷所在地的素叶城（即碎叶，就是现在苏联的托克马克），渡过乌浒水（今中亚阿姆河），又折向东南，重新登上帕米尔高原，通过西突厥南端的要塞铁门关天险（在今阿富汗巴达克山），过了叶火罗（今阿富汗北部），整整走了一年，于公元628年夏末，终于到达了天竺的西北部。

玄奘经过千难万险，终于来到了摩揭陀国（今印度比哈尔邦南部）的天竺佛教最高学府——那烂陀寺，受到了1 000多个手捧高香和鲜花的和尚的热烈欢迎。

当时，那烂陀寺已经有七百多年的悠久历史了。寺内常有僧众一万多

第四章 求学问道的心得：
辨真识假才能步入学与用的境界

人。寺的主持（当家和尚）戒贤是位年过百岁的佛学权威，早已不讲学了。但是，这位佛学权威却被唐僧西天求取真经的精神所感动，为了表示对大唐（即中国）的友好情谊，特意收玄奘为弟子，特地为他重开讲坛，用了15个月的时间，亲自给他讲解了最高深、最难懂的佛经《瑜珈论》。

在这里，玄奘用了五年的时间，精研了佛学理论。在寺里，除戒贤精通全部经论外，在一万多个和尚里，能通晓20部的仅有1 000人，能通晓30部的仅有五百人，能精通50部的仅有10人，而玄奘就是10人中的一人，成了博学多才的佛学大师！

公元636年，玄奘辞别了戒贤，外出游学。他沿着恒河先到了现在的孟加拉，沿着印度半岛东岸南下，到了和现在的斯里兰卡隔海相望的达罗，又沿着印度半岛西岸北上，访问了世界著名的艺术宝库阿旃（zhān沾）陀石窟，并曾一度深入印度半岛的腹地。然后，又西进到现在的巴基斯坦，再沿着印度河北上，到了现在的克什米尔南部的查谟，并在这里留居了两年，进行佛学理论研究。玄奘的声誉传遍了整个天竺，被公认为天竺最博学的佛学大师。

公元645年（贞观十九年正月二十四日），玄奘带着650多部佛经，历时18年，跋涉五万余里，经西域回到了长安。

这天，长安城人山人海，路两边摆满了香案和鲜花，锣鼓宣天，乐音飘渺，僧尼数万人排成长队，热烈迎接这位西天取经凯旋而归的伟大英雄，并把他带回来的经卷和佛像安放在弘福寺里。

唐太宗被唐僧取经的精神所感动，特地派了宰相房玄龄去长安把他迎接到洛阳行宫里来，召见了他，极有兴致地听他述说了西域和天竺的见闻，并劝他还俗，帮助自己治理国家，玄奘不肯，婉言谢绝了。

三月初一这天，玄奘从洛阳回到了长安。不久，便先后在弘福寺和慈恩寺主持译场，并在慈恩寺修建了大雁塔，作为储经之用。经过20年坚持不懈的努力，他和译员们译出了佛经75部，共1335卷。另外，他还和

辩机和尚一起，共同编写了《大唐西域记》。这部游记记叙并描述了包括现在我国的新疆以及阿富汗、巴基斯坦、印度、孟加拉、尼泊尔、斯里兰卡等国家的地域地貌、城市风光、风俗民情、名胜古迹、宗教文化、历史人物和传说故事，材料丰富、内容翔实、文笔严谨、准确可靠，早已被译成多种外文，成为一部世界名著，对研究中亚、南亚和中国西部的历史、地理和经济、文化，都有极为重大的学术价值。

一点心得

绳锯木断、水滴石穿是经年修行的积累所致，锲而不舍、金石可镂，就是刻苦修习的结果。无论学道，还是习艺，坚持始终如一，认准了就干下去，不改初衷，自然会水到渠成、瓜熟蒂落，真如俗语所说，上天不负有心人，百炼成钢，功成圆满。求学问道不能有一蹴而就的思想，要勤于积累不断充实自己。积累就得勤学。历史上勤学苦练的事太多了，头悬梁、锥刺骨的故事代代相传。传说李白少年求学，遇一老人在磨铁棒，要把铁棒磨成针，李白奇怪地问原因，老人很自信地说：只要功夫深，铁棒磨成针。李白由此得到启发。玄奘西游如同愚公移山的寓言，都在说明"绳锯木断，水滴石穿"的道理。

第五章

生死名利的心得：把大处看小方能进得去出得来

生死与名利互为联系，紧密相关。人生于天地之间，当从大处着眼，小处着手，对于名利与显达，当出则出，当入方入，不为权势利禄所羁，不为功名毁誉所累，明察世情，了然生死，胸怀坦荡。得福而不忘形，持性而不惧法。不费尽心机，不为无所谓的名利所诱惑，泰然自若，怡然自得，这就可以主宰生死与名利，无往而不乐了。

脱俗成名　减欲入圣

作人无甚高远事业，摆脱得俗情，便入名流；为学无甚增益功夫，减除得物累，便超圣境。

做人并不一定需要成就什么了不起的事业，能够摆脱世俗的功名利禄，就可跻身于名流；做学问没有什么特别的好办法，能够去掉名利的束缚，便进入了圣贤的境界。

宋代的程颢，字伯淳，号明道，少年即中进士，后久任地方官，理政以教化为先，所辖诸乡皆有乡校。他为人宽厚，平易近人，待人接物"浑得一团和气"。他不仅"仁民"，而且"爱物"，"其始至邑，见人持竿道旁，以黏飞鸟，取其竿折之，效之使勿为"，人们议论说，"自主簿折黏竿，乡民子弟不敢畜禽鸟。不严而令行。大率如此"。但是，为了破除神怪迷信，他却敢于斩巨龙而食其肉："茅山有龙池，其龙如蜥蜴而五色。祥符中，中使取二龙，至中途，一龙飞空而去，自昔严奉以为神物。先生尝捕而脯之，使人不惑。"

程颢任镇宁军节度判官时，适逢当地发生洪水，曹村堤决，州帅刘公涣以事急告。他当即从百里之外一夜驰至，对刘帅说："曹村决，京城可虞。臣子之分，身可塞亦为之。请尽以厢兵见付，事或不集。公当亲率禁兵以继之。"刘帅遂以官印授予程颢，说："君且用之。"程颢得印后，径走决堤，对士卒们说："朝廷养尔军，正为缓急尔。尔知曹村决则注京城乎？吾与尔曹以身捍之！"士众皆被感而自效力。他先命善泅者衔细绳以渡，然后引大索以济众，两岸并进，昼夜不息，数日而合。

在进身仕途的同时，程颢也不失归隐林泉的仙家道趣，他曾写诗说："吏纷难久驻，回首羡渔樵。""功名未是关心事，道理岂因名利荣。""辜

第五章 生死名利的心得：
把大处看小方能进得去出得来

负终南好泉石，一年一度到山中。""襟裾三日绝尘埃，欲上篮舆首重回；不是吾儒本经济，等闲争肯出山来。"正因为有这样的修养和情操，才使他获得了温润、宽厚、和气、纯粹等美德。他那种大中到正的人格形象，对世人具有很大的示范和感化作用，这也是他对后世产生较大影响的一个重要原因。程颢后来以双亲年老为由求为闲官，居洛阳十几年，与其弟程颐讲学于家，化行乡党。其教人则说："非孔子之道，不可学也。"士人从学者不绝于馆，甚至有不远千里而至者。

一点心得

做人向往逍遥率性而为，自然不在于钱财的富足与官爵的显赫，而在于心无牵念，行为不羁。抛弃名利的心头枷锁，无论思想理智皆得到自由。潇洒云水，放浪春秋，亦是人生真正境界。

德在人先　利居人后

宠利毋居人前，德业毋落人后，受享毋逾分外，修为毋减分中。

获得名利的事情不要抢在别人前面去争取，积德修身的事情不要落在别人后面，对于应得的东西要谨守本分，修身养性时则不要放弃自己应该遵守的标准。

在"苛政猛于虎"、百姓不堪重负的元代，董文炳在县令任上，敢于"为民获罪"，设法隐实不报实际户数，使百姓大为减少朝廷加的赋敛的负担。后又拒绝府臣的贪得无厌，以"理终不能剥民求利"的情怀，弃官而去。

董文炳出任县令，逢朝廷开始普查百姓的户数，以便按户数征收税赋，并且下令敢于隐瞒实际户数的，都要处以死刑，没收家财。董文炳看到百姓的税赋太重，要百姓聚居一起，以减少户数，众官吏认为不能这么

做，董文炳说："为百姓犯法而获罪，我心甘情愿。"百姓中也有人不太愿意这样做，董文炳说："他们以后会知道我要他们这样做的好处，会感谢我而不会怪罪我的。"由此，赋敛大为减少，百姓都因而很富足。董文炳的声誉波及四周，旁县的人有诉讼不能得到公正判决的，都来请董文炳裁决。董文炳曾到大府去述职，旁县的人纷纷聚拢来看他，有人说："我多次听说董县令，无缘一见。今看到董县令也是人，为何明断如神呢？"当时的府臣贪得无厌，向董文炳索取钱物，董文炳拒不肯给。同时有人向府里进谗言诋毁董文炳，府臣便欲加以中伤陷害，董文炳说："我到死也不会剥削百姓去得利益。"当即弃官而去。

董文炳不仅"终不能剥百姓求利"，而且处处为百姓谋利，除上述他冒死罪要百姓聚居一起减少户数，以减轻赋税外，他还多次慷慨地为百姓捐私产。《元史·董文炳传》载：当地十分贫穷，加之干旱，蝗虫肆虐，而朝廷的"征敛日暴"，百姓更是难以生存，董文炳自己拿出私粮数千石分给百姓，以使百姓的困境有所宽解。又因为前一任县令"军兴乏用，称贷于人"，而贷家索取利息数倍，县府没办法还贷，欲将百姓的蚕丝和粮食拿来偿还。这时，董文炳站出来说："百姓实在太困苦了，我现在位当任县令，义不忍视百姓再遭搜刮，由我来代偿吧！"于是将自己的"田、庐若干亩，计值与贷家"，同时"复籍县间田以民为业，使耕之"，使得流离失所的百姓逐渐回来安居乐业，数年间便达到"民食以足"。

只要是对百姓有利的事，都勇于去做，即使是违犯了朝廷的法令也不在乎，不怕丢官，甚至不怕丢命，"为民获罪，吾所甘心"，贪婪的府臣索贿不成，欲借机加以陷害，董文炳弃官而去，其理由则是至死也不愿为个人的前程去剥夺百姓，满足那些高踞头上的贪官污吏难填的欲壑。董文炳勇于舍弃前程，他捐赠自己的私粮给贫民，他不忍心取百姓的衣食还前任县令的借贷，而是将自己的田地、房舍抵贷，这些都是为苍生百姓着想。不谋私利，不敛钱财。为民请命，体察民情，在世俗官吏的眼中董文炳没有为官一任，富己一人，是大大的糊涂，但百姓没有忘记这样的糊涂人。

第五章 生死名利的心得：把大处看小方能进得去出得来

后来，董文炳领兵进入福建后对百姓秋毫无犯，《元史·董文炳传》记载道："文炳进兵所过，禁士马无敢履践田麦，曰：'在仓者，吾既食之；在野者，汝又践之，新邑之民，何以续命。'是以南人感之，不忍以兵相向。"后来，"闽人感文炳德最深，高而祀之"。不仅百姓不忘记这样的良吏，历史也同样不会忘记。

一点心得

人的品质修省是从实际的利益中体现和磨练出来的。范仲淹说"先天下之忧而忧，后天下之乐而乐"，表现了一种传统的优良的人生态度。现在提倡"吃苦在前，享乐在后"，表现的同样是"德在人先，利居人后"的境界。在名利享受上不争先，不分外；在德业修为上时时提高，是个人走向品德高尚的具体表现。

名不独享　过不推脱

完名美节，不宜独任，分些与人可以远害全身；辱行污名，不宜全推，引些归己，可以韬光养德。

完美的名誉和节操，不要一个人独占，必须分一些给旁人，才不会惹发他人忌恨招来祸害而保全生命；耻辱的行为和名声，不可以完全推到他人身上，要自己承揽几分，才能掩藏自己的才能而促进品德修养。

独孤皇后是隋文帝的妻子。她身为皇后，而且家族世代富贵，但她却并不仗势凌人、爱慕虚荣，而是努力做到以社稷为重。突厥与隋朝通商，有价值八百万的一箧明珠，幽州总管阴寿准备买下来献给皇后。皇后知道后，断然回绝，她说："明珠不是我急用的。当今敌人屡犯边境，我军将士疲劳，不如把这八百万分赏有功将士。"皇后喜爱读书，待人和蔼，百

官对她敬重有加。有人引用周礼,提议让皇后统辖百官妻室。皇后不愿开妇人扰政的先例,没有接受。大都督崔长仁是皇后的表兄弟,犯了死罪,隋文帝碍于皇后情面,想免他的罪。皇后却能从维护国家利益出发,顾全大局,她说:"国家大业,焉能顾私。"崔长仁终于受到律法的严惩。

我们不妨细细分析独孤皇后这些举动:独孤皇后不收明珠,却把它分赏将士;表兄弟违法犯罪,她却不因权徇私;确实做到了不露锋芒,因此,她也远离了许多祸害,同时也保持了名节。

一点心得

做人不能只沾美名,害怕责任,应当敢于担责任,担义务。从历史上看,一个人有伟大的政绩和赫赫的战功,常常会遭受他人的嫉妒和猜疑。历代君主多半都杀戮开国功臣,因此才有"功高震主者身危"的名言出现,只有像张良那样功成身退善于明哲保身的人才能防患于未然。所以君子都宜明了居功之害。遇到好事,总要分一些给其他人,绝不自己独享,否则易招致他人怨恨,甚至杀身之祸。完美名节的反面就是败德乱行,人都喜欢美誉而讨厌污名。污名固然能毁坏一个人的名誉,然而一旦不幸遇到污名降身,也不可以全部推给别人,一定要自己面对现实承担一部分,使自己的胸怀显得磊落。只有具备这样涵养德行的人,才算是最完美而又清高脱俗的人。让名可以远害,引咎便于韬光,这本身就是对待名利的一种良策。

放得功名　便可脱凡

放得功名富贵之心下,便可脱凡;放得道德仁义之心下,才可入圣。

如果能够抛弃功名富贵之心,就能做一个超凡脱俗的人;如果能够摆脱仁义道德之心,就可以达到圣人的境界。

第五章 生死名利的心得：
把大处看小方能进得去出得来

严子陵是我国古代著名的隐士，会稽余姚人。他的本名叫严光，子陵是他的字。严光年轻时就是一位名士，才学和道德都很受人推崇。当时，严光曾与后来的汉光武帝刘秀一道游学，二人是同窗好友。

后来，刘秀当了皇帝，成为中兴汉朝的光武帝，光武帝便想起了自己的这位老同学。因为找不到叫严光的人，所以就命画家画了严光的形貌，然后派人"按图索骥"，拿着严光的画像四处去寻访。过了一段时间之后，齐国那个地方有人汇报说："发现了一个男人，和画像上的那个人长得很像，整天披着一件羊皮衣服在一个湖边钓鱼。"

刘秀听了这个报告，怀疑这个钓鱼的人就是严光，于是就派了使者，驾着车，带着厚礼前去聘请。使者前后去了三次才把此人请来，而且此人果然就是严光，刘秀高兴极了，立刻把严光安排在宾馆住下，并派了专人伺候。

司徒曹霸与严光是老熟人了，听说严光来到朝中，便派了自己的属下侯子道拿自己的亲笔信去请严光。侯子道见了严光，严光正在床上躺着。他也不起床，就伸手接过曹霸的信，坐在床上读了一遍。然后问侯子道："君房（曹霸的字叫君房）这人有点痴呆，现在坐了三公之位，是不是还经常出点小差子呀？"侯子道说："曹公现在位极人臣，身处一人之下万人之上，已经不痴了。"严光又问："他叫你来干什么呀？来之前都嘱咐你些什么话呀？"侯子道说："曹公听说您来了，非常高兴，特别想跟您聊聊天，可是公务太忙，抽不开身。所以想请您等到晚上亲自去见见他。"严光笑着说："你说他不痴，可是他教你的这番话还不是痴语吗？天子派人请我，千里迢迢，往返三次我才不得不来。人主还不见呢，何况曹公还只是人臣，难道我就一定该见吗？"

侯子道请他给自己的主人写封回信，严光说："我的手不能写字。"然后口授道："君房足下：位至鼎足，甚善。怀仁辅义天下悦，阿庚顺旨要断绝。"侯子道嫌这回信太简单了，请严光再多说几句。严光说："这是买菜吗？还要添秤？说清意思就行了嘛！"

曹霸得到严光的回信很生气，第二天一上朝便在刘秀面前告了一状。光武帝听了只是哈哈大笑，说："这可真是狂奴故态呀！你不能和这种书生一般见识，他这种人就是这么一副样子！"曹霸见皇上如此庇护严光，自己也就不好说什么了。

刘秀劝过曹霸，当时便下令起驾到宾馆去见严光。

大白天的，严光仍是卧床不起，更不出迎。光武帝明知严光作态，也不说破，只管走进他的卧室，把手伸进被窝，抚摸着严光的肚皮说："好你个严光啊，我费了那么大的劲把你请来，难道竟不能得到你一点帮助吗？"

严光仍然装睡不应。过了好一会儿，他才张开眼睛看着刘秀说："以前，帝尧要把自己的皇位让给许由，许由不干，和巢父说到禅让，巢父赶快到河边洗耳朵。士各有志，你干什么非要使我为难呢？"光武帝连声叹道："子陵啊，子陵！以咱俩之间的交情，我竟然不能使你折节，放下你的臭架子吗？"严光此时竟又翻身睡去了。刘秀无奈，于是只好摇着头登车而去了。

又过了几天，光武帝派人把严光请进宫里，两人推杯论盏，把酒话旧，说了几天知心话。

刘秀问严光："我和以前相比，有什么变化没有？"

严光说："我看你好像比以前胖了些。"

这天晚上，二人抵足而卧，睡在了一个被窝。严光睡着以后，把脚放在了刘秀的肚子上。第二天，主管天文的太史启奏道："昨夜有客星冲撞帝星，好像圣上特别危险。"刘秀听了大笑道："不妨事，不妨事，那是我的故人严子陵和我共卧而已。"

刘秀封严光为谏议大夫，想把严光留在朝中。但严光坚决不肯接受那种做官的束缚，终于离开了身为皇帝的故友，躲到杭州郊外的富春江隐居去了。严光一直隐居在富春江的家中，直到80岁才去世。为了表示对他的崇敬，后人把严光隐居钓鱼的地方命名为"严陵濑"。传说是严光钓鱼

第五章 生死名利的心得：把大处看小方能进得去出得来

时蹲坐的那块石头，也被人称为"严陵钓坛"。

由于严光不屈于权势，不惑于富贵，颇合于孟子所提倡的"威武不能屈，富贵不能淫"的精神，所以便成为儒教所推崇的隐士典范。

一点心得

中国古典小说《红楼梦》中，有一段《好了歌》十分精彩。"人人都说神仙好，惟有功名忘不了"，结果是"荒冢一堆草没了"。说到底，只有"好"，才能"了"，关键在于"了"字。这个"了"看似容易，但做起来却极难。许多人都说荣辱如流水，富贵似浮云，但老是在功利、虚名、荣华中解脱不开，身受束缚，结果身名俱损。

超越天地　不入名利

彼富我仁，彼爵我义，君子故不为君相所牢笼；人定胜天，志一动气，君子亦不受造物宅陶铸。

别人拥有富贵我拥有仁德，别人拥有爵禄我拥有正义，如果是一个有高尚心性的正人君子，就不会被统治者的高官厚禄所束缚；人的力量一定能够战胜自然力量，意志坚定可以发挥出无坚不摧的精气，所以君子当然也不会被造物者所局限。

三国时期，管宁拒绝公孙瓒授予的高位，管宁还谢绝了公孙瓒的挽留，不住公孙瓒为他准备好的华丽住宅，而决定到人迹罕至的深山定居度日。当时，来到辽东避难的士民百姓多居住在辽东郡的南部，以随时关注中原局势，准备在中原安定之后，返回故乡。独管宁定居于辽东北部深山，以表明终老于此地，不复还家之志。他在入山之初，居住在临时依山搭建的草庐之中。然后，马上着手凿岩为洞，作为自己的永久居室。

管宁道德高尚，名闻遐迩。他在深山定居不久，许多仰慕他的人都追随他而到山中垦辟田地谋生。不久，在管宁定居的地方，居然鸡鸣狗叫，人烟稠密，自成邑聚。

　　管宁是笃信好学守死善道的儒生。他以为无论何时何地，都应该按照儒学礼制规范人们的言行。因而，在他的周围聚集了众多的避难者之后，他就向人们宣讲《诗经》、《尚书》等儒家经典的深奥内涵，并陈设俎豆，饰威仪，讲礼让。他自己则身体力行，以高尚的道德感化民众。在他们居住的深山中，地下水位很低，凿井不易。仅有的一口水井又很深，汲水困难。因此，每当打水人多的时候，总是男女错杂，有违儒家礼制。有时，还发生因争先恐后而吵闹以至械斗之事。管宁看在眼里，忧在心中。于是，他自己出钱买了许多水桶，命人悄悄地打满水，分置井旁，以待来打水的人。那些年轻气盛的粗莽壮汉，见到井边常有盛得满满的水桶排列整整齐齐，个个惊奇万分。他们终于打听到是管宁为避免邻里争斗而为之，不由得反躬自省而羞惭万分，遂各各自责，相约不复争斗。从此之后，邻里和睦，安居乐业。有一次，邻居家的一头牛，践踏管宁的田地，啃吃田中的禾苗。管宁没有把牛打跑，怕这头无人管束的牛被山中野兽咬死。他命手下人把牛牵到荫凉之处，饮水喂食，照料得比牛的主人还要细心。牛主失牛之后，到处寻找牛的下落。当他看到自己的牛非但没有被殴打，而且受到无微不至的照料，十分愧疚，千恩万谢地离去了。就这样，管宁以自己宽容礼让的节操感化了周围的民众。他的名声也传遍了辽东郡。原本因管宁不愿与自己合作而心怀不满，进而又对其来意疑虑重重的公孙瓒，也理解了管宁隐居求志的初衷，长舒了一口气，放下心来。

一点心得

　　一个活得洒脱的人，不应为身外物所累。不受富贵名利的诱惑，具有高风亮节的君子，其胜过争名夺利的小人的一个重要因素，在于君子保持自我的人格和远大的理想，超然物外，不为任何权势所左右，甚至连造物

第五章 生死名利的心得：
把大处看小方能进得去出得来

主也无法约束他。遵从大义，相信自我，一个有为的人理应锻炼自己的意志，开阔自己的心胸，铸造自己的人格，不为眼前的名利所累，把眼光放得长远。具有了人定胜天的气概，广阔天地任我驰骋。

木石之心　远离欲境

进德修道，要个木石的念头，若一有欣羡，便趋欲境；济世经邦，要段云水的趣味，若一有贪著，便坠危机。

凡是培养道德磨练心性的人，必须具有木石般坚定的意志，如果对世间的名利奢华稍有羡慕，那么就会落入被物欲困扰的境地；凡是治理国家拯救世间的人，必须有一种行云流水般淡泊的胸怀，如果有了贪图荣华富贵的念头，就会陷入危险的深渊。

靖难之变后，朱棣攻下应天，继承帝位，改号永乐，史称成祖。论功行赏，姚广孝功推第一。《明史》有一段叙评："帝在藩邸，所接皆武人。独道衍定策起兵。及帝转战山东河北，在军三年，或旋或否，战守机事皆决于道衍。道衍未曾临战阵，然帝用兵有天下，道衍力为多。"故成祖即位后，姚广孝位势显赫，极受宠信。先授道衍僧录左善世。永乐二年（公元1404年）四月拜善大夫太子少师。复其姓，赐名广孝。成祖与语，称少师而不呼其名以示尊宠。然而当成祖命姚广孝蓄发还俗时，广孝却不答应，赐予府第及两位宫人时，仍拒不接受。他只居住在僧寺之中，每每冠带上朝，退朝后就穿上袈裟。人问其故，他笑而不答。他终生不娶妻室，不蓄私产。他曾因公干至家乡长洲，悉将朝廷所赐金帛财物散给宗族人。惟一致力其中的，是从事文化事业。曾监修太祖实录，还与解缙等纂修《永乐大典》。学术思想上颇有胆识，史称他"晚著道余录，颇毁先儒"，当然，也曾招致一些人的反对。

永乐十六年（公元 1418 年）三月，姚广孝 84 岁时病重，成祖多次看视，问他有何心愿，他请求赦免久系于狱的建文帝主录僧溥洽。成祖入应天时，有人说建文帝为僧循去，溥洽知情，甚至有人说他藏匿了建文帝。虽没证据，溥洽仍被枉关十几年。成祖朱棣听了姚广孝这惟一的请求后立即下令释放溥洽。姚广孝闻言顿首致谢，旋即死去。成祖停止视朝二日以示哀悼。赐葬房山县东北，命以僧礼隆重安葬。追赠推诚辅国协谋宣力文臣，特进荣禄大夫、上柱国、荣国公，谥恭靖，并亲制神道碑表彰其功。

一点心得

由于贪图名利或浮躁的念头，人们的思想与行为才发生了偏离。所以《菜根谭》要求我们"具木石心"，始终专一坚定，矢志不渝，把人做得更为高妙。云水逍遥之处，才是自由快乐的家乡。统治集团内部的斗争十分激烈复杂，一不小心，就会被卷入残酷的政治斗争中，轻则身败名裂，重则身首异处。而姚广孝具有木石般的坚定信念，在处理各种复杂问题上，表现出过人的智慧，而且在功成名就时不贪功、不争利，以忍让保全身名。因此，他的人生宛如云水般自在潇洒，达到了圆融完满的境界。

风雅不失　穷不潦倒

贫家净扫地，贫女净梳头，景色虽不艳丽，气度自是风雅。士君子一当穷愁寥落，奈何辄自废弛哉！

贫穷的人家要经常把地扫得干干净净，穷人的女儿要把头梳得整整齐齐，虽然没有艳丽奢华的陈设和美丽的装饰，却有一种自然朴实的风雅。有才之君子，怎能一遇穷困忧愁或者际遇不佳、受到冷落，就自暴自弃呢！

有一次，庄子穿着一身补了又补的破衣裳，鞋子也破得套不住脚了，

第五章 生死名利的心得：
把大处看小方能进得去出得来

只好拧了一股麻草将鞋子绑在脚上。就是这副样子，庄子还去拜访魏王。

魏王看到庄子的情景，便吃惊地问："先生为什么会潦倒成这样子呢？"

庄子便纠正道："是贫穷而不是潦倒。读书人有事业，有德行，却实行不了，这就是潦倒。衣服破了，鞋子破了，是贫穷而不是潦倒。这就是常说的不遇时啊。大王难道没见过那既会爬树，又跳得高的猴子吗？当它找到了楠竹、楸树、樟树等高大林木，便能攀援着树枝，在林中荡来荡去，既惬意又自如，即便后羿和逄蒙这样的古代射手，也不能斜眼看它。这是它遇到适合环境时的情景。等到落到黄桑林、丛生的小枣树，乃至枳壳、枸杞这类低矮的林木中时，那它就只有小心翼翼地步行，连眼也不敢斜视。这并不是它的筋骨变得僵硬，不柔韧灵活了，而是环境不利，不能施展它的技能了。"

一点心得

贫寒潦倒不改操守，依然值得敬仰。穷人孩子不妨将头梳得整齐一些，把地扫得干净一些，这本是举手投足之劳，虽在清寒之地，朴实典雅，却如一枝莲荷，出污泥而不染，濯清涟而不妖，操守自然高洁。

富多炎凉　亲多妒忌

<u>炎凉之态，富贵更甚于贫贱；妒忌之心，骨肉尤狠于外人。此处若不当以冷肠，御以平气，鲜不日坐烦恼障中矣。</u>

人情冷暖之变化，富贵之家比贫苦人家更显得明显；嫉妒的心理，在至亲骨肉之间比外人表现得更为严重。面对这种情况，如果不能用冷静的态度予以处理，以平和的心态控制自己，那就很少有人不是天天处在烦恼的困境中了。

三国时，曹操被刘备在汉中击败，退入邺郡，还没有安定下来，关羽就发动了襄樊之战。曹操拖着老病（头风病）之身，先到洛阳，又南下摩陂，得胜之后回到洛阳，已经是劳病交瘁，无心回邺城了。刚刚过了半个月，病情加重，于公元220年1月病死在洛阳，享年66岁。曹操一向提倡节俭，自然也反对厚葬。他在遗嘱中写道：

天下尚未安定，不要遵照古代的丧葬制度行事。安葬以后，文武百官人等都要去掉丧服。驻屯各地的将士不得离开驻地。官员们各守职位。我入殓时，要穿一般的衣服，不得用金玉珍宝陪葬。

可是关于谁继位当魏王，要不要让儿子赶快像周武王那样当皇帝等等大事，曹操到死也不说个明白。因为一来已经正式立曹丕为王太子，继位的事有了法律依据；二来他自己知道，死了以后的事也管不了许多，还是让自己最信任的大臣去办吧。

曹操的原配丁夫人没有生儿子。刘夫人生了个儿子曹昂，在征讨张绣时为救曹操而死。后来的卞夫人一共生有四个儿子：老大曹丕，老二曹彰，老三曹植，老四曹熊。其中老二曹彰勇武善战，曹操常常让他统兵打仗，立了不少战功。老四曹熊很软弱，早早地就死了。老三曹植富有文才，最得曹操和卞夫人的喜爱，曹操曾想让他继位，这自然引起老大曹丕的无限恐惧。后来近臣们以袁绍、刘表等废长立幼，引出变故的教训暗示曹操，才勉强立曹丕为王太子，不过曹丕对三弟曹植却一直放心不下。

曹操死于洛阳的时候，曹丕正在邺城坐镇，临淄侯曹植在自己的封地临淄，只有曹彰带着兵马从长安赶到洛阳。来者不善，曹彰开口就问主持丧事的贾逵："我先王的玺绶现在何处？"这不明明要以武力夺取王位吗？贾逵马上板起脸来回答："家中有长子，国中有太子，您可不该问先王玺绶的事！"曹彰不过是个武夫，吓得不敢再多嘴，拥护曹丕的大官们赶紧把曹操的灵柩运往邺城，并抢着以卞王后的名义，立曹丕为魏王。第二天，华歆也从许都拿着汉献帝命令曹丕继承魏王和汉丞相兼领冀州牧的诏书赶来了。曹丕顺顺利利地继承了父位，执掌了大权。

第五章 生死名利的心得：
把大处看小方能进得去出得来

曹丕掌权后的第一件事就想起了三弟曹植。过去是兄弟，而现在是君臣，地位完全不同了。恰巧曹彰和另外二十几位兄弟（不是王后亲生）都来奔丧，只有曹植没来，曹丕立即以魏王的名义，命令十分忠于曹操和自己的猛将许褚带兵，连夜赶往临淄，把曹植、丁议、丁廙捉到邺城。三个人都知道性命难保。果然，曹丕先下令杀死丁仪、丁廙和两家的全部男子，然后，曹丕要亲自治一下曹植了。

曹植心里非常明白，只要大哥牙缝里挤出半个"死"字来，他就得和丁氏二兄弟一样了。曹丕趾高气扬地开始训斥起曹植来。他说："我和你在亲情上虽然是兄弟，可是在义理上却属于君臣！你怎么敢蔑视礼法，不来为先王奔丧？"曹植一个劲儿地叩头："我罪该万死，罪该万死！"曹丕继续威严地说："先王在世的时候，你常拿着自己的文章在人们面前夸耀，我很怀疑是不是别人代你写的。我现在限你在七步之内吟诵出一首诗来。你如果真能七步成诗，我就免你一死。如果不能，就要重重治罪，决不宽恕！"曹植是有真才的人，这当然难不倒他。他抬起头来说："请大王出题。"曹丕说："我和你是兄弟，就以我们兄弟为题赋诗，但诗中不准出现'兄弟'的字样。起来试试吧！"曹植站起身来，慢慢走不到七步，诗已顺口而出：

煮豆燃豆萁，豆在釜中泣。

本是同根生，相煎何太急！

曹丕一听不要紧，泪水不觉涌出了眼眶。曹植明明是把哥哥比作豆萁，把自己比作豆子。要燃豆萁来煮豆子，这不正像曹丕要杀害曹植一样吗？这时一直躲在里面的卞太后也痛不欲生地出来，哭着说："当哥哥的为什么要这样狠心逼弟弟呀！"

一点心得

富贵之家往往为了争权夺利而父子交兵或兄弟阋墙。人往往是有了钱还要更多些，有了权还要更大些；以至生活中终日钻营处处投机的小人，像苍蝇一样四处飞舞，个人的私欲总处于成比例的膨胀状态。如此现实，

的确需要人们提高修养水平，用理智来战胜私欲物欲，否则亲情何在，富贵不保。

可共患难　勿共安乐

当与人同过，不当与人同功，同功则相忌；可与人共患难，不可与人共安乐，安乐则相仇。

应该有和别人共同承担过失的雅量，不可有和别人共同享受功劳的念头，共享功劳就会引起彼此的猜疑；应该有和别人共同渡过难关的胸怀，不可有和别人共同享受安乐的心思，共享安乐就会造成互相仇恨。

相传越王勾践自从会稽解围之后，打算让范蠡主持国政，自己亲自去吴国屈事夫差。范蠡说："对于兵甲之事，文种不如我；至于镇抚国家、亲附百姓，我又不如文种。臣愿随大王同赴吴国。"勾践依议，委托文种暂理国政，自己携带妻子和大臣范蠡前往吴国。

在吴国，范蠡朝夕相伴，随时开导，并为之出谋划策。

越王勾践与范蠡等人在吴国拘役三年，终于勾践七年（公元前491年）回国。勾践问复兴越国之道，范蠡作了极其精辟的论述，其要义在于：尽人事、修政教、收地利。在这条方针指引下，越国渐渐富强起来，以后又开始了同吴国的争夺，越来越占据上风。

勾践二十四年（公元前473年），吴王夫差势穷力尽，退守于姑苏孤城，只得派公孙雄袒身跪行至越国军前，乞求罢兵言和。

不久，越军灭吴。勾践封夫差于甬东（会稽以东的海中小洲）一隅之地，使其君临百家，为衣食之费。夫差难受此辱，惭恨交加。于是以布蒙面，伏剑自杀。

灭吴之后，越王勾践与齐、晋等诸侯会盟于徐州（今山东滕县南）。当此之时，越军横行于江、淮，诸侯毕贺，号称霸王，成为春秋、战国之

第五章 生死名利的心得：
把大处看小方能进得去出得来

交争雄于天下的佼佼者。范蠡也因谋划大功，官封上将军。

灭吴之后，越国君臣设宴庆功。群臣皆乐，勾践却面无喜色。范蠡察此微末，立识大端。他想：越王勾践为争国土，不惜群臣之死；而今如愿以偿，便不想归功臣下。常言道：大名之下，难以久安。现已与越王深谋二十余年，既然功成事遂，不如趁此激流勇退。想到这里，他毅然向勾践告辞，请求隐退。

勾践面对此请，不由得浮想翩翩，迟迟说道："先生若留在我身边，我将与您共分越国，倘若不遵我言，则将身死名裂，妻子为戮！"政治头脑十分清醒的范蠡，对于宦海得失、世态炎凉，自然品味得格外透彻，明知"共分越国"纯系虚语，不敢对此心存奢望。他一语双关地说："君行其法，我行其意。"

事后，范蠡不辞而别，带领家属与家奴，驾扁舟，泛东海，来到齐国。范蠡一身跳出了是非之地，又想到风雨同舟的同僚文种曾有知遇之恩，遂投书一封，劝说道："狡兔死，走狗烹，飞鸟尽，良弓藏。越王为人，长颈鸟喙，可与共患难，不可与共荣乐，先生何不速速出走？"

文种见书，如梦初醒，便假托有病，不复上朝理政。不料，樊笼业已备下，再不容他展翅起飞。不久，有人乘机诬告文种图谋作乱。勾践不问青红皂白，赐予文种一剑，说道："先生教我伐吴七术，我仅用其三就已灭吴，其四深藏先生胸中。先生请去追随先王，试行余法吧！"要他去向埋入荒冢的先王试法，分明就是赐死。再看越王所赐之剑，就是当年吴王命伍子胥自杀的"属镂"剑。文种至此，一腔孤愤难以言表，无可奈何，只得引剑自刎。

一点心得

从古到今，能够同享安乐共受富贵的例子不多，倒是君臣猜忌、兄弟相煎、父子干戈的例子俯拾皆是。争杀的原因大都为富贵、安乐而相仇。想想人生在世，不过短短数十寒暑，争名夺利的结果，到头来也不过是黄

土一堆而已。谁都知道这个道理，所谓"旧时王谢堂前燕，飞入寻常百姓家"，功名富贵恰似过眼云烟，偏偏是当局者迷，不到盖棺难以清醒。人为什么只在患难之中才会团结呢？在有过之时盼望别人的原谅，在病中、在弱时盼望别人同情，可得势、强健时便忘乎所以。所以人生在世要勿争，争则陷入一种自寻的烦恼之中，不争则是与人相安的一种方式，而且欲为大事者连世俗之利都看不透，何谈追求。

激流勇退　功德圆满

谢事当谢于正盛之时，居身宜居于独后之地。

激流勇退应当在事情正处于巅峰的时候，这样才能使自己有一个完满的结局，而处身则应在清静、不与人争先的地方，这样才可能真正地修身养性。

对于名利权势，不同的人态度不同。有的人很明智，知道权势不一定能够给人带来幸福，所以不去争权夺势，而是忍耐住自己对权利的渴望，在事业成功时全身而退。

西汉张良，字子孺，号子房，小时候在下邳游历，在破桥上遇到黄石公，替他穿鞋，因而从黄石公那儿得到一本书，是《太公兵法》。后来追随汉高祖，平定天下后，汉高祖封他为留侯。张良说道："凭一张利嘴成为皇帝的军师，并且被封了万户子民，位居列侯之中，这是平民百姓最大的荣耀，在我张良是很满足了。愿意放弃人世间的纠纷，跟随赤松子去云游。"司马迁评价他说："张良这个人通达事理，把功名等同于身外之物，不看重荣华富贵。"

张良的祖先是韩国人，伯父和父亲曾是韩国宰相。韩国被秦灭后，张良力图复国，曾说服项梁立韩王成。后来韩王成被项羽所杀，张良复国无望，重归刘邦。楚汉战争中，张良多次计出良谋，使刘邦险中转胜。鸿门宴中，张良以过人的智慧，保护刘邦安全地脱离险境。刘邦采纳张良不分

第五章 生死名利的心得：
把大处看小方能进得去出得来

封割地的主张，阻止了再次分裂天下。与项羽和约划分楚河汉界后，刘邦意欲进入关中休整军队，张良认为应不失时机地对项羽发动攻击。最后与韩信等在垓下全歼项羽楚军，打下汉室江山。

公元前201年，刘邦江山坐定，册封功臣。萧何安邦定国，功高盖世，列侯中所享封邑最多。其次是张良，封给张良齐地三万户，张良不受，推辞说："当初我在下邳起兵，同皇上在留县会合，这是上天有意把我交给您使用。皇上对我的计策能够采纳，我感到十分荣幸，我希望封留县就够了，不敢接受齐地三万户。"张良选择的留县，最多不过万户，而且还没有齐地富饶。

张良回到封地留县后，潜心读书，搜集整理了大量的军事著作，为当时的军事发展，作出了重要的贡献。

一点心得

激流勇退是功德圆满的一种方式，知道这个道理的人不少，自觉做到这一点的人却不多。一个大人物要想使自己的英名永垂不朽，必须在自己事业的巅峰阶段勇于退下来。做事业需要意志，退下来同样需要意志。任何事都存在物极必反的道理，随着事业环境的变化，以及人自身能力的限制，自身作用的发挥必然随之而变。江山代有才人出，并不是官越大，表明能力越强；权越大，功绩越丰。不论大人物、小人物，作用发挥到一定程度就要知进退。退不表明失败，主动退正是人能自控、善于调整自己的明智之举。

非上上智　无了了心

山河大地已属微尘，而况尘中之尘；血肉身躯且归泡影，而况影外之影。非上上智，无了了心。

山川大地与广袤的宇宙空间相比，只是一粒微尘，何况人类不过是微

尘中的微尘；我们的身体相对于无限的时间来说，只是相当于一个泡影那么短暂，何况外在的功名富贵不过是泡影外的泡影。所以说，没有绝顶的智慧，就没有洞察真理的心。

宋神宗熙宁七年秋天，苏东坡由杭州通判调任密州知州。我国自古就有"上有天堂，下有苏杭"的说法，北宋时期杭州早已是繁华富足、交通便利的好地方。密州属古鲁地，交通、居处、环境都没法儿和杭州相比。

东坡说他刚到密州的时候，连年收成不好，到处都是盗贼，吃的东西十分欠缺，东坡及其家人还时常以枸杞、菊花等野菜作口粮。人们都认为东坡先生过得肯定不快活。

谁知东坡在这里过了一年后，脸上长胖了，甚至过去的白头发有的也变黑了。这奥妙在哪里呢？东坡说，我很喜欢这里淳厚的风俗，而这里的官员百姓也都乐于接受我的管理。于是我有闲情自己整理花园，清扫庭院，修整破漏的房屋。在我家园子的北面，有一个旧亭台，稍加修补后，我时常登高望远，放任自己的思绪，作无穷遐想。往南面眺望，是马耳山和常山，隐隐约约，若近若远，大概是有隐君子吧！向东看是卢山，这里是秦时的隐士卢敖得道成仙的地方；往西望是穆陵关，隐隐约约像城郭一样，姜尚、齐桓公这些古人好像都还存在；向北可俯瞰潍水河，想起淮阴侯韩信过去在这里的辉煌业绩，又想到他的悲惨命运，不免慨然叹息。这个亭台既高又安静，夏天凉爽，冬天暖和，一年四季，早早晚晚，我时常登临这个地方。自己摘园子里的蔬菜瓜果，捕池塘里的鱼儿，酿高粱酒，煮糙米饭吃，真是乐在其中。

一点心得

对现实人生来讲，有形的东西可感可觉，如功名利禄，人们逐之如蝇。但从茫茫宇宙，从人一生的生死上来看，人何其渺小，功名利禄转眼而空。苏东坡在《念奴娇·赤壁怀古》中，以"大江东去，浪淘尽千古风流人物"的博大气派而发人生宇宙之兴叹，胸怀何其广，气度何其宏，可

第五章 生死名利的心得：把大处看小方能进得去出得来

称得上豁达之人，彻悟了人生。也正因为他有远大的抱负，厚实的修养，高尚的智慧，才使他能明山川之真趣，弃名利于身外。

人生苦短　何争名利

石火光中争长竞短，几何光阴？蜗牛角上较雌论雄，许大世界？

在电光石火般短暂的人生中较量长短，又能争到多少的光阴？在蜗牛触角般狭小的空间里你争我夺，又能夺到多大的世界？

惠子当梁国的宰相时，有一次庄子去看他，因为二人一向友情很深。庄子来了以后，有人在背后对惠子说："庄子这次来，是想取代你宰相的位置，您小心点！"

惠子一听便担心了。决定先下手为强，捉拿庄子，以除后患。可是在全国搜捕了三天，始终没发现庄子的影子。当惠子放下心来依旧当他的宰相时，庄子却来求见。原来庄子并没逃走，只是藏起来了。

庄子对惠子说："南方有一种鸟名叫鹓，您听说过吧。那鹓，是凤凰一类的鸟。它从南海飞到北海，不是梧桐不栖身，不是竹子的果实不吃，不是甘美的泉水不喝。就在这时，一只老鹰抓到了一只腐烂的死老鼠，鹓从它的身边走过，老鹰便紧张起来，抬头对鹓说：'想拿走梁国相位来吓唬我吧？'老鹰把死老鼠抓得更紧了。"

听庄子讲完，惠子面红耳赤，不知说什么好。

还有一次，庄子在濮河上钓鱼，楚威王派两个大夫前来，带着楚威王的亲笔信，要请庄子去当楚国的宰相。两个大夫客气地转达楚威王的问候："大王想拿我们国家的事麻烦您，请不要推却！"

庄子只自顾自地钓鱼，手里拿着钓竿，眼睛盯着水面，对两位大夫的恭敬与楚王的盛情，一点也不理睬。最后庄子说："我听说楚国有一只神龟，死了已经三千年。楚王把它的遗体，用竹箱子装着，用手巾盖着，珍

藏在庙堂里。您二位说说，这只龟，是愿意死了以后，留下骨头让人珍惜呢，还是宁愿活着，在沼泽中摇头摆尾呢？"

二位楚大夫答道："那当然是愿意活着，在沼泽里摇头摆尾了。"

庄子大笑道："那好，您们回去吧。我愿意活着，在沼泽里摇头摆尾，自由自在。"

一点心得

人处于世间，如果能从宇宙和用历史的眼光来看待人生，会深感人生之渺小，生命之短暂。以此而言，斗胜争强、求名夺利意义何在？如此就会生活得更好吗？苏东坡说："西望夏口，东望武昌，山川相缪，郁乎苍苍，此非孟德之困于周郎者乎？方其破荆州，下江陵，顺流而东也，舳舻千里，旌旗蔽空，酾酒临江，横槊赋诗，固一世之雄也，而今安在哉！"

知足则仙　善用则生

都来眼前事，知足者仙境，不知足者凡境；总出世上因，善用者生机，不善用者杀机。

面对眼前的一切，能够知足的人就感到生活在快乐的仙境中，不知满足的人就摆脱不了凡俗的境界；总结世上的一切原因，善于运作的人就能把握机会，不善运作的人就处处陷入危机。

东汉时南阳人樊重，字君云，家中世代善于耕种，收益颇丰。他喜欢经商，人很温和、厚道，做事也很守规矩。三代人居住在一起，共享家产，家庭和睦，儿子、孙儿都能尊老敬贤，很懂礼仪。他们经营产业，不奢靡，不浪费，家里雇佣的童子、奴婢、仆人都各司其职，也都各有所得，所以全家上下能够团结一心，共同生产，收获也年年增长，后来土地达到300多顷。他们家造的房子，都是有几进的厅堂，高高的屋檐，很气派。这之后又养鱼

第五章 生死名利的心得：把大处看小方能进得去出得来

放牧，完全能够自给自足。有一次他家打算做漆器等物品，就先种了许多樟树和漆树，当时乡里的一些人都嘲笑他们，他们也不争执，过了几年，这些树木成材了，都派上了用场。过去那些讥讽他们的人，由于自己没有就都跑来求借，樊重便一一借给他们，备受邻人的称赞。等到家财万贯，富甲乡里了，他就对乡里宗族以及乡亲们进行救济，供养那些贫困的人。

有一次樊重的外孙兄弟俩，发生了争执，而且对簿公堂。樊重认为因为财产就不念手足之情，不顾兄弟情义，实在是可耻的，于是从自己的田产中拿出良田二顷，分给他们兄弟，解除了他们兄弟之间的争讼。县里乡亲都赞扬樊重，推举他担任掌教化的乡官。樊重一直活了80多岁，去世的时候留下遗命给他的儿子们，让他们把多年以来乡亲邻人所借贷的数百万的文契全部焚烧掉，不用再让他们偿还。他的儿子们遵命烧了文契。那些曾向樊家借过债的人听说此事以后，都觉得非常惭愧，都争着到樊家来还钱，但樊重的儿子们遵从父命，一概不收。

一点心得

要想真正享受人生乐趣，应当有知足常乐的思想。所以，老子说："知人者智，自知者明；胜人者有力，自胜者强；知足者富，强行者有志；不失其所者久，死而不亡者寿。"人的有限生命应该用到对人类有益的事业中去，在这样的事业中去发挥才智，展现能力，比起那些在功名富贵中拼杀的人来说，真不知要强过多少倍。

守逸安分　平淡远祸

趋炎附势之祸，甚惨亦甚速；栖恬守逸之味，最淡亦最长。

攀附权贵的人固然能得到一些好处，但是为此所招来的祸患是凄惨而又快速的；能安贫乐道栖守自己独立人格的人固然很寂寞，但是因此所得

到的平安生活时间很久趣味也浓。

彭玉麟是清朝著名的将领，早年曾经跟随曾国藩创办湘军水师，参加了镇压太平天国起义。彭玉麟同曾国藩、左宗棠、胡林翼等被当世的人一起称为"同治中兴"的四大名臣。他平生以刚正不阿、严刑峻法闻名朝野。有一年，彭玉麟被皇上任命为钦差大臣，并且受命南下巡视长江水师。经过安徽合肥，在当地有一个人横行无忌，夺人财物，霸人妻女，而这个人正是朝内权臣李鸿章的一个侄子李葤内，当地官府由于害怕李鸿章的权势不敢过问。彭玉麟到合肥问明缘由后，令人手执自己的名帖，请李鸿章的侄子前来。李鸿章的侄子如约来到后，彭玉麟唤来乡民同他对质，彭玉麟指着告状的乡民，问："这人告你霸占了他的妻子，是真的吗？"李葤内想着自己背后有李鸿章撑腰，便有恃无恐地坦白承认了。彭玉麟勃然大怒，命人将其痛笞一顿。当地县官听到这个消息，急忙赶来为李葤内求情。彭玉麟不理睬。不久，安徽省巡抚也送来名帖求见。彭玉麟猜想他也是为了李鸿章侄子的事而来，于是一面派人迎接来客，一面令人速斩李葤内。事后，彭玉麟给李鸿章写了一封信，告诉他"令侄败坏您的家声，想必亦是您所痛恨的，我已替您处置了。"李鸿章心里十分气愤怨恨，却也知道对方有理有据，只好回写了一封信向彭玉麟道谢。

李鸿章为什么拿彭玉麟没办法呢？因为他证据在握，正理在手，又奈其何？心胸淡然，即使丢官，也可以归隐农家！

一点心得

历史上依附于权贵的奸佞之辈，一时荣华富贵作威作福，但他们所依附的权贵本身就如一座冰山，转眼之间家破人亡，有的甚至被灭全族，人们谁还会记住这些人呢？只有那些不贪名利不趋炎附势的人，每天过着自由恬淡的生活，才能宁静以致远，淡泊以明志，远祸而快乐，冷眼看世界。历史往往是"惟有隐者留其名，"那么奸佞小人们所追逐的东西又算得了什么呢？

第五章 生死名利的心得：把大处看小方能进得去出得来

处进思退　得手图放

延促由于一念，宽窄系于寸心。故机闲者，一日遥于千古；意广者，斗室宽若两间。

漫长和短促是由于主观感受，宽和窄是由于心理体验。所以对心灵闲适的人来说一天比千古还长，对胸襟开阔的人来说一间斗室也无比宽广。

立身惟谨，避嫌疑，远祸端。凡事预留退路，未思进，先思退。满则自损，贵则自抑，才能善保其身。

唐朝郭子仪平定安史之乱的事迹已为人所熟知，但很少人知道，这位功极一时的大将为人处世却极为小心谨慎，与他在千军万马中叱咤风云、指挥若定的风格全然不同。

唐肃宗上元二年（公元761年），郭子仪晋封汾阳郡王，住进了位于长安亲仁里金碧辉煌的王府。令人不解的是，堂堂汾阳王府每天总是门户大开，任人出入，不闻不问，与别处官宅门禁森严的情况判然有别。客人来访，郭子仪无所忌讳地请他们进入内室，并且命姬妾侍候。有一次，某将军离京赴职，前来王府辞行，看见他的夫人和爱女正在梳妆，差使郭子仪递这拿那，竟同使唤仆人没有两样。儿子们觉得身为王爷，这样子总是不太好，一齐来劝谏父亲以后分个内外，以免让人耻笑。

郭子仪笑着说："你们根本不知道我的用意，我的马吃公家草料的有500匹，我的部属、仆人吃公家粮食的有1 000人。现在我可以说是位极人臣，受尽恩宠了。但是，谁能保证没人正在暗中算计我们呢？如果我一向修筑高墙，关闭门户，和朝廷内外不相往来，假如有人与我结下怨仇，诬陷我怀有二心，我就有口难辩了，现在我无所隐私，不使流言蜚语有滋生的余地，就是有人想用谗言诋毁我，也找不到什么借口了。"

几个儿子听了这一席话，都拜倒在地，对父亲的深谋远虑深感佩服。

中国历史上多的是有大功于朝廷的文臣武将，但大多数的下场都不好。郭子仪历经玄宗、肃宗、代宗、德宗数朝，身居要职60年，虽然在宦海也几经沉浮，但总算保全了自己和子孙，以80多岁的高龄寿终正寝，给几十年戎马生涯划上了一个完美句号。这不能不归之于他的这份谨慎。

一点心得

悬崖勒马、江心补漏固然是对危局的补救措施，但毕竟已处于进退两难的尴尬境地；骑虎之势已成，世事不由自己，至此悔恨都已晚矣。假如人不能在权势头上猛退，到头来难免像山羊触藩一般弄得灾祸缠身。做事要胸中有数，不要贪恋功名利禄，不要做无准备之事；做事要随机应变，随势之迁而调整。做事是为了成事，一股劲猛进不可取，犹犹豫豫也不可取，应当知进知退，有张有弛，处进思退才是行事的方法。

逃避名声　自身平安

矜名不若逃名趣，练事何如省事闲。

炫耀自己的名声还不如逃避名声更有趣味，练达世事也不如多省一事来得悠闲自得。

战国末年秦王政准备吞并楚国，继续他统一中国的大业，他召集大臣和将领们商议此事。

作战英勇的青年将领李信，在攻打燕国的时候，曾率数千秦军击溃了数万燕军，逼得燕王姬喜走投无路，只好杀了专与秦王政作对的太子姬丹，向秦王谢罪求和。秦王政想让李信做灭楚的秦军统帅，就问李信，攻灭楚国需要多少军队，气宇轩昂的李信不假思索地说："有大王的英明决

第五章 生死名利的心得：
把大处看小方能进得去出得来

策，挟秦军胜利之师的雄威，灭楚20万军队足矣。"

秦王政听了，暗暗称赞李信果然是个少年英雄，有万丈豪气。因此事关系重大，想再听听他人的意见。他目光掠过群臣，最后停在鬓眉皆白、身形已有些佝偻的老将王翦脸上，徐徐问道："王将军，你的意见呢？"

王翦久经沙场，身经百战，追随秦王多年，十分了解他的心性和为人，见秦王政听了李信的话后面露喜色，就知道他有轻敌之心。但这等大事是不能阿谀讨好的，于是王翦神色凝重地对秦王政说："大王，楚国原是个幅员数千里、军队数百万的大国，这些年来，楚国虽屡遭挫折，但一来其实力仍十分可观，二来楚人十分仇视秦国，楚军与秦军作战时，士卒凶悍不畏死。所以，仅20万人去攻打楚国是远远不够的。依臣之见，恐怕要……"王翦原想说20万人出兵必败无疑，但想到这不吉利的预言会触怒日渐骄狂的秦王政，所以改口说："灭楚非60万大军不可。"

秦王政听了，毫不掩饰自己对王翦见解的失望，冷冷地说："看来，王将军果真老矣，胆子怎么这样小？还是李将军有魄力，20万军队一定能够踏平楚境！"于是，秦王政派李信率20万军队去攻打楚国。

王翦料定李信必败，秦王政现在虽听不进他的意见，将来一定会采用。不过秦王政现在既已认为自己老朽无能了，如果继续赖着不走，恐怕会被秦王政随意找个罪名，加以罢斥，弄不好还会丢失性命。他马上告病辞官，回老家休养去了。面对自己的正确意见不能被采纳，老将王翦不是气愤不已，而是忍对他人的误解嘲笑，韬光养晦，不去计较。

果然不出王翦所料，李信带领20万秦军攻打楚国，被楚军连破二阵，李信率残部狼狈逃回秦国。

秦王政盛怒之下，把李信革职查办。秦王政毕竟是一代枭雄，他后悔当初自己轻率，随即下令备车驾，亲自去王翦的家乡，请王翦复出，带兵攻楚。

秦王政见到王翦，恭恭敬敬地向王翦赔罪，说："上次是寡人错了，没听王将军的话，轻信李信，误了国家大事，为了一统天下的大业，务必

请王将军抱病出马，出任灭楚大军的统帅。"

　　王翦并没有因秦王政的赔罪而忘乎所以，他冷静地说："我身受大王的大恩，理应誓死相报，大王若要我带兵灭楚，那我仍然需要60万军队，楚国地广人众，他们可以很容易地组织起100万军队，秦军必须要有60万才能勉强应付。少于此数，我们的胜算就很小了。"

　　秦王政连忙赔笑说："寡人现在是惟将军之计是从。"随后征集60万军队交给王翦指挥，出兵之日，秦王政亲率文武百官到灞上为王翦摆酒送行。

　　饮了饯行酒后，王翦向秦王政辞行。秦王政见王翦唇齿翕动，似有话要说，赶忙问道："王将军心中有何事？不妨对寡人讲一讲。"王翦装出一副惶恐的样子说："请大王恩赐些良田、美宅与园林给臣下。"

　　秦王政听了，有些好笑，说："王将军是寡人的肱股之臣，日下国家对将军依赖甚重，寡人富有四海，将军还担心贫穷吗？"

　　王翦却又分辩了几句："大王废除三代的裂土分封制度，臣等身为大王的将领，功劳再大，也不能封侯，所指望的只有大王的赏赐了。臣下已年老，不得不为子孙着想，所以希望大王能恩赐一些，作为子孙日后衣食的保障。"秦王政哈哈大笑，满口答应："好说，好说，这是件很容易的事，王将军就为此出征吧。"

　　自大军出发至抵秦国东部边境为止，王翦先后派回五批使者，向秦王政要求：多多赏赐些良田给他的儿孙后辈。

　　王翦的部将们都认为他老昏头了，胸无大志，整天只想着替儿孙置办产业。面对众人不理解，王翦说："你说得不对，我这样做是为了解除我们的后顾之忧。大王生性多疑，为了灭楚，他不得不把秦国全部的精锐部队都交给我，但他并没有对我深信不疑。一旦他产生了疑念，轻者，剥夺我的兵权，这将破坏了我们灭楚的大计；重者，不仅灭楚大计成为泡影，恐怕我和诸位的性命也将难保。所以，我不断向他要求赏赐，让他觉得，我绝无政治野心。因为一个贪求财物，一心想为子孙积聚良田美宅的人，

第五章 生死名利的心得：把大处看小方能进得去出得来

是不会想到要去谋反叛乱的。"秦王政果然因此而相信王翦没有异心，放心让他指挥60万大军，发动灭楚战争。仅用了一年多时间，王翦就攻下了楚国的最后一个都城寿春（今安徽寿县），俘虏了楚王熊负刍，兼并了秦国最大的对手楚国。

王翦为打消秦王政的疑心，不惜自损其名，伸手向秦王要求赏赐，使部将以为他老昏了头，却使秦王更加深信他不会造反，从而全力支持他对楚作战，从而使王翦无后顾之忧，一举灭楚。

一点心得

为臣不可名高盖主，除非你是有野心、有实力取君王而代之。自污声誉、气节，是躲避灾祸的有效手段。作为皇帝，他不仅怕大臣的权力超过他，也怕大臣的名声超过他。作为臣子，你贪一点儿、"色"一点儿都不要紧，千万不要有贤名，不要有实力。

浓味常短 淡中趣长

悠长之趣，不得于浓酽，而行于啜菽饮水；惆怅之怀，不生于枯寂，而生于品竹调丝。故知浓处味常短，淡中趣独真也。

悠远绵长的趣味不一定能从浓烈的酒中得来，而是从清淡的蔬菜、清水中得来；惆怅悲恨的情怀不是从孤寂困苦中产生，而是从声色犬马中产生。由此可知，浓厚的味道往往很快消散，淡泊的事物才最真实。

魏晋时期，担任广州刺史的人，一般都有贪赃枉法的行为。因为广州倚山傍海，是个出产奇珍异宝的地方，只要带上一匣珍宝，便可几世享用。但是当地流行瘴疬疾疫，一般人都不愿到那儿去。只有难以自立又想发财的人，才希望到那儿为官。因此，广州的刺史要比其他地方更为腐败。

晋安帝隆安年间，朝廷想要革除这儿的弊政，便派有清官美称的吴隐之担任广州刺史，领平越中郎将。

吴隐之年轻时就孤高独立，操守清廉。虽然家中穷困，每天到傍晚才能煮豆当晚餐，但决不吃不属于自己的饭菜，不拿不合乎道义的东西。他后来担任过各种显要的职务，却仍保持俭朴品质。他的妻子要自己出去背柴。他得到的俸禄赏赐，都拿来分给亲戚和族人，以至自己在冬天都没有被子盖；有时因为缺少替换衣服，洗衣服的时候只好披上棉絮呆在家里。他的生活和贫寒的平民一样清苦。

吴隐之奉命去广州，走马上任。到了离广州治所二十里一个名叫石门的地方，只见一道泉水淙淙流去。有人告诉吴隐之，这条泉水，称作"贪泉"。传说不论是谁，只要喝了贪泉的水，都会产生贪得无厌的欲望。

吴隐之听了这话，跨下马来，对随从说："如果不看见可以让人产生贪欲的东西，人的心境就不致慌乱。现在我们一路上见到那么多的奇珍异宝，我算知道了为什么越过五岭，人们就会丧失清白的原因了！"这些话其实是告诉自己和周围人不要为珍宝动心。

说完，他便跑到贪泉边，舀起泉水很坦然地喝了起来，并且当即吟诗一首："古人云此水，一饮怀千金。试使夷齐饮，终当不易心。"表示了他要像商末的伯夷、叔齐一样，坚守节操，决不变心。

他在广州任上一尘不染，更加清廉。他平常吃的不过是些蔬菜和干鱼，帷帐、用具、衣服等都交付外库。当时有很多人都以为他是故意要显示自己俭朴，只不过做个样子给别人看罢了。时间长了，人们才知道他真是个清官，不是故作姿态。帐下人向他进食鱼时，总是剔去鱼骨头，只剩下鱼肉。吴隐之发现了，觉察到他的用意，便狠狠地处罚了他，并把他免职。

由于他的以身作则，广州地区的贪污陋习大为改观。朝廷嘉奖吴隐之的廉洁克己、改变风气，晋封为前将军。

吴隐之从广州回到京城，随身未带任何东西。他妻子刘氏带了一斤沉

第五章 生死名利的心得：把大处看小方能进得去出得来

香，吴隐之见到后，把它取出来，扔到河里。

吴隐之住在京城，只有几亩地的小宅院，篱笆和院墙又窄又矮，一共才六间茅屋，妻子儿女都挤在一起。当政者要赐给他车、牛，为他重新盖所住宅，但是他坚决推辞。不久，他被任命为度支尚书、太常寺，也只是以竹篷为屏风，坐的地方连毡席都没有。后来升到中领军，每月初领到俸禄，只留下自己一人的口粮，其余的全赈济亲戚、族人，妻子儿女一点也不能分享。家属要靠纺织谋生，自食其力。因此时常发生灾难困乏的情况，有时两天吃一天的粮食，身上总是穿着破旧的布衣。

一点心得

贪得者虽富亦贫，知足者虽贫亦富。这话对也不对，有财富使物质生活过得好些总比贫穷好，但为财富丰厚不择手段贪得无厌而沦为财富的奴隶，就失去了人生的意义。所谓深处味短，淡中趣长，指的是精神上的追求。曾有这样一种社会现象，说是有人穷，穷得只剩下钱；有人富，富得除了书本一无所有。这是不正常的。追逐金钱达到痴迷状态随之而来的便是精神空虚，而精神富足的人固然在理念世界能够做到真趣盎然，但没有一定的物质基础是没有体力来体会乐趣的。因此，看待任何事物都要有辩证的态度。

不忧利禄　不畏仕危

我不希荣，何忧乎利禄之香饵？我不竞进，何畏乎仕宦之危机？

我不去追求荣华富贵，怎么担心名利和官禄的诱惑呢？我不想升官发财，怎么会担心官场上潜伏的各种危机呢？

有一次，孟子本来准备去见齐王，恰好这时齐王派人捎话，说是自己

感冒了不能吹风，因此请孟子到王宫里去见他。

　　孟子觉得这是对他的一种轻视，于是便对来人说："不幸得很，我也病了，不能去见他。"

　　第二天，孟子便要到东郭大夫家去吊丧，他的学生公孙丑说："先生昨天托病不去见齐王，今天却去吊丧。齐王知道了怕是不好吧？"

　　孟子说："昨天是昨天，今天是今天，今天病好了，我为什么不能办我想办的事情呢？"

　　孟子刚走，齐王便打发人来问病，孟子的弟弟孟仲子应付差役说："昨天大王有命令让他上朝，他有病没去，今天刚好一点，就上朝去了，但不晓得他到了没有。"

　　齐王的人一走，孟仲子便派家丁在孟子回家的路上拦截他，让他不要回家，快去见齐王。

　　孟子仍然不去，而是到朋友景丑家住了一夜。

　　景丑问孟子："齐王要你去见他，你不去见，这是不是对他太不恭敬了呢？况且这也不合礼法啊。"

　　孟子说："哎，你这是什么话？齐国上下没有一个人拿仁义向王进言，难道是他们认为仁义不好吗？不是的。他们只是认为够不上同齐王讲仁义，这才是不恭敬哩。我呢，不是尧舜之道不敢向他进言，这难道还不够恭敬？曾子说过，'晋国和楚国的财富我赶不上，但他有他的财富，我有我的仁，他有他的爵位，我有我的义，我为什么要觉得比他低而非要去趋奉不可呢？'爵位、年龄、道德是天下公认为最宝贵的三件东西，齐王哪能凭他的爵位便轻视我的年龄和道德呢？如果他真这样，便不足以同他相交，我为什么一定要委屈自己去见他呢？"

一点心得

　　古代官场中四处布满陷阱充满荆棘，因此才有"善泳者死于溺，玩火者必自焚"，"香饵之下必有死鱼"的说法。所以要想不误蹈陷阱误踏荆

第五章 生死名利的心得：把大处看小方能进得去出得来

棘，最好是把荣华富贵和高官厚禄都看成过眼烟云。的确，一个人如果不希冀官场的升迁就自不会去投机钻营，不会去阿谀奉承，就会无所畏惧，那权势又奈我何？权势对于小人，对希图荣达者自有一番诱惑。名利对于想图功名者来说才是陷阱，而对于轻名利者则不是陷阱。

自老视少　瘁时视荣

自老视少，可以消奔驰角逐之心；自瘁视荣，可以绝纷华靡丽之念。

从老年回过头来看少年时代的往事，就可以消除很多争强斗胜的心理；能从没落后再回头去看荣华富贵，就可以消除奢侈豪华的念头。

自老视少，可以消除奔驰角逐之心，自瘁视荣，可以绝纷华靡丽之念，这是一种正向、逆向思维相结合的方法。

《南史》里记载了一位渔父的故事。据说，南朝宋时有一渔父，很有才学，但人们不知其姓名，也不知其乡居何处。孙缅在浔阳担任太守时，有一天夕阳西下，他到江边漫步，见一叶扁舟在波涛中时隐时现，一会儿便看见渔父驾船而来。渔父神韵潇洒，垂纶钓鱼，并发出阵阵长啸。孙缅感到十分奇怪，便问道："您钓鱼是为了卖钱吗？"渔父笑着回答说："我钓鱼并不是钓鱼，又怎能是卖鱼之人？"听了渔父的回答孙缅更加惊奇。于是他提着衣服淌着河水靠近小船，对渔父说："我暗中观察先生，知道您是一位有才学的人。但是你每日驾舟捕鱼，也十分劳苦。我听说黄金白璧是重利，驷马高车为显荣，当今之世，王道昌明，海外隐居之士，靡然而归。您为何不向往天下的光明，而将自己的才华隐藏起来呢？"渔翁回答道："我是山海间的一位狂人，不通达世间杂务，也分不清荣贵和贫贱。"说完便悠然划桨而去。

渔翁的高明之处就在于他能逆向思维，世人若是把官场的起落看成贪

饵吞钩，说不定他就是一条上钩的鱼。

一点心得

世事经历多了后，往往便能悟出其中的道理，大有曾经沧海难为水之叹。不管是道家奉劝世人消除欲望，还是儒家提倡贫贱不移的修养工夫，或者佛家清心寡欲的出世思想，都在告诉世人，不要在富贵与奢侈、高官与权势中去争强斗胜，浪费心机。尤其人在得意时，要多想想失意时的心情，以失意的念头控制自己的欲望。

欲有尊卑　贪无二致

烈士让千乘，贪夫争一文，人品性渊也，而好名不殊好利；天子营家国，乞人号饔飧，分位霄壤也，而焦思何异焦。

行为刚烈的义士可以将千乘之国礼让于人，贪得无厌的人却为一文钱而争夺，这两种人的品格有天壤之别，但义士好名的心理和贪财人好利的心理并没有什么区别；天子掌管国家大事，乞丐沿街要饭，这两种人的身份、地位有天壤之别，但天子思虑国家事务的忧愁和乞丐求食物的急切却没有什么区别。

王莽的父亲王曼是太后的异母兄弟，但王曼死得早，未能封侯，相比之下，王莽家就比较寒酸。少年王莽立下大志，决心有朝一日位极人臣，让那些飞扬跋扈的兄弟们看一看。

要想爬上高位，必须要弄个诚实的好名声。于是，王莽发愤读书，勤学好问，生活节俭，疏远游手好闲之徒，结交饱读诗书的京中名士，对人礼貌，十分恭谨，于是在京城中首先获得了好名声。

有了好名声，并不等于能爬上高位，最关键的是那位当大司马的王

第五章 生死名利的心得：
把大处看小方能进得去出得来

凤。于是王莽就竭力讨好王凤。有一次，王凤得了病，他精心伺候伯父，一直守在病榻边，细心照料，事必躬亲。小至请医把脉，大至煎药倒尿，毫无怨言，煎好药时还要亲口尝一尝。王凤病重时，他衣不解带，昼夜服侍，脸都顾不得洗，这种诚心令伯父非常感动。王凤在临死之时，亲口向太后交托要她照顾王莽。王莽得以升为"黄门侍郎"，后又升为"射声校尉"。

除了王凤外，王莽对其他几位叔父，也千方百计地表示出尊敬、诚厚、老实、勤俭的样子。终于又感动了一位叔父王商。王商细一思量，这整个王家花花公子多，勤俭弟子少，真正能保住王家基业的只有王莽一个。于是他上书皇上，表示愿意把自己的封邑分出一半给王莽，让他也封侯。朝中大臣也纷纷上书，夸奖王莽德才兼备，应该重用，引起皇帝重视。成帝永始元年（公元前16年），王莽被封为新都侯，官职又升到骑都尉，光禄大夫。

王莽虽然做了大官，仍然是一副谦逊谨慎，诚厚忠心的样子，而且生活也十分节俭，不蓄家财，钱财都用于资助名士，颇有轻财重义的豪爽气概。

王莽的哥哥王永早死，王永的儿子王光和嫂子由王莽供养。王光在大学读书，王莽特地带了酒肉等礼物慰问王光的老师，与王光一同读书的同学也受到赠送。王莽身居高官，如此礼贤下士，令大学的先生们感激不尽，这些先生们官位低微，一副寒酸相，谁又看得起他们，惟独王莽慧眼有珠。这样一做，先生学生争相宣传王莽的美德。

朝中继王凤任大司马的王根也是王莽的叔父，王根病重，多次请示卸任，王莽遇到千载难逢的时机。

公元前8年，王莽出任大司马。

王莽因为大司徒孔光是著名的儒者，辅佐过三个皇帝，是皇太后所尊敬的人，全国人都相信他，于是极力尊敬地对待孔光，选用孔光的女婿甄邯担任奉车都尉加侍中衔。

当时依附顺从他的人被提拔，触犯怨恨他的人被消灭。对哀帝的外戚和他向来不喜欢的在职大臣，王莽都罗织他们的罪名，写成请示奏章，让甄邯拿去交给孔光。孔光一向小心谨慎，不敢不送上这些奏章，王莽再报告皇太后，总是批准这些奏章。

王舜和王邑成为他的心腹，甄丰和甄邯掌管纠察弹劾工作，平晏管理机要事务，刘歆主管典章制度，孙建成为他的得力助手。还有甄丰的儿子甄寻、南阳郡人陈崇都由于有才能而得到王莽的宠爱。王莽脸色严厉，说话一本正经，想要有所行动，只须略微示意，同伙就会秉承他的意图明白地报告上去，而王莽自己却磕头哭鼻子，坚决推辞那些事，对上用这种手段迷惑皇太后，对下用这种手段向广大群众显示诚实。

一次，大臣们向太后报告说，王莽应该比照以前的大司马霍光和萧相国的成例受封。王莽上报告说："我和孔光、王舜、甄丰、甄邯共同决策拥立新皇帝，现在希望仅条陈孔光等人的功劳和应得的赏赐，放下我王莽，不要和他们相提并论。"大臣们建议说："王莽虽然克己让人，朝廷还是应当表彰，及时给予赏赐，表明重视首功，不要让百官和人民群众失望。"皇太后便下诏书把召陵、新息两县民户二万八千家封给王莽，免除他的后代的差役义务，规定子孙可以原封不动地继承他的爵位和封邑，褒赏他的功勋。仿照萧相国的成例，任命王莽担任太傅，主持四辅的工作，称号安汉公。把从前萧相国的官邸作为安汉公的官邸，明确规定在法令上，永远留传下去。

当时王莽装作诚惶诚恐的样子，不得已才上朝接受策命。王莽接受了太傅的官位和安汉公的称号，辞谢了增加封地和规定子孙可以原封不动地继承爵位、封邑这两项赏赐，说是希望等到老百姓家家都富足了，然后再给予这样的赏赐。各大臣又力争，王莽又推辞没有接受，而建议应当把诸侯王的后代和自从高祖以来的功臣子孙赐封为列侯。

王莽已经赢得了大家的好感，但他最想要的是专权独断，随着地位的巩固和权势的增长，王莽的权欲愈益滋长。他从政治斗争的得失中认识

第五章 生死名利的心得：把大处看小方能进得去出得来

到，控制皇后是至关重要的，这可以更加巩固他的权位。他在元始二年（公元2年）提出为平帝议婚，打算乘机把自己的女儿配为帝后。为此，王莽展开了各种活动，终于达到了目的。

不久平帝去世。在议立新君时，元帝一系的子孙已经灭绝，宣帝一系有曾孙数十人，他们都已成人，不利于王莽篡位。王莽借口"兄弟不得相为君"，就在宣帝玄孙中挑了一个年仅二岁的刘子婴来继位，以便从中行奸。这时，王莽的党羽迎合王莽的意思，假造了一个刻有"告安汉公莽为皇帝"的符命石。王莽的党羽上奏王政君，王政君坚决反对："这种诬告天下的事，不可施行。"然而，王政君经不住位居高官的王莽党羽的蛊惑，糊涂的王政君竟然下令允准王莽"如周公故事"。至此，王莽名义上虽是"摄皇帝"，而其他一切礼仪、制度都与皇帝无异了。

当了摄皇帝，他还想当真皇帝。王莽的党羽密谋弄假成真时，王莽"谦恭"的假面具被揭开，"巧伪人"的真面目暴露无遗。一些过去对王莽认识不清的人和部分汉室子弟开始觉察了王莽的野心，他们举行了好几次试图推翻王莽的起事和政变，但都没有成功。王莽的党羽把这些比为周公居摄时的"管蔡之变"，说什么"不遭此变，不章圣德"。但王莽心中明白，深恐夜长梦多，就在他"居摄"的第三年便匆匆忙忙公开篡位夺权了。当他派堂兄弟王舜去向王政君索要传国玉玺，准备位登大宝时，王政君才彻底地看清了王莽的真面目。她痛骂王莽和王舜，把传国玉玺狠狠地摔在地上。从此，王政君与王莽彻底决裂，退居深宫，仍穿汉家服饰，按汉廷旧制生活，以示坚守名节，不与王莽同流合污。

公元6年，王莽正式称帝，国号为"新"。至此，王莽彻底暴露了"大奸似忠"的真实面目。

一点心得

欲有尊卑，贪无二致。王莽以皇亲国戚起家，屈己下人，勉力而行，从而博取名誉，赢得了家族称赞，得以登上高位，辅佐朝政。他表面上一

副为国家辛勤工作、公正贤良的表象，好像宽仁厚道，本质上却虚伪奸诈邪恶，他篡夺皇位、窃取政权，和一般的权奸没有二致。

悬崖撒手　适可而止

笙歌正浓处，便自拂衣长往，羡达人撒手悬崖；更漏已残时，犹然夜行不休，笑俗士沉身苦海。

歌舞娱乐兴味正浓的时候，便毫不留恋地拂衣离去，真羡慕这些心胸豁达的人能够临悬崖而放手；在夜深漏残时，还有人在不停地奔走忙碌，这些凡俗的人在苦海中挣扎真是可笑。

年羹尧字亮工，是汉军镶黄旗人，进士出身，颇有将才，多年担任川陕总督，替西征大军办理后勤。年羹尧早年已为皇四子胤禛（雍正）集团成员，还将妹妹送给胤禛当侧福晋，以表对主子的亲近和忠心。隆科多是孝懿仁皇后的兄弟，既任步军统领，又是国舅之亲，是康熙帝十分器重之臣，后来果然成为康熙病中惟一的顾命大臣。

雍正与二人交结，自有其深刻用心。康熙末年，由于太子被废，诸皇子见机，都加紧忙于争夺嗣位的斗争。胤禛暗地里自然也着力较劲。他很清楚，除了用精明务实的办事能力博取父皇的信任外，必须集结党羽，拉拢拥有兵权的朝中重臣，所以极力拉拢隆科多和年羹尧。隆科多统辖八旗步军五营二万多名官兵，掌管京城九门进出，可以控制整个京城局势。而年羹尧辖地正是胤禵驻兵之所，处在可以牵制和监视胤禵的有利地位上。西安又是西北前线与内地交通的咽喉所在，可谓全国战略要地，所以后来史家也认为：“世宗之立，内得力于隆科多，外得力于年羹尧。”

雍正即位之初，隆科多和年羹尧便成为新政权的核心人物，恩宠有加。当胤禵被召回，年羹尧即被授命与掌抚远大将军印的延信共掌军务。

第五章 生死名利的心得：
把大处看小方能进得去出得来

未及半年，雍正帝又命将西北军事"俱降旨交年羹尧办理"。

雍正元年十月，青海厄鲁特罗卜藏丹增发生暴乱，雍正帝又任命年羹尧为抚远大将军。年羹尧也不负圣恩，率师赴西宁征讨，平定成功，威镇西北。雍正帝诏授年羹尧一等公爵。

雍正不但对年羹尧加官晋爵，赠予权力，还关心其家人，笼络备至。甚至把年羹尧视作"恩人"，非但他自己嘉奖，且要求"朕世世子孙及天下臣民"，当对年羹尧"共倾心感悦，若稍有负心，便非朕之子孙，稍有异心，便非我朝臣民也。"又口口声声对年羹尧说："从来君臣之遇合、私意相得者有之，但未得如我二人之耳！总之，我二人做个千古君臣知遇榜样，令天下后世钦慕流涎就是矣。"这类甜言蜜语，出自皇帝之口，实在罕见。

雍正就这样以其过分的姿态、肉麻的言语哄蒙、迷惑着年羹尧。年羹尧却蒙在鼓中，真以为有皇帝老子做他知己，他也就以皇帝老子为后台，居功恃傲、骄肆蛮横起来。年羹尧凯旋还京，军威甚盛，盛气凌人。雍正亲自到郊外迎接，百官伏地参拜，年羹尧却不为所动，与雍正并辔而行。这时雍正心中甚是不快，哪能容臣下如此不恭，始有嫌恶之意。

雍正三年四月，皇上仅以年羹尧奏表中字迹潦草和成语倒装，就下诏免其大将军之职，调补杭州将军，以解除兵权。而臣僚们见年羹尧失宠，便纷纷上奏，检举揭发年的种种违法罪行。此时雍正又听说年羹尧在西北之时，曾与胤禩等人有所交往，密谋废立等谣传，生性猜忌的雍正便决意要杀年羹尧。

最后议政大臣等罗列了年羹尧几条罪状，拟判死刑，家属连坐。雍正以年羹尧有平青海诸功，令其赐死自裁。父以年老免死，子年富立斩，其余15岁以上男子俱发往广西、云南极边烟瘴之地充军。族人全部革职，有亲近年家子孙之人，也以党附叛逆罪论处。

隆科多的命运与年羹尧如出一辙。在雍正即位之初，备极宠信，授吏部尚书，加太保、赏世爵。隆科多亦恃恩骄肆，多为不法。年羹尧狱起，

隆科多起而庇护，却激起龙颜大怒，被削去太保衔、诏夺世爵。雍正四年初，被罚往新疆阿尔泰充军，家人牛伦被斩。雍正五年十月，又以家中抄出私藏玉腰带，诏调回革职查问。接着被拟罪名达110项，雍正下旨，将隆科多下狱，永远禁锢。是年冬天，即病死狱中。其妻子家属也被流放成奴。

一点心得

做事勿待极致，用力勿至极限，悬崖撒手，适可而止，才能确保平安。做事是这样，生活上也该如此。"花要半开，酒要半醉"，才能享受到其中的真正乐趣。反之假如酒喝到烂醉如泥，不但不是享乐反而是受罪。要学会控制自己的欲望，以免乐极生悲。

月盈则亏　履满宜慎

花看半开，酒饮微醉，此中大有佳趣。若至烂漫酕醄，便成恶境矣。履盈满者，宜思之。

鲜花在半开的时候欣赏最美，醇酒要饮到微醉时最妙，这里面有很深的趣味。如果等到鲜花盛开，酒喝得烂醉如泥时，那么已经是恶境了。那些志得意满的人，要仔细考虑这个道理。

太平军攻破江南大营后，清将向荣战死，太平军举酒相庆，歌颂太平军东王杨秀清的功绩。天王洪秀全便深居不出，军事指挥全权由杨秀清决断。告捷文报先到天王府，天王命令赏罚升降参战人员的事都由杨秀清做主，告谕太平军诸王。像韦昌辉、石达开等虽与杨秀清等同时起事，但地位低下如同偏将。清军大营既已被攻破，南京再没有清军包围。杨秀清自认为他的功勋无人可比，阴谋自立为王，胁迫洪秀全拜访他，并命令他在

第五章 生死名利的心得：
把大处看小方能进得去出得来

下面高呼万岁。洪秀全无法忍受，因此召见韦昌辉秘密商量对策。韦昌辉自从江西兵败回来，杨秀清责备他没有功劳，不许入城；韦昌辉第二次请命，才答应。韦昌辉先去见洪秀全，洪秀全假装责备他，让他赶紧到东王府听命，但暗地里告诉他如何应付，韦昌辉心怀戒备去见东王。韦昌辉谒见杨秀清时，杨秀清告诉他别人对他呼万岁的事，韦昌辉佯作高兴，恭贺他，留在杨秀清处宴饮。酒过三巡，韦昌辉出其不意，拔出佩刀刺中杨秀清，当场穿胸而死。韦昌辉向众人号令："东王谋反，我已从天王那里领命诛杀他。"他出示诏书给众人看，又剁碎杨秀清尸身让众人吃下，命令紧闭城门，搜索东王一派的人予以灭除。东王一派的人十分恐慌，每天与北王一派的人斗杀，结果是东王一派的人多数死亡或逃匿。洪秀全的妻子赖氏说："祛除邪恶不彻底，必留祸。"因而劝说洪秀全以韦昌辉杀人太酷为名，施以杖刑，并安慰东王派的人，召集他们来观看对韦昌辉用刑，可借机全歼他们。洪秀全采用了她的办法，而突然派武士围杀观众。经此一劫，东王派的人差不多全被除尽，前后被杀死的多达三万人。

一点心得

天道忌盈，人事惧满，月盈则亏，花开则谢，这些虽然是出于天理循环，实际上也是人的盈亏之道。事业达于一半时，一切皆是生机向上的状态，那时可以品味成功的喜悦；事业达于顶峰时，就要以"如临深渊，如履薄冰"的态度来待人接物，只有如此才能持盈保泰，永享幸福。否极泰来，物极必反，就像喝酒喝到烂醉如泥，就会使畅饮变成受罪。有些人就上演了使后人复哀后人的悲剧。往往事业初创时大家小心谨慎，而到成功之时，不仅骄奢之心来了，夺权争利之事也多了。所以每个欲有作为的人都应记住"月盈则亏，履满宜慎"的道理。

不食钓饵　不落圈套

非分之福，无故之获，非造物之钓饵，即人世之机阱。此处着眼不高，鲜不堕彼术中矣。

不是自己分内应得的福分，或无缘无故的收获，如果这两者不是上天有意安排的钓饵，就是人们故意布下的陷阱。在这种时候没有远大的目光，很少有人能不落入这些圈套中的。

某条街的一个阁楼上，曾住着一位青年，名叫李亚民，他祖籍广东，来香港后在一家印刷厂做工，是个从小就失去父母，又没有兄弟姐妹的单身汉。一天傍晚，李亚民一回到住处，就听到小提琴声。他来到窗口往外张望，只见对面大楼的阳台上有个姑娘在拉小提琴。那姑娘见李亚民在看她，便停止拉琴，对亚民嫣然一笑，尔后进房去了。

又一天傍晚，姑娘又在拉琴，李亚民又到窗口去望，姑娘一见亚民又嫣然一笑。但这次没有进去，而是主动跟亚民打起招呼来，还约他到自己家来做客。亚民很高兴地接受了邀请。李亚民走到门口，姑娘已站在那儿迎接他了。

亚民仔细打量了一下姑娘，只见她长得非常漂亮，落落大方。姑娘很客气地把李亚民邀进里屋，一边倒茶，一边大声喊："妈，来客了。"话音刚落，从里面房间走出一个年约50岁上下的老太婆。这老太婆同李亚民拉起了家常，问寒问暖。当她知道李亚民祖籍是广东时，就说我们的老家也住在广东，姓陈，女儿叫陈云嫦。老头子在加拿大开店，母女俩在香港闲居。并对李亚民这个无父母的孤儿深表同情，希望他常来做客。

李亚民听老太婆的话，心里想，自己独居香港举目无亲，这母女俩如此同情自己，若跟她们有了交往，也可以有个依靠。从此，每逢星期六李

第五章 生死名利的心得：
把大处看小方能进得去出得来

亚民就到陈家，老太婆待他像儿子一样，姑娘更是"民哥、民哥"叫得甜甜的。李亚民更加坚定地相信这母女俩的心地善良。有一天，老太婆对李亚民说自己女儿愿意和他结婚。李亚民听了，对这来得有点突然的婚姻，没多加思考，只是庆幸自己造化好，哪想到吃亏就在这里。

一个月后，李亚民和陈云嫦结婚了，婚后，亚民也不做工了，成天陪着陈云嫦吃喝玩乐。老太婆对这个新女婿更是爱护备至，还替他到人寿保险公司入了险。

有一天，陈云嫦要买戒指，李亚民就陪同母女俩到一珠宝店去。陈云嫦看中了一只价格昂贵的钻石戒指，对老太婆说："妈，钱不够，我回去取。"老太婆说："我跟你一道去，亚民留下，我们一会就来。"陈云嫦让李亚民坐在珠宝店的休息室里，顺手倒了杯茶给他喝，然后和老太婆一起走了。李亚民很无聊，便端起茶慢慢喝着。一小时后，陈云嫦和老太婆匆匆回到休息室，一看李亚民瘫倒在沙发上，已经死了。母女俩抱着尸体嚎啕大哭。

警察厅来人验尸，证明是中毒死亡；人寿保险公司的人员也去了，他们认为，人是死在珠宝店里的，应由珠宝店赔偿保险金。这样，陈云嫦母女得到了一大笔保险金。

不几天，陈云嫦母女突然搬走，谁也不知她们的去向。原来，这两个被李亚民认为心地善良的女人都是骗子，专门用这种手段捞钱。

一点心得

非分之想不可有，非我之物勿动心。能坚持这两条，是足以把持住自己的。俗话说"天欲祸之，必先福之"，这些都说明了"非分之收获，陷溺之根源"。诈骗者所以能诈得到人，就是利用人们贪图非分的弱点，这跟鸟鱼贪图意外食物而上钩完全相同。小人欲有所图便先满足你。有些人往往利令智昏，糊里糊涂就把钓饵吞下，尔后便身败名裂，名利双丢。想清名于世，安然于世，必须做到非分之想不图方可。